ENCYCLOPÉDIE INDUSTRIELLE

Fondée par M.-C. LECHALAS, Inspr général des Ponts et Chaussées en retraite

TRAITÉ PRATIQUE

DES

CHEMINS DE FER D'INTÉRÊT LOCAL

ET DES

TRAMWAYS

PAR

PIERRE GUÉDON

Ingénieur,

Chef de traction à la Compagnie générale des Omnibus de Paris

*APERÇU HISTORIQUE, CHOIX ET ÉTABLISSEMENT DE LA VOIE,
TRACTION PAR LOCOMOTIVES ORDINAIRES,
VOITURES A VAPEUR POUR CHEMINS DE FER ET TRAMWAYS,
LOCOMOTIVES SANS FOYER, TRACTION A AIR COMPRIMÉ,
TRACTION PAR LE GAZ, TRACTION ÉLECTRIQUE
CONCLUSIONS GÉNÉRALES, ANNEXES.*

PARIS

GAUTHIER-VILLARS, IMPRIMEUR-LIBRAIRE

DE L'ÉCOLE POLYTECHNIQUE, DU BUREAU DES LONGITUDES, ETC.

55, quai des Grands-Augustins

ENCYCLOPÉDIE DES TRAVAUX PUBLICS

Fondateur : M.-C. LECHALAS, 108, rue de Rennes, PARIS.
Volumes grand in-8°, avec de nombreuses figures.

Médaille d'or à l'Exposition universelle de 1889
Exposition de 1900 (Voir pages 3 et 4 de la couverture)

OUVRAGES DE PROFESSEURS A L'ÉCOLE DES PONTS ET CHAUSSÉES

M. Bechmann. *Distributions d'eau et Assainissement.* 2e édit., 2 vol. à 20 fr. .... 40 fr.

M. Bricka. *Cours de chemins de fer de l'École des ponts et chaussées*, 2 vol., 1.348 pages et 241 figures .... 40 fr.

M. L. Durand-Claye. *Chimie appliquée à l'art de l'ingénieur*, en collaboration avec MM. Derôme et Feret, 2e édit. considérablement augmentée, 15 fr. — *Cours de routes de l'École des ponts et chaussées*, 666 pages et 234 figures, 2e édit., 20 fr. — *Levé des plans et nivellement*, en collaboration avec MM. *Pelletan* et *Lallemand*, 1 vol., 703 pages et 280 figures (cours des Écoles des ponts et chaussées et des mines, etc.) .... 25 fr.

M. Flamant. *Mécanique générale* (*Cours de l'École centrale*), 1 vol. de 544 pages, avec 203 figures, 20 fr. — *Stabilité des constructions et résistance des matériaux*, 2e édit., 670 pages, avec 270 figures, 25 fr. — *Hydraulique* (*Cours de l'École des ponts et chaussées*), 1 vol., 2e éd. considérablement augmentée .... 25 fr.

M. Gariel. *Traité de physique*, 2 vol., 448 figures .... 20 fr.

M. de Mas. *Rivières à courant libre* .... 17 fr. 50

M. Hirsch. *Résumé du cours de machines à vapeur et locomotives*, 1 volume .... 18 fr.

M. F. Laroche. *Travaux maritimes*, 1 vol. de 490 pages, avec 116 figures et un atlas de 46 grandes planches, 40 fr. — *Ports maritimes*, 2 vol. de 1006 pages, avec 524 figures et 2 atlas de 37 planches, double in-4° (*Cours de l'École des ponts et chaussées*) .... 50 fr.

M. Nivoit, inspecteur général des mines : *Cours de géologie*, 2e édition, 1 vol. avec carte géologique de la France .... 20 fr.

M. M. d'Ocagne. *Géométrie descriptive et Géométrie infinitésimale* (cours de l'École des ponts et chaussées), 1 vol., 340 fig. .... 12 fr.

M. J. Résal. *Traité des Ponts en maçonnerie*, en collaboration avec *M. Degrand*, 2 vol., avec 600 figures, 40 fr. — *Traité des Ponts métalliques* 2 vol., avec 500 figures, 40 fr. — *Constructions métalliques, élasticité et résistance des matériaux : fonte, fer et acier*, 1 vol. de 652 pages, avec 203 figures, 20 fr. — Le 1er volume des *Ponts métalliques* est à sa seconde édition (revue, corrigée et très augmentée). — *Cours de ponts*, professé à l'École des ponts et chaussées, 1 vol. de 410 pages, avec 281 figures (*Études générales et ponts en maçonnerie*, 14 fr.). — *Cours de résistance des matériaux* (École des ponts et chaussées), 16 fr. — *Cours de stabilité des constructions* .... (Sous presse).

OUVRAGES DE PROFESSEURS A L'ÉCOLE CENTRALE DES ARTS ET MANUFACTURES

M. Deharme. *Chemins de fer. Superstructure* : première partie du cours de chemins de fer de l'École centrale, 1 vol. de 696 pages, avec 310 figures et 1 atlas de 73 grandes planches in-4° doubles (voir *Encyclopédie industrielle* pour la suite de ce cours) .... 50 fr.
On vend séparément : *Texte*, 15 fr. ; *Atlas*, 35 fr.

M. Denfer. *Architecture et constructions civiles.* Cours d'architecture de l'École centrale. *Maçonnerie*, 2 vol., avec 794 figures, 40 fr. — *Charpente en bois et menuiserie*, 1 vol., avec 680 figures, 25 fr. — *Couverture des édifices* 1 vol., avec 423 figures, 20 fr. — *Charpenterie métallique, menuiserie en fer et serrurerie*, 2 vol., avec 1 050 figures, 40 fr. — *Fumisterie* (*Chauffage et ventilation*), 1 vol. de 726 pages, avec 751 figures (numérotées de 1 à 375, l'auteur affectant chaque groupe de figures d'un numéro seulement). 25 fr.
Plomberie : Eau, Assainissement, Gaz, 1 vol. de 568 p., avec 391 fig. .... 20 fr.

M. Dorion. *Cours d'Exploitation des mines*, 1 vol. de 692 pages, avec 1.100 figures. 25 fr.
Ce Cours, professé à l'École centrale, est suivi du recueil complet des documents officiels, actuellement en vigueur, relatifs à l'exploitation des mines (lois, ordonnances et décrets, circulaires).

M. Monnier. *Électricité industrielle*, cours professé à l'École centrale, 2e édit. considérablement augmentée, 2 vol., à 12 fr. le volume (*sous presse*).

M. Me Pelletier. *Droit industriel*, cours professé à l'École centrale, 1 vol. .... 15 fr.

MM. E. Rouché et Brisse, anciens professeurs de géométrie descriptive à l'École centrale. *Coupe des pierres*, 1 vol. et un grand atlas .... 25 fr.

MM. C. Brisse, et H. Picquet. *Cours de géométrie descriptive de l'École centrale*, 1 vol. grand in-8° avec figures (Voir : *Encyclopédie industrielle*) .... 17 fr. 50

OUVRAGE D'UN PROFESSEUR AU CONSERVATOIRE DES ARTS ET MÉTIERS

M. E. Rouché, membre de l'Institut. *Éléments de statique graphique*, 1 vol. .... 12 fr. 50

OUVRAGES DE PROFESSEURS A L'ÉCOLE NATIONALE SUPÉRIEURE DES MINES

M. Aguillon. *Législation des mines, française et étrangère*, 3 vol. .... 40 fr.

M. Pelletan. *Levé des plans et nivellement souterrains* (Voir ci-dessus : *Durand-Claye*).

M. Chesneau. *Lois générales de la Chimie*, 1 vol., avec 37 figures .... 7 fr. 50

OUVRAGE D'UN PROFESSEUR A L'ÉCOLE NATIONALE FORESTIÈRE

M. Thiéry. *Restauration des montagnes*, avec une *Introduction* par M. Lechalas père. Vol. de 442 pages, avec 173 figures .... 15 fr.

(*Voir la suite ci-après*)

CHEMINS DE FER D'INTÉRÊT LOCAL

ET

TRAMWAYS

*Tous les exemplaires de l'ouvrage de M. P. GUEDON seront revêtus de la signature du Fondateur de l'*Encyclopédie industrielle *et de la griffe du Libraire.*

La position qu'occupe M. Pierre Guédon à la Cie générale des omnibus de Paris nous a permis de compter sur sa compétence pour écrire ce *Traité pratique.* Le grand développement que prennent les entreprises de chemins de fer d'intérêt local, et surtout de Tramways, donne un intérêt réel à la mise au point de tout ce qui concerne le choix et le fonctionnement des divers modes de traction ; nous espérons donc que le public spécial auquel nous nous adressons accueillera favorablement ce nouveau volume de l'*Encyclopédie industrielle.* Les fondateurs et administrateurs des nouvelles entreprises y trouveront les bases des décisions à intervenir, dès le début, pour le choix du mode de traction, en même temps que les chefs de service et leurs agents seront guidés sur les questions de leur compétence, pour le contrôle de la construction et de l'entretien des machines et pour la surveillance de l'exploitation.

M. C. L.

ENCYCLOPÉDIE INDUSTRIELLE
Fondée par M.-C. LECHALAS, Inspr général des Ponts et Chaussées en retraite

TRAITÉ PRATIQUE
DES
CHEMINS DE FER D'INTÉRÊT LOCAL
ET DES
TRAMWAYS

PAR

PIERRE GUÉDON
Ingénieur,
Chef de traction à la Compagnie générale des Omnibus de Paris

*APERÇU HISTORIQUE. CHOIX ET ÉTABLISSEMENT DE LA VOIE.
TRACTION PAR LOCOMOTIVES ORDINAIRES.
VOITURES A VAPEUR POUR CHEMINS DE FER ET TRAMWAYS.
LOCOMOTIVES SANS FOYER. TRACTION A AIR COMPRIMÉ.
TRACTION PAR LE GAZ. TRACTION ÉLECTRIQUE.
CONCLUSIONS GÉNÉRALES. ANNEXES.*

PARIS
GAUTHIER-VILLARS, IMPRIMEUR-LIBRAIRE
DE L'ÉCOLE POLYTECHNIQUE, DU BUREAU DES LONGITUDES, ETC.
55, quai des Grands-Augustins

1901

APERÇU HISTORIQUE

1. Chemins de fer d'intérêt local. — Dans le traité de M. Leygue : *Chemins de fer, notions générales et économiques* (1), on lit que dès l'année 1863 une commission d'enquête sur les chemins de fer, instituée le 5 novembre 1861, émettait l'avis qu'il y avait lieu, pour faciliter les relations locales et rattacher successivement aux grandes artères les différents centres de population, de constituer une nouvelle catégorie de chemins de fer économiques. Pour permettre d'atteindre ce résultat, les cahiers des charges furent modifiés de manière à faire varier suivant les divers cas : la largeur de la voie, les déclivités, les rayons des courbes, le matériel roulant, etc.

Ces chemins de fer furent constitués par la loi du 12 juillet 1865 ; on les dénomma *chemins de fer d'intérêt local*, par opposition aux lignes construites jusqu'alors et qui composèrent le réseau d'intérêt général.

L'initiative des chemins de fer d'intérêt local appartient au département du Bas-Rhin, qui établit tout un réseau de lignes secondaires dès 1859.

Mais les conditions de construction et d'exploitation économique de ces lignes qui étaient dans l'intention de la loi de 1865 furent généralement perdues de vue dans la suite ; le trafic de la plupart d'entre elles n'étant pas en rapport avec leurs charges, leur exploitation donna lieu à des pertes importantes. Aussi s'en construisit-il très peu, et, à la fin de l'année 1875, il y avait seulement 1.804 km. de chemins de fer d'intérêt local livrés à l'exploitation (2).

Des réformes dans la loi de 1865 furent jugées nécessaires pour permettre de doter de voies ferrées les nombreuses localités ou communes importantes qui en étaient encore dépourvues ; la loi

(1) *Encyclopédie des Travaux publics.*
(2) *L. Leygue*, déjà cité.

du 11 juin 1880 vint, à cet effet, remplacer avantageusement celle de 1865.

Les chemins de fer d'intérêt local prirent aussitôt une très grande extension, en raison des subventions de l'État et des communes que prévoyait la nouvelle loi, et des facilités de construction et d'exploitation qu'elle donnait. A la fin de l'année 1898, le nombre de kilomètres en exploitation atteignait 4.281.

2. Tramways. — La loi du 11 juin 1880 règle aussi les conditions de construction et d'exploitation des tramways, dont le régime n'avait jusque-là d'autre base qu'une jurisprudence administrative. Il n'y avait d'ailleurs en exploitation à la fin de 1880 que 128 km. de chemins de fer sur route.

La première ligne de tramway construite en France fut celle de Paris (Place de la Concorde) à Sèvres ; la concession en fut donnée le 18 février 1854 à M. Loubat, ingénieur français, qui deux ans auparavant avait reconstruit la ligne de tramway de New-York à Harlem. Cette dernière ligne avait été établie en 1832, mais elle avait été supprimée peu de temps après son ouverture à l'exploitation.

La concession de M. Loubat concernait le parcours de Vincennes à Sèvres, avec embranchement sur Boulogne-sur-Seine. Toutefois le gouvernement, craignant que la présence de rails sur les quais et dans la rue et le faubourg St-Antoine ne donnât lieu à des accidents, ne voulut permettre la pose de la voie que de la Place de la Concorde à Sèvres et Boulogne.

Cette ligne de tramway paraît être la première établie en Europe. Elle fut inaugurée en 1856.

La Compagnie des Tramways-Nord (actuellement Cie des tramways de Paris et du département de la Seine) fut constituée en 1873 ; l'année suivante, elle inaugurait sa première ligne, celle de la Place de l'Etoile à Courbevoie : il n'en avait pas été construit en France depuis celle de M. Loubat.

Un décret accordant la concession de lignes de tramways à Lille, au Havre et à Orléans fut signé très peu de temps après.

Le chemin de fer américain de Rueil à Marly (on l'appelait ainsi au début de sa mise en service) fut construit en 1876 ; peu de temps après son ouverture, l'exploitation en fut faite par des locomotives à vapeur sans foyer, système Lamm et Francq. C'est, croyons-nous, la première ligne de tramway exploitée *mécaniquement* en France. Aujourd'hui les tramways à traction mécanique ont un développement de plus de 3.000 kilomètres (2.840 kilomètres à la fin de l'année 1898).

Entre temps, les villes suivantes en Europe procédaient à l'essai ou à la construction définitive de lignes de tramways à traction de chevaux :

Birkenhead (Grande-Bretagne), en 1860.

Genève, en 1862.

Bruxelles, en 1867.

Vienne, en 1868.

Londres, en 1869.

La législation des chemins de fer d'intérêt local et des tramways est régie par la loi du 11 juin 1880, par les décrets d'administration publique des 18 mai et 6 août 1881, 20 mars 1882 et 13 février 1900, puis par les modèles de cahiers des charges des 6 août 1881 et 13 février 1900 (1).

(1) Consulter, pour l'interprétation exacte de ces lois, décrets et cahiers des charges, l'ouvrage de M. Douiné paru dans l'*Encyclopédie des travaux publics* (1900). Tous les textes actuellement en vigueur sont reproduits dans cet ouvrage.

PREMIÈRE PARTIE

CHOIX ET ÉTABLISSEMENT DE LA VOIE

3. Considérations générales. — Dans l'établissement de tout tramway, il y a lieu d'examiner très attentivement le tracé qu'il convient d'adopter pour rendre la ligne aussi productive que possible, en tenant compte des longueurs et des déclivités. Le choix entre deux trajets également productifs se portera naturellement sur le moins accidenté et le plus court, si ces deux conditions se trouvent réunies, mais cela n'arrive presque jamais (1).

Il convient de déterminer ensuite le mode de traction à employer, d'après les circonstances locales, le profil, la fréquentation probable de la ligne et le coût d'établissement.

Il faut enfin arrêter le système et la largeur de la voie, eu égard aux dépenses de construction, à la facilité d'entretien, etc.

Séguin l'aîné disait déjà en 1839 : « La question première et capitale qu'ait à résoudre l'ingénieur chargé de tracer un chemin de fer, c'est de déterminer dans quelle proportion la dépense doit être limitée *pour assurer à la Compagnie, sous le rapport financier, les plus grands bénéfices possibles*. Pour cela, il lui importe surtout de supputer exactement quelles seront la quantité et la nature des matières transportées. *Plus cette quantité sera considérable, plus le tracé devra être parfait, plus le chemin devra être facile à pratiquer*. Dans ce cas, un surcroît de dépenses pour l'établissement ne tournera qu'à l'économie dans l'exploitation. »

Ces considérations, un peu modifiées, sont également applicables à l'établissement des tramways.

(1) Voir *Chemins de fer. Traction*, par MM. Deharme et Pulin (*Encyclopédie industrielle*, Gauthier-Villars).

4. Tracé de la ligne. — Dans le tracé de toute ligne, il faut se préoccuper d'abord de bien choisir les terminus ; une banlieue dense, servant de lieu d'habitation à des employés et ouvriers travaillant à la ville voisine, est un excellent point de départ ; le point d'arrivée doit être l'un des centres d'affaires de la ville.

Pour les lignes entièrement urbaines, le tramway doit pour ainsi dire prendre le voyageur à sa porte et passer dans le voisinage des gares, grands magasins, musées ou monuments, jardins publics, etc. ; il peut être utile de faire à cet effet quelques détours ; mais il ne faut cependant pas trop allonger le parcours, car on perdrait une partie des voyageurs allant de l'un à l'autre terminus. — Pour une ligne reliant une banlieue à la ville, il faut généralement faire le trajet aussi direct que possible.

Pour une petite exploitation se réduisant à deux ou trois lignes de faible longueur, il convient d'éviter les déclivités trop prononcées (au-dessus de 25 p. 1000), afin de réduire le plus possible la puissance et le poids des véhicules automoteurs ; mais il est évident qu'on ne peut allonger indéfiniment le parcours, et l'on peut être amené pour ce motif à changer le mode de transport auquel on avait d'abord songé.

L'adoption d'un trajet distinct pour l'aller et pour le retour, de manière que les fortes déclivités se rencontrent seulement à la descente, peut exceptionnellement mériter l'examen.

Mais pour une compagnie ayant un réseau un peu vaste, comportant presque toujours plusieurs lignes à fortes déclivités, jusqu'à 30 et même 50 p. 1000 dans les villes (1), il n'est pas nécessaire de chercher à éviter absolument de semblables rampes.

5. Influence des rampes et des courbes sur la dépense d'énergie. — Il est aisé de se rendre compte de l'influence que les rampes ont sur la résistance des véhicules à la marche et par suite sur la puissance qu'il convient de donner aux locomotives et sur leur dépense d'énergie.

Considérons une ligne urbaine desservie par des véhicules dont la résistance en palier et en alignement droit soit de 10 ki-

(1) On verra qu'avec la traction électrique on va beaucoup plus loin.

logrammes par tonne de leur poids, pour la vitesse moyenne de marche. Si la ligne est entièrement en rampe continue de 10 millimètres, par exemple, la résistance pour le trajet de montée sera, si l'on ne tient pas compte du surcroît dû aux arrêts et aux démarrages, de

$$10 + 10 = 20 \text{ kilogrammes par tonne.}$$

Dans le trajet de descente, la déclivité étant juste égale à la résistance des véhicules pour la vitesse réglementaire de marche, le parcours (en dehors des démarrages également) s'effectuera sans action motrice de la machine. Par suite, pour l'ensemble du trajet aller et retour, l'effort moyen à exercer par le moteur sera de

$$\frac{20 + 0}{2} = 10 \text{ kilogrammes par tonne,}$$

soit exactement le même que pour une ligne en palier.

Ainsi, une ligne ne présentant pas de pente d'une inclinaison supérieure à celle qui correspond à la résistance des véhicules en palier peut être considérée, au point de vue de la résistance moyenne au roulement et, par suite, de la dépense d'énergie, comme étant entièrement en palier (1). Mais la puissance du moteur, sur une semblable ligne, devra cependant être, toutes autres choses égales, le double de celle qui suffirait pour une ligne en palier.

Soit maintenant une ligne présentant une déclivité continue de 30 millimètres.

La résistance des véhicules à la montée sera de $10 + 30 = 40$ kilogrammes dans un sens et de zéro dans l'autre ; on devra même serrer le frein à la descente pour que la vitesse réglementaire de marche ne soit pas dépassée. Par conséquent, l'effort moyen à exercer par le moteur sera, pour l'ensemble du trajet aller et retour, de

$$\frac{40 + 0}{2} = 20 \text{ kilogrammes.}$$

par tonne de poids du train.

(1) Dans le calcul de la page suivante, nous appliquerons ce principe séparément à la remonte et à la descente, les erreurs commises se compensant dans l'addition.

Ainsi, la résistance moyenne des véhicules sur une semblable ligne sera le double de celle en palier. Quant à la dépense d'énergie pour des moteurs à vapeur ou à air comprimé, elle pourra être encore proportionnellement plus élevée si la ligne comporte aussi des parties en palier, en raison de la mauvaise utilisation du fluide moteur dans l'un des parcours en rampe ou en palier.

Enfin, si les rampes supérieures au chiffre qui représente la résistance en palier n'existent que sur une partie du trajet, la résistance moyenne variera en raison de la longueur de cette partie ; par exemple, pour une ligne présentant dans un sens une longueur cumulée de **3** kilomètres de paliers ou de rampes d'inclinaison inférieure ou égale à **10** millimètres, **2** kilomètres en pente de **20** millimètres et **1** kilomètre en rampe de **30** millimètres, la résistance moyenne pour ce trajet sera (si l'on admet que la vitesse sur la pente de **20** millimètres ne pourra excéder **12** kilomètres, et que cette pente ne pourra ainsi servir à franchir par élan une partie de la rampe suivante de **30** millimètres) :

$$\frac{3 \times 10 + 2 \times 0 + 1 \times 40}{6} = \frac{70}{6} \text{ kilogrammes}$$

Au retour, la résistance moyenne s'élèvera à :

$$\frac{1 \times 0 + 2 \times 30 + 3 \times 10}{6} = \frac{90}{6} \text{ kilogrammes.}$$

Enfin, pour l'ensemble d'un voyage aller et retour, la résistance moyenne des véhicules par tonne atteindra :

$$\frac{70 + 90}{12} = \textbf{13} \text{ kilogrammes } \frac{1}{3},$$

et sera ainsi supérieure de **3** $\frac{1}{3}$ kg., soit d'un tiers, à leur résistance sur des lignes en palier ou ne comportant pas de rampe supérieure à **10** millimètres (1).

La petite opération ci-après fera ressortir plus clairement encore le surcroît de résistance dû aux rampes.

(1) Dans le système funiculaire, les pentes n'ont aucune influence sur la résistance des voitures dans le fonctionnement en régime ; en effet, les voitures qui descendent ces pentes agissent comme force motrice et aident les voitures circulant en sens inverse à les gravir ; la résistance finale est ainsi celle d'une ligne en palier.

Par rapport à une ligne offrant à la marche une résistance de 10 kg. par tonne des véhicules, en palier, et ne présentant pas de déclivité supérieure à 10 mm. :

Une ligne entièrement en pente de 20 mm. offrira un surcroît de résistance de :

$$\frac{(10+20)+0}{2} - 10 = 5 \text{ kg. ou } \frac{5}{10} = 50\ 0/0.$$

Et une ligne entièrement en pente de 30 mm. offrira un surcroît de résistance de :

$$\frac{(10+30)+0}{2} - 10 = 10 \text{ kg.}$$

soit une résistance double.

Les *courbes* de petit rayon offrent de leur côté une grande résistance à la marche ; cette résistance peut s'élever, dans une courbe de 40 mètres de rayon et en palier, à 25 kilogrammes par tonne pour une vitesse de 10 kilomètres à l'heure, et elle augmente avec la vitesse.

La résistance des véhicules au démarrage étant sensiblement plus élevée que celle en marche, on doit éviter le plus possible les arrêts en courbe et rampe à la fois.

Il faut, quand cela est possible sans trop allonger le trajet, ne pas détourner le tracé de la direction qui doit assurer le maximum de trafic et éviter les rampes et les courbes prononcées ; sinon, il est absolument nécessaire d'employer des véhicules à adhérence à peu près complète et présentant des dispositions propres à une circulation facile en courbe.

6. Détermination de la largeur de voie à adopter. — Au point de vue de la largeur de la voie, un assez grand nombre de lignes à faible ou moyen trafic ont été établies à voie étroite de 0,60 m., 0,75 m., 0,80 m., ou 1 mètre, entre les bords intérieurs des rails ; pour d'autres, généralement plus importantes, comme celles des grandes villes, on a préféré la voie normale de 1,44 m.

On bénéficie, dans le cas de la voie étroite, d'une diminution dans la surface de l'emprise, dans le cube du terrassement, du ballast ou du béton, ainsi que dans la longueur des traverses. Les véhicules sont plus légers et fatiguent moins la voie ; l'entretien est moins coûteux et la voie plus légère (1), la capacité des véhicules mieux utilisée et leur manœuvre plus facile ; en somme, ils conviennent aux tramways et aux chemins de fer d'intérêt local à trafic réduit.

Enfin, la résistance supplémentaire due aux courbes est moindre, toutes choses égales, avec la voie étroite qu'avec la voie normale, et on peut ainsi employer dans la construction de la première des courbes de plus petit rayon (50 mètres et 100 mètres, respectivement, pour les voies de 0,60 m. et de 1 mètre, au lieu de 250 mètres pour la voie normale), ce qui permet d'éviter presque complètement les tranchées, les remblais et les ouvrages d'art et de diminuer considérablement les frais d'établissement des lignes.

Alors que le prix de la voie normale établie à travers champs ne peut guère être inférieur, en France, à 80.000 francs le kilomètre (sans compter le matériel roulant), celui de la voie d'un mètre est seulement en moyenne de 65.000 francs, y compris le matériel roulant (dans le cas de traction par locomotives), et il peut s'abaisser en pays plat jusqu'à 45.000 francs, et parfois même au-dessous.

D'après M. Leygue (2), l'économie réalisée par l'emploi de la voie de 1 mètre varie de $\frac{1}{2}$ à $\frac{1}{3}$ des dépenses à faire pour la voie normale ; mais, dans une estimation sommaire, il paraît convenir, dit-il, par mesure de prudence, de se tenir au coefficient $\frac{1}{3}$, ou en d'autres termes d'évaluer les dépenses de premier établissement de la voie étroite aux $\frac{2}{3}$ de celles de la voie normale.

Quant aux dépenses d'exploitation, elles seraient, d'après le même auteur, et dans les conditions moyennes du trafic des lignes à voie étroite, les $\frac{2}{3}$ également de celles des lignes à voie normale.

Cependant, M. Rowan, ancien ingénieur de chemins de fer, qui a imaginé le système de voitures à vapeur qui porte son

(1) Dans les tramways urbains, ces éléments sont à peu près indépendants de la largeur de la voie.

(2) Chemins de fer. *Notions générales et économiques.* — Déjà cité.

nom et dont nous donnerons la description dans la suite, estime qu'avec un matériel roulant bien choisi, c'est-à-dire pouvant passer dans des courbes de très faible rayon (1), l'écartement de la voie pour les lignes à très faible trafic ne joue qu'un rôle secondaire dans les dépenses d'établissement et d'exploitation.

Il n'admet ainsi que deux types de voie : à l'écartement normal ou à l'écartement de 1 mètre. Il ajoute (1) qu'en Scandinavie, où il a fait différentes applications de son système de voiture automotrice et où il a constaté jusqu'à sept écartements de voie différents, les lignes à voie normale sont exploitées aussi économiquement que les autres.

Au point de vue des dépenses de premier établissement, M. Rowan estime seulement à 2.000 francs par kilomètre l'économie à réaliser par l'emploi de la voie de 1 mètre au lieu de la voie normale, *pour la construction d'une ligne de chemin de fer économique à travers champs, dans un pays peu accidenté*, si le matériel possède une souplesse lui permettant de passer dans les courbes de 25 à 30 mètres de rayon sur la voie normale (voir ci-après).

M. Rowan divise les dépenses d'établissement en douze catégories, et il établit ainsi qu'il suit les économies à réaliser par l'emploi de la voie d'un mètre relativement à celle de 1,44 m.

	Fr.
1° *Dépenses préliminaires*, études, levers des plans, etc. Ces dépenses sont les mêmes, quel que soit l'écartement de la voie	»
2° *Achat des terrains*. — La voie normale demande, en plus, par kilomètre, 435 mètres de terrain, soit à 1.000 francs l'hectare	174
3° *Terrassements*. — En supposant un mètre d'excavation moyenne sur toute la longueur de la ligne, le cube à transporter sera, dans le cas de la voie étroite, d'environ 4.000 mètres cubes par kilomètre, et, dans le cas de la voie normale, de 4.335 mètres cubes, soit, à un franc le mètre cube, une augmentation de 435 francs, ci	435
4° *Ouvrages d'art*. — Les ponts, etc., seront plus larges de 0,435 m., soit une augmentation kilométrique *approximative* de	500

(1) *De la traction économique des tramways*. Baudry, éditeur, Paris.

5° *Voie.* — Si l'on établit la voie sur longrines, ce qui est le meilleur système d'après M. Rowan pour ces sortes de lignes, la voie normale augmentera seulement la longueur des tirants (ou entretoises) de 0,435 m., soit pour 500 tirants par kilomètre une augmentation d'environ 300 francs. Mais en France les voies sont toujours posées sur traverses, dans les divers systèmes de tramways régionaux, et la différence de prix d'une traverse peut être estimée à 1,50 fr. en faveur de la voie d'un mètre, ce qui pour un nombre de traverses de 1 1/3 par mètre, donne par kilomètre une différence de 2.000 francs (1), ci 2000

6° *Clôtures.* — Dépense égale dans les deux cas.

7° *Téléphone ou télégraphes et signaux.* — Idem.

8° *Gares et bâtiments.* — Idem.

9° *Matériel roulant.* — Dans les deux cas, les voitures peuvent avoir la même capacité et les moteurs la même puissance (2). Dès lors, le matériel roulant, qu'il soit pour voie normale ou pour voie d'un mètre, reviendra sensiblement au même prix ; il y aura toutefois une différence provenant du poids des essieux, différence qu'on peut évaluer par kilomètre à . . . 500

10° *Frais techniques et surveillance.* — Dépenses égales dans les deux cas.

11° *Intérêts et charges financières.* — A 5 0/0 d'intérêt sur 4.000 fr. pendant six mois, soit 100

12° *Dépenses diverses.* — Dépenses égales dans les deux cas.

Différence totale. . . . 3709 fr.

Ce chiffre est très faible ; il est évident que c'est un minimum, et qu'il serait beaucoup plus élevé dans le cas d'une ligne accidentée, ce qui se présente souvent pour les lignes de tramways vicinaux.

Cette faible différence est due aussi à ce que les voitures automotrices Rowan pour la voie normale peuvent passer dans les

(1) Observation de l'auteur.

(2) Ces indications peuvent donner lieu à discussion ; voir 2° à la page 13. D'après M. Leygue, l'économie réalisée sur le matériel roulant par l'emploi de la voie d'un mètre serait d'un cinquième.

courbes du plus faible rayon usité, et qu'on a ainsi la possibilité d'employer ce rayon pour la voie normale comme pour celle d'un mètre.

Il n'en saurait être ainsi, en tout cas, pour tous les genres de matériel, en sorte que la possibilité de faire usage de courbes de très faible rayon (qui diminue surtout le prix d'établissement des lignes à voie étroite) n'est pas toujours admissible en pratique avec la voie normale.

M. Rowan n'est pas d'avis, dans l'établissement des tramways régionaux, d'utiliser constamment les grandes routes existantes (excepté dans le voisinage immédiat des villes), bien qu'on profite ainsi des ouvrages d'art déjà faits et qu'il en résulte généralement une grande économie. En effet, dit-il, les voies publiques qui sont assez larges pour qu'on y puisse poser une voie ferrée ont été construites dans un tout autre but que celui de desservir simplement les localités qu'elles traversent. Leur destination première a été de relier entre elles les villes du pays par le tracé le plus direct, et les ingénieurs qui les construisirent pratiquèrent en général le principe de la ligne droite, en admettant comme rampes le maximum qu'on leur prescrivait. Il en résulte que les routes anciennes passent le plus souvent loin des villages et des centres ruraux, ce qui est une condition inadmissible pour un chemin de fer d'intérêt local.

D'ailleurs, l'économie que l'on peut réaliser sur l'achat des terrains, sur les terrassements et sur les ouvrages d'art, en posant la voie sur une route existante, est bien souvent compensée par certains désavantages que M. Rowan résume ainsi qu'il suit :

1° Un tracé déterminé d'avance et dans lequel il n'est pas tenu compte des besoins actuels du pays traversé, peut entraîner une moins-value considérable de la ligne ;

2° L'obligation d'occuper sur la route le moins de place possible conduit à restreindre le gabarit du matériel roulant, c'est-à-dire à adopter des véhicules trop longs par rapport à leur largeur, et pour le même tonnage, à employer un plus grand nombre de voitures que si le choix du matériel avait pu se faire librement : tout ceci se traduit par une augmentation du poids mort roulant, par un plus grand nombre de roues, boîtes à graisse, attelages, etc. ;

3° Il en résulte également que les rampes, souvent très fortes, des anciennes voies publiques, nécessitent un moteur très lourd et par suite une plus grande consommation de combustible et d'huile, avec augmentation des frais d'entretien ;

4° La voie étant posée au niveau de la surface de la route (lorsque celle-ci n'est pas assez large pour qu'on puisse se placer sur un accotement), est difficile à drainer ; en outre, elle n'a pas la même élasticité que lorsqu'elle est établie sur une bonne couche de ballast : c'est là une cause d'usure relativement rapide pour le matériel roulant ;

5° Par ce motif et en raison du passage fréquent sur la voie ferrée des véhicules ordinaires qui circulent sur la route, la voie se détériore facilement et entraîne à des frais considérables d'entretien et de renouvellement, en même temps que la résistance des véhicules à la marche est plus élevée que sur des rails propres ;

6° Les risques d'accidents sont bien plus grands pour une ligne sur route que pour une ligne sur plateforme indépendante ;

7° Enfin, sur une route, la vitesse doit être relativement modérée (1).

Tous ces inconvénients doivent, en général, conduire à ne pas utiliser les anciennes routes pour la construction des nouvelles lignes de chemins de fer et de tramways vicinaux ; toutefois, il faudra bien peser dans chaque cas les avantages et désavantages comparatifs que cette utilisation pourra présenter. Mais, en restant fidèle au principe du tramway, on peut, dit M. Howan, construire à très bas prix à travers champs des lignes à voie normale capables de recevoir les véhicules des lignes principales et susceptibles d'être exploitées au maximum du bon marché. Leur coût d'établissement, matériel compris, ne dépassera pas, dans beaucoup de cas, 30 à 40.000 fr. par kilomètre.

7° Premières lignes de chemins de fer à voie étroite. — Le principe des chemins de fer à voie étroite, pour lignes à voyageurs à faible trafic, a été posé en France vers 1861. Mais

(1) Cependant, les tramways de certaines villes marchent à grande vitesse dans les agglomérations, sans qu'il paraisse en résulter d'accidents particulièrement graves.

dès 1846 un chemin de fer minier à voie de 1 mètre était établi entre Commentry et Montluçon, pour le transport de la houille.

La ligne de Mondalazac à Salles-la-Source, à l'écartement de 1,10 *m.* et de 7 kilomètres de longueur, a été construite en 1864 par la Compagnie d'Orléans pour le service de mines de charbon également ; et en 1866 M. Molinos établissait, pour sa sucrerie de Tavaux-Pontsericourt, un chemin de fer à voie de 1 mètre, comprenant deux lignes de 4.200 et 8.500 mètres, destinées au transport des betteraves. Les déclivités atteignaient jusqu'à 75 millimètres par mètre sur ces lignes ; les locomotives, du poids de 7 tonnes 1/2 en charge, remorquaient sur les plus fortes rampes un wagon vide et un wagon plein, soit 10 tonnes.

Le rail employé pesait 13 kilogrammes au mètre courant ; l'établissement des lignes, matériel compris, avait coûté 26.334 fr. par kilomètre.

L'Anglais Fairlie, célèbre par son système de locomotive à deux trucks moteurs articulés qui permet d'obtenir une grande puissance avec une faible charge sur chaque essieu, a combattu longtemps et avec opiniâtreté pour l'adoption de la voie étroite. Il a construit ainsi, il y a plus de 25 ans, pour le Pérou, le Canada, la Nouvelle-Galles, etc., des machines pour la voie de 1,066 *m.* pesant 21,3 *t.* en charge, soit 3,5 *t.* par essieu ; et des machines pour la voie de 60 centimètres pesant 19,8 *t.* en charge, soit 3,3 *t.* par essieu.

Fairlie a aussi imaginé une voiture à vapeur, mais qui n'a pas eu de succès ; ses locomotives, d'ailleurs, ne sont presque plus employées aujourd'hui.

La loi du 12 juillet 1865 a beaucoup favorisé, en France, l'établissement des lignes dites d'intérêt local ; mais, jusqu'en 1875, ces lignes se sont toutes construites à voie normale et leur prix de revient était assez élevé : 100.000 fr. en moyenne, matériel compris, par kilomètre.

En autorisant l'emploi de la voie de 1 mètre et au-dessous, cette loi a permis de faire usage de petits rayons dans les tracés, d'éviter presque complètement ainsi les ouvrages d'art et de réduire beaucoup le prix d'établissement des lignes. Le chemin de fer de Hermes à Beaumont a été concédé à la voie de 1 *m.* le 21 août 1875.

Le chemin de fer sur route de Ribeauvillé, à voie de 1 *m.* également et de 3.800 mètres de longueur, comprenant des courbes de 50 mètres de rayon et des rampes de 40 millièmes, a été établi très solidement, il y a plus de vingt ans, au prix de 62.500 fr. par kilomètre (y compris le matériel roulant : soit trois locomotives, cinq voitures à voyageurs ou fourgons et dix plateformes).

En fait de voie étroite, on n'emploie guère actuellement, en France, que celle d'un mètre ; cependant la Société Decauville a construit et exploite un certain nombre de lignes à voie de 60 centimètres, d'un prix d'établissement très réduit, pouvant suffire cependant à un assez important trafic ; le département frontière des Ardennes a adopté récemment la voie de 80 centimètres.

Dans les grandes villes, l'existence simultanée de plusieurs compagnies concessionnaires et le développement possible des lignes, rendent souvent nécessaire l'adoption de la voie de 1,44 *m.* Cette voie doit s'employer aussi d'une manière générale lorsque le trafic est élevé.

8. Choix du système de rails. Pose de la voie Vignole. — Chaque fois qu'il est possible d'établir les voies sur un accotement des routes ou autres voies larges, il faut évidemment user de cette faculté et faire alors usage de rails simples, à patins sur traverses (fig. 1), qui sont ceux qui coûtent le moins cher d'achat, de pose et d'entretien de voie, et qui, en outre, opposent la plus faible résistance à la marche des véhicules. Les rails doivent être très longs (10 à 12 mètres), pour diminuer le nombre des joints, et d'un poids au mètre courant dépendant du système de traction adopté, du poids des voitures automotrices ou des machines, enfin de la vitesse qu'on veut réaliser et du profil.

Fig. 1. Rail Vignole pour voie en accotement.

Pour des véhicules moteurs pesant de 9 à 12 tonnes en charge, et marchant sur un profil accidenté à une vitesse moyenne de 12 à 15 kilomètres à l'heure, le poids des rails, dans le cas de la voie Vignole, devra être de 20 à 25 kilogrammes par mètre linéaire. Le patin aura une largeur de 80 millimètres, la distance des traverses sera de 0,70 à 0,80 *m.*, suivant la solidité du terrain, en voie courante et en alignement droit, et devra descendre à 0,55 ou 0,60 *m.* aux joints et dans les courbes prononcées. Les rails seront fixés aux traverses par des tirefonds, ces traverses seront en chêne ou en hêtre préparé et auront une section d'environ 0,12 × 0,20 *m.* L'épaisseur de la couche de ballast sera déterminée de manière qu'il existe une épaisseur d'au moins 0,15 *m.* dans les traverses sans que la différence de niveau entre le dessus du rail et la plateforme puisse être inférieure à 0,30 *m.*

L'éclissage devra être particulièrement soigné, sa solidité étant une des conditions essentielles à remplir pour obtenir une bonne voie.

Il est bon parfois, dans les grandes villes, lors de l'établissement ou de la transformation des voies pour l'application de la traction mécanique, de tenir compte de ce fait qu'il peut devenir nécessaire de remplacer un système de voiture par un autre beaucoup plus lourd, comme cela se présenterait, par exemple, s'il fallait substituer à la traction par conducteur aérien la traction par accumulateurs. La voie doit être construite pour supporter les plus lourdes charges à prévoir.

Les diagonales à poser en pleine voie devront être en nombre suffisant pour permettre d'assurer le service sans trop de retard dans le cas d'obstruction de l'une des voies ; mais elles seront cependant limitées au nécessaire, car les aiguilles et les croisements sont toujours des points faibles dans tous les systèmes de voies, si bien établis qu'ils soient.

Dans les croisements, le fond de la partie évidée des cœurs devra être un peu incliné par rapport à la table, de telle façon qu'à l'arrivée des véhicules sur ces croisements le boudin vienne porter progressivement dans le fond de l'ornière ; la pointe des cœurs sera ainsi efficacement protégée contre l'usure et les ruptures, et ce procédé diminuera aussi beaucoup le bruit des véhicules au passage sur ces croisements.

Les aiguilles auront leurs deux lames réunies par une

tringle et munies de ressorts et d'un appareil de manœuvre dissimulé dans la chaussée ; elles devront être posées et entretenues avec un soin tout particulier, pour éviter les déraillements et les ennuis dans le service qui en résulteraient. Des instructions précises et répétées seront données aux conducteurs et aux machinistes, pour leur indiquer les précautions à prendre dans la manœuvre des aiguilles et la vitesse réduite à laquelle elles devront être franchies.

Le rayon des courbes ne devra pas descendre, autant que possible, au-dessous de 100 mètres en pleine voie pour les chemins d'intérêt local établis à voie de 1 mètre, et au-dessous de 50 mètres pour la voie de 0,60 m. (les minima sont 75 m. et 40 m. pour ces deux largeurs de voies). On pourrait évidemment faire usage de courbes plus raides, mais elles devraient être franchies à une vitesse très réduite.

On a reconnu depuis longtemps, en effet, la possibilité matérielle de faire passer des locomotives dans des courbes de petit rayon. M. Mallet cite (*Bulletin de la Société des Ingénieurs civils*, année 1894) trois voies de raccordement d'un grand magasin de New-York avec la gare centrale du *New-York Central and Hudson River Railroad*, qui ont 22,87 m. et 24,40 m. de rayon mesuré dans l'axe de la voie. Ces courbes sont parcourues par des fourgons ayant 15,25 m. de longueur et par une locomotive de gare à quatre roues couplées avec tender indépendant. La voie est à l'écartement de 1,435 m. ; dans les courbes, on lui a donné un surécartement de 13 mm. L'empattement total de la machine et du tender est de 8,97 m.

M. Mallet cite aussi une voie provisoire établie à la suite de la guerre de Sécession, qui comportait une courbe de 15,35 m. de rayon, avec rails et contre-rails fixés par de doubles crampons, et sur laquelle un service très important fut fait pendant plusieurs mois. Les trains y passaient à la vitesse de 12 à 15 kilomètres à l'heure.

A St-Pétersbourg, le chemin de fer militaire comporte des courbes de 15,25 m. de rayon ; enfin certaines grandes lignes, en Amérique, font usage, pour tourner les machines, de triangles dont les côtés ont de 16,30 m. à 41,50 m. de rayon.

Il est certain qu'on ne doit employer ces courbes raides qu'en cas d'absolue nécessité. Pour les tramways, dans les villes, on peut faire usage sans inconvénients de courbes de 25 mètres de rayon pour la voie normale ; on peut même descendre, mais à titre exceptionnel, jusqu'à 15 mètres, pour la circulation de véhicules à essieux rigides de 1,80 m. d'écartement. Il faut donner un surécartement important à la voie dans ces courbes (ce qu'on obtient dans certaines voies en élargissant l'ornière) et les franchir à très petite vitesse.

9. Prix de revient et poids de la voie Vignole simple. — Le prix de revient du mètre courant de voie, très variable avec un grand nombre d'éléments, peut être estimé en moyenne à 20 ou 22 francs lorsque la voie est posée sur l'accotement des routes ou à travers champs, et à 65 francs si elle est posée sur la chaussée avec contre-rails et pavage refait à neuf (voie normale).

Pour des rails de 9 mètres de longueur et du poids de 20 kilogrammes au mètre courant, posés sur traverses en chêne espacées de 0,80 m., le poids du mètre courant de voie est, dans le premier cas, de 90 kg. environ, et de 136 kg. dans le second.

10. Voies en chaussée. — Pour les voies établies en chaussée, dans les villes et sur les routes, on a le choix entre les systèmes de rails suivants :

Vignole simple, dans le cas de chaussée *empierrée*, seulement ;
Vignole à contre-rail,
Marsillon (à contre-rail),
Broca et *Humbert* (à gorge).

Les rails doivent être noyés dans la chaussée ; un décret du 30 avril 1894 dispense, à titre révocable toutefois, de l'emploi de contre-rails dans les chaussées empierrées ; ils ne sont exigés, en principe, que dans les chaussées pavées ou asphaltées. Il est bon, cependant, d'en faire toujours usage dans les courbes et dans les traversées de rues ou de routes (fig. 2).

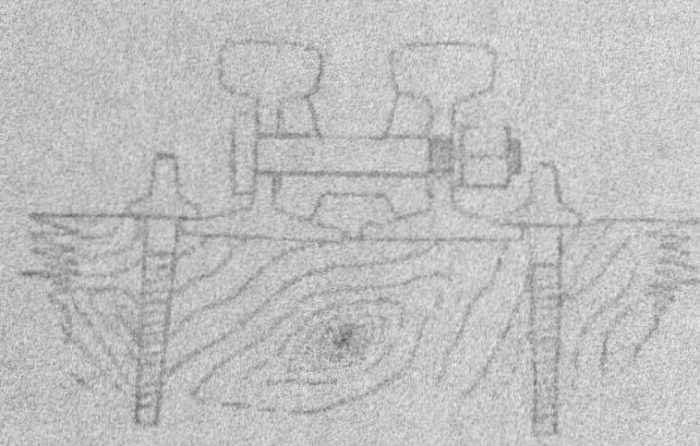

Fig. 2. Rail Vignole double pour voie en chaussée.

On reproche généralement aux rails à gorge de présenter une plus grande résistance au roulement des véhicules que les rails accolés et à fond ouvert : en ligne droite, par suite de l'obstruction plus rapide de l'ornière par les détritus ou la poussière des rues, en raison d'une profondeur moindre de cette ornière, et en courbe, à cause de la largeur moindre de l'ornière, largeur qu'il est plus facile d'augmenter dans les voies à contre-rail accolé.

Lorsque les voies sont mal nettoyées, l'ornière des rails à gorge s'obstrue en effet, par temps sec ou humide, plus vite que celle de la voie Marsillon, par exemple ; mais cependant celle-ci arrive rapidement à se bourrer, et les deux systèmes se trouvent généralement ainsi dans les mêmes conditions sous ce rapport. Mais avec un nettoyage suffisant, tel, par exemple, que celui que peuvent réaliser des raclettes montées sur les machines ou les voitures mêmes (système que nous décrirons en appendice), le bourrage de l'ornière n'est pas à craindre. Le nettoyage se fait même plus complètement alors avec une ornière profonde seulement d'un centimètre de plus que la saillie maximum que peut atteindre le boudin qu'avec une ornière plus creuse. La profondeur à donner à cette ornière ne doit donc pas être augmentée dans le but d'empêcher son obstruction et de réduire la résistance des véhicules au roulement, mais seulement pour obvier à l'usure de la table, laquelle s'élève en moyenne à 1 millimètre par an pour des voies à trafic moyen.

11. Écartements respectifs des boudins des roues et des rails. — Il ne faut pas que, dans la position médiane des voitures, l'axe des boudins coïncide avec l'axe de l'ornière correspondante ; si cela était, le boudin de l'une des roues viendrait frotter contre le rail, alors que celui de l'autre roue du même essieu frotterait par sa face intérieure sur le contre-rail.

L'écartement de la voie étant donné, il faut régler l'écartement des roues pour que la face intérieure des bandages ne puisse venir frotter contre le bord des contre-rails, même après une usure des boudins atteignant 5 millimètres. De la sorte, la voie à contre-rails n'opposera pas au roulement des voitures, du fait du frottement des boudins contre les rails, une résistance plus grande que la voie à rails simples.

Avec une voie de 1,440 m. d'écartement entre les bords intérieurs des rails et une largeur d'ornière de 29 millimètres en alignement droit (fig. 1), l'écartement intérieur des bandages devra être réglé à 1.400 m. pour une épaisseur de boudins de 16 millimètres. Dans la position médiane des voitures sur la voie, on aura ainsi une distance de 4 millimètres entre le congé des boudins et le rail, et une distance de 9 millimètres entre la face intérieure des bandages et le contre-rail.

Fig 1. — Écartements respectifs des roues et des bords intérieurs et extérieurs des rails.

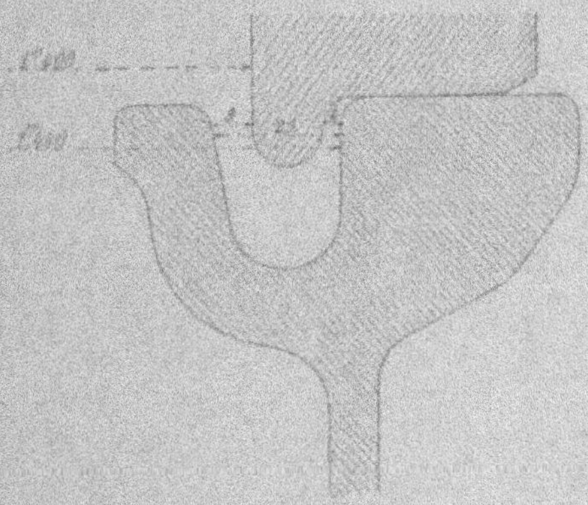

On voit que ce n'est qu'après une usure du boudin de 5 millimètres, non atteinte ordinairement en service, que le bandage pourra venir frotter sur le contre-rail.

12. Mesures propres à faciliter la circulation des véhicules en courbe. — Avec un jeu de voie de 11 millimètres, c'est-à-dire un écartement des bords intérieurs des rails supérieur de 11 millimètres à l'écartement extérieur des boudins, les parties de voie en courbe de 20 mètres de rayon peuvent être aisément parcourues, avons-nous dit, par des véhicules à petites roues ayant 1,80 m. d'écartement d'essieux.

De pareilles courbes doivent évidemment être franchies à très faible vitesse, surtout par des voitures automotrices ayant un grand porte-à-faux à l'avant ou à l'arrière : 4 à 6 kilomètres à l'heure, soit la vitesse d'un homme au pas (les minima pour les tramways départementaux sont de 40 m. pour les voies de $1^{m}44$ et $1^{m}00$, et de 30 m. pour la voie de $0^{m}60$).

Des essieux convergents facilitent beaucoup la circulation en courbe et permettent de diminuer le porte-à-faux des voitures, par un écartement plus grand donné aux essieux. Le roulement est alors doublement plus doux, parce qu'on peut aussi employer dans ce cas des ressorts plus flexibles.

Enfin, un certain jeu des coussinets entre les collets des fusées et dans les boîtes à huile, et des boîtes dans les plaques de garde, favorise encore l'inscription des véhicules en courbe. Ce dernier jeu ne doit pas être employé pour l'essieu moteur, et les premiers doivent être très faibles également pour le même essieu (2 à 3 millimètres au plus) sous peine de diminuer la stabilité et de provoquer un mouvement de lacet fatigant pour les voyageurs et pour le châssis et le mécanisme.

Lorsque, dans la voie à contre-rails, on donne un surécartement aux rails dans les courbes pour faciliter l'inscription des véhicules, il faut augmenter en même temps la largeur de l'ornière, de manière à maintenir constant ou même à diminuer un peu l'écartement des contre-rails. Par exemple, dans les courbes de 35 à 50 mètres de rayon, l'écartement des rails étant de 1,445 m., la largeur de l'ornière peut être élevée à 32 millimètres au lieu de 29, ce qui diminuera l'écartement des contre-rails de 1 millimètre. Pour les courbes au-dessous de 35 mètres de rayon, la largeur de la voie peut atteindre 1,450 m. et celle de l'ornière 35 millimètres : l'écartement des contre-rails est alors diminué de 2 millimètres.

Ces divers écartements peuvent être facilement réalisés, et dans la mesure que l'on désire, dans l'établissement de la voie Marsillon et des autres voies à contre-rails accolés. Pour les voies Broca et Humbert, il faut augmenter plus ou moins, dans la fabrication, la dimension de l'ornière des rails qui doivent être placés en courbe, de manière à obtenir les mêmes résultats que ci-dessus.

13. Voie Broca. — La voie Broca est formée de rails-poutre à patin très large, posés sur le sol avec une simple interposition de sable ou de ballast, ou sur un béton de 15 centimètres environ d'épaisseur dans lequel le rail peut être en partie encastré. Le tracé en pointillé de la figure 1 donne le profil des rails employés jusqu'à ces derniers temps à Paris : le patin y a une largeur de 102 millimètres et une hauteur de 170 ; l'épaisseur de l'âme est de 11,5 mm. ; les autres dimensions sont indiquées sur la figure. Ce rail pèse 44 kilogrammes le mètre courant ; il peut être obtenu en longueurs de 11 à 12 mètres, mais à Paris, en raison des difficultés de la manipulation dans les rues, on se contente de lui donner une longueur de 8 à 10 mètres.

Un rail Broca de 36 kilogrammes — correspondant comme résistance à l'écrasement à un rail Vignole de 22 kilogrammes — est aussi employé sur beaucoup de lignes à trolley installées en France par la Compagnie Thomson-Houston.

Les rails sont entretoisés dans ce système par des bandes de fer plat distantes de 2,50 m. à 3 m., suivant le pavage employé; le poids total de cette voie par mètre courant atteint jusqu'à 100 kilogrammes. Elle convient pour les plus lourdes charges, et on l'emploie à Paris en renforçant encore la section du rail et en rapprochant les entretoises pour les lignes exploitées par des voitures électriques à accumulateurs d'un poids moyen de 18 tonnes en charge. Ce rail renforcé (tracé en trait plein de la fig. 1) pèse 54 kilogrammes le mètre courant. Les éclisses sont elles-mêmes très fortes.

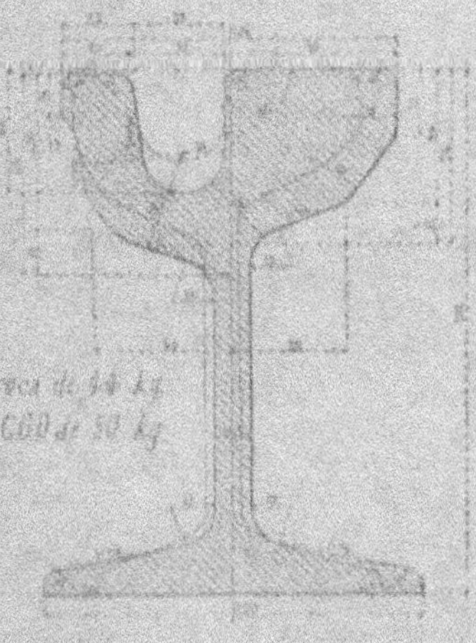

Fig. 1. Rail Broca de 54 kg et rail C.G.O. de 50 kg

A Marseille, la Compagnie française de tramways commence à faire usage d'un rail-poutre de 50 kilogrammes qu'elle appelle type R. M.; la gorge a une largeur de 35 millimètres dans les courbes d'un rayon inférieur à 20 mètres, et de 29 millimètres dans les autres parties de voies. La largeur de la table de roulement a été portée à 55 millimètres, dimension inusitée jusqu'à ce jour en France, pour diminuer l'usure de la table, laquelle est assez élevée, même avec des rails très durs. Elle atteint, en effet, ainsi que nous l'avons déjà dit, 1 millimètre par an, en moyenne, sur des lignes à traction mécanique à départs assez fréquents (10 à 12 minutes), et avec une largeur de table de 40 à 45 millimètres.

La profondeur de l'ornière a été portée à 40 millimètres (au lieu de 30 millimètres dans les rails précédemment employés) pour éviter que, par suite de l'usure de la table, le boudin des roues puisse venir porter dans le fond de cette ornière, ce qui aurait pour effet d'augmenter la résistance des véhicules au roulement et de faire fissurer les rails dans l'ornière.

Une plus grande largeur de table permet enfin d'employer des bandages de roues plus larges et de réduire par suite leur usure.

La largeur du contre-rail, à la partie supérieure, a été fixée à 20 millimètres, valeur reconnue suffisante pour empêcher la déformation du rail sous l'effort des voitures les plus lourdes. A l'état neuf, ce contre-rail doit être en contre-bas du rail de roulement de 2 à 3 millimètres, pour éviter qu'à son tour, et par suite de l'usure, celui-ci ne vienne trop en contre-bas du contre-rail, ce qui ferait riper les voitures traversant la voie sous un angle très aigu.

Les rails ont une longueur de 12 mètres, et le poids par mètre courant de voie est de 124 kilogrammes. Ces rails sont habituellement posés directement sur une couche de sable, mais quand le sol est mauvais et tend à se tasser, on les fixe sur des traverses de 2,30 m. de longueur, au nombre de 9 à 11 par longueur de rail, suivant la nature du terrain.

Le cintrage des rails se fait sur place au moyen de machines spéciales ; dans les courbes d'un rayon inférieur ou égal à 20 mètres, on doit porter l'écartement de la voie à 1,450 m., et à 1,445 m. dans les courbes de 20 à 50 mètres, ce qu'on réalise par l'élargissement de l'ornière.

Le poids de ces rails de 12 mètres est de 600 kilogrammes ; ils sont en acier Bessemer très dur, présentant une résistance à la rupture de 70 kilogrammes par mm² de section.

L'éclissage ici a été particulièrement soigné ; c'est avec raison, car c'est le point faible de toutes les voies ; les éclisses, en forme de cornière, ont 740 millimètres de longueur et sont assemblées au moyen de six boulons de 25 millimètres.

Le prix de la voie Broca avec rails de 44 kg., à Paris, n'est pas sensiblement inférieur à 100.000 francs par kilomètre de voie simple avec pavage refait à neuf.

14. Voie Humbert. — La voie Humbert est formée par un rail à gorge posé sur des traverses métalliques, avec interposition de coussinets en fonte ayant pour but de rehausser le rail, afin de l'adapter aux chaussées pavées. Les figures 1 à 3 indiquent le

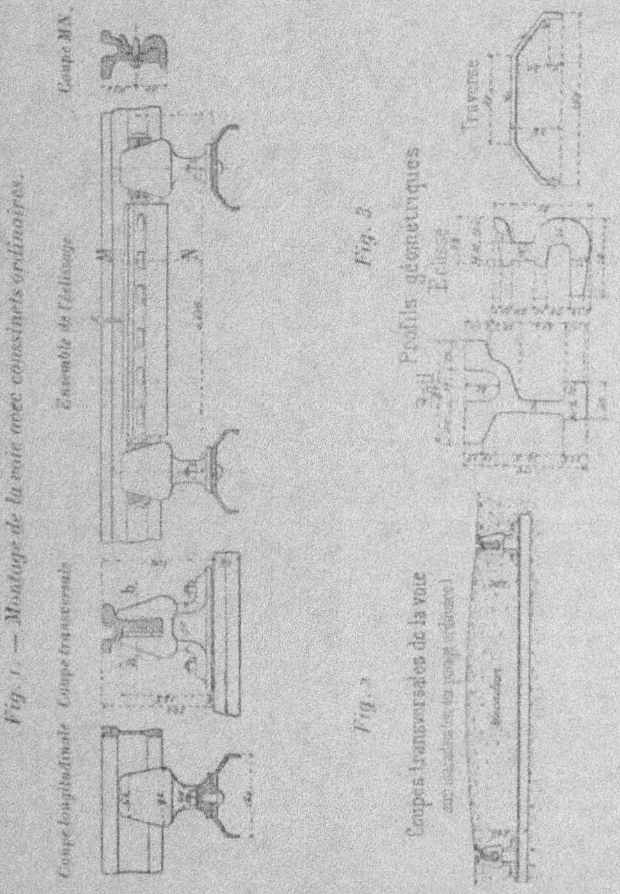

mode de pose de cette voie, qui est employée par la Compagnie française de tramways à Marseille, le Havre, etc.

Suivant M. Denizet, ingénieur des ponts et chaussées à Marseille, la voie Humbert serait très économique, très élastique (contrairement à la voie Broca qui est très dure lorsqu'elle repose directement sur du béton), en même temps qu'indéformable et d'une pose facile et rapide.

Sur la ligne du Cours de Belzunce à St-Louis, à Marseille, desservie par des voitures électriques pesant 6.700 kilogrammes à vide et jusqu'à 12.000 kilogrammes en charge (avec 70 voyageurs), le poids des rails est seulement de 27,6 kg. le mètre linéaire. La voie est à l'écartement de 1,440 m. et les traverses sont espacées de 1 mètre en moyenne ; le poids du mètre courant de cette voie complète est de 81,5 kg.

En réalité, cette voie est un peu faible, eu égard au poids des voitures et à leur vitesse élevée, principalement aux joints, les rails Humbert ne se prêtant pas à un éclissage mécanique solide ; on a dû assez récemment renforcer ces joints en reliant les rails au moyen de la soudure Falk. Avec les dimensions ci-dessus, cette voie conviendrait bien pour des voitures n'excédant pas 10 tonnes en charge et marchant à une vitesse maximum de 15 à 16 kilomètres.

Le prix de revient des voies Humbert, de Marseille, est de 30.000 francs le kilomètre, dont 10.000 francs environ pour le pavage.

15. Voie Marsillon. — La voie Marsillon a été très employée en France au début de l'application de la traction mécanique aux tramways, et notamment à Lille, à Paris et à Lyon. On lui préfère généralement aujourd'hui la voie Broca, depuis que l'on a reconnu que cette dernière est aussi *roulante*.

Le rail Marsillon se compose de deux barres d'acier de même section, l'une formant le rail proprement dit et l'autre le contre-rail (fig. 1, 2, 3). La réunion de ces deux barres se fait à l'aide

Fig. 1. — Voie Marsillon sur traverses.

de boulons et de fourrures en fonte dont la forme est étudiée de manière à les entretoiser exactement, les boulons d'assemblage étant serrés à bloc. L'ensemble constitue, de la sorte, pour ainsi dire, une poutre travaillant d'un seul morceau.

Il n'en est pas toujours ainsi, cependant, dans le pavage en

Fig. 2. Voie sur béton avec coussinet de 14c ou de 10c de hautr

bois notamment; ce pavage travaille beaucoup sous l'influence des variations atmosphériques : le rail et le contre-rail sont poussés avec force l'un contre l'autre, et leur écartement, dans

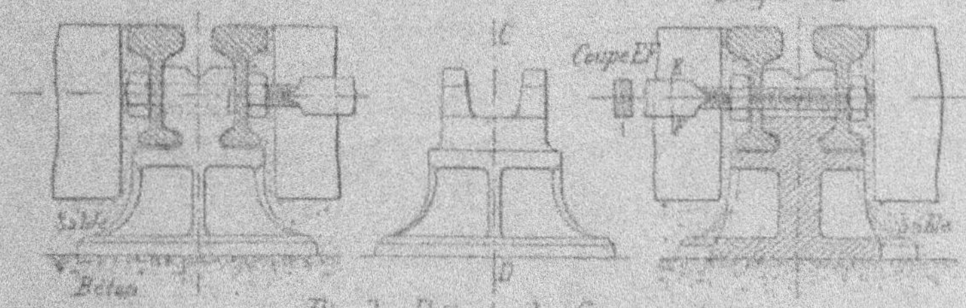

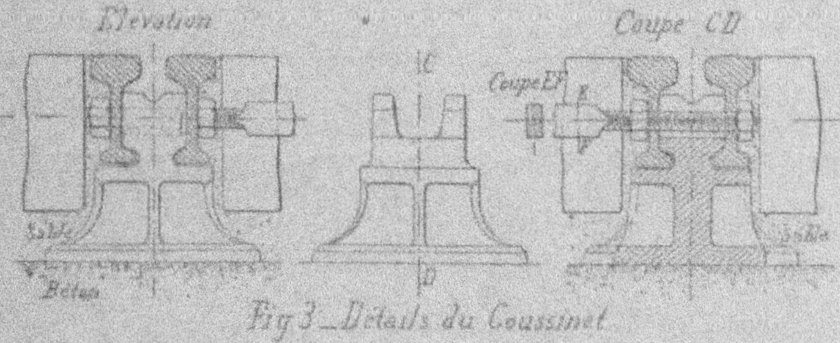

Fig. 3. Détails du Coussinet

l'intervalle des fourrures, diminue parfois de 8 à 10 millimètres. Lorsqu'on pose des voies neuves dans ce pavage, il faut avoir soin de maintenir l'écartement du rail et du contre-rail au moyen de nombreux coins qu'on n'enlève qu'au moment de livrer ces voies à la circulation.

Sous la charge des voitures de la ligne, le rail s'entaille aussi au passage sur les coussinets, et la table de roulement s'abaisse de près d'un centimètre par rapport au dessus du contre-rail, après cinq ou six ans d'exploitation. Ce résultat est en partie dû encore à l'usure du rail même qui atteint, avons-nous dit, 1 millimètre par an environ.

Il y a deux modèles de coussinet pour voie courante ; l'un

utilisé dans les voies posées sur béton, l'autre, plus léger, employé avec le pavage en pierre et dans la pose sur traverses.

On emploie, à Paris, un rail de 10,8 m. de longueur pesant, ainsi que le contre-rail, 20,5 kg. au mètre courant, avec traverse et coussinet tous les 80 centimètres et fourrure entre deux traverses.

Quand la voie est posée sur béton, avec pavage en bois ou en pierres, on ne fait généralement pas usage de traverses ; le patin a dans ce cas une plus large assise ; 20 cm. $\times$ 16 cm. pour le pavage en bois, et une forme hexagonale ou octogonale de dimensions correspondantes pour le pavage en pierre.

Pour augmenter encore cette assise, sur chaussée bétonnée, on fait aussi usage de plaques de fer de 300 $\times$ 400 $\times$ 12 mm., rivées ou boulonnées sous le patin de coussinets ordinaires ; cette disposition donne de très bons résultats.

Quand les rails sont fixés sur traverses, celles-ci sont écartées, avons-nous dit, de 0,80 cm. et quelquefois moins. Le rail ayant 11 centimètres de hauteur, le coussinet 14 cm. de la table à la naissance du rail et la traverse 10 cm. (en tout 35 cm.), on voit qu'il n'est pas nécessaire de faire des fouilles profondes pour établir les voies solidement. On enlève d'abord le pavé, et l'on pratique une plate-forme dont le niveau est à 25 centimètres au-dessous de l'ancien pavage (16 cm. de queue de pavé et 9 cm. de sable). C'est dans cette forme bien réglée que l'on pratique les fouilles pour les traverses ; ces petites tranchées ont au plus 15 cm. de profondeur au droit de chaque bois. On y apporte du sable ou des terres de 7 cm. environ d'épaisseur, qu'on pilonne en les humectant légèrement, et c'est ce matelas qui sert d'intermédiaire entre le sol vierge et la traverse.

Les traverses ne s'emploient habituellement que sur une couche de sable ou de ballast ; on en fait usage parfois aussi dans le béton, dans lequel elles sont alors noyées presque complètement. Mais, lorsque la portée du coussinet vient à se mâcher, le travail de réfection est difficile et onéreux, et cette pose n'est pas à conseiller en dehors de cas tout à fait particuliers.

Le poids du mètre courant de voie Marsillon est très élevé — jusqu'à 140 kilogrammes — et le prix sur béton atteint, à Paris, 75 francs et même 100 francs pour une voie très solide et avec un pavage refait à neuf. L'entretien lui-même est plus coûteux que celui de la voie Humbert, mais, quand le rail est usé, on peut le remplacer par le contre-rail.

16. Joint Falk. — Dans ce système de joint, les bouts des rails sont assemblés au moyen d'une masselotte en fonte de 60 à 80 kilogrammes, coulée sur place et les enveloppant complètement, sauf à leur partie supérieure, sur une longueur de 35 à 40 centimètres (fig. 1). L'opération est conduite de telle façon que la fonte, coulée à une température de 1.400 degrés C, amène l'acier des extrémités des rails à une température de 1.200 degrés C. On obtient ainsi une demi-fusion superficielle et un contact à peu près parfait entre le corps des rails et la masse en fonte constituant l'éclisse.

Fig. 1. — Joint Falk.

Lorsque la traction est à conducteur électrique, cette sorte de soudure a pour effet de rendre plus complète la continuité de la masse métallique traversée par le courant de retour à l'usine, qui emprunte généralement, comme l'on sait, les rails de roulement pour ce retour, et de diminuer ainsi sa résistance. On continue cependant, pour réduire encore cette dernière, à réunir les extrémités des rails par des conducteurs en cuivre, que l'on établit aussi courts que possible et avec un diamètre approprié.

Mais la soudure Falk est surtout avantageuse au point de vue de la suppression des joints, au passage desquels il se produit toujours des flexions et des chocs, si bien établis qu'ils soient. Cette suppression assure aux voitures une grande douceur de roulement, en même temps qu'elle ménage les extrémités antérieures des rails (dans le sens de la marche), qui ne sont plus écrasées par le martelage des roues.

La réfection des joints, toujours très coûteuse, surtout à Paris, en raison du poids élevé des voitures mécaniques, paraît aussi supprimé par l'emploi de la soudure Falk. On a en effet constaté à Lyon que l'entretien de la voie du tramway d'Oullins était tombé de 3 000 francs à 100 francs par an à la suite de la substitution du joint Falk aux éclisses ordinaires. A Marseille, ce joint a été employé pour augmenter la solidité de la voie Humbert que nous avons décrite plus haut.

Constatons que la soudure des rails ne pourrait s'employer sur les voies de chemins de fer, la dilatation des rails, entièrement exposés au soleil, y étant relativement grande (1) ; mais cette dilatation n'a que peu d'importance dans les voies de tramways, où les rails sont noyés dans le sol et ne subissent que des écarts de température assez faibles. Des expériences faites à Lyon, à Marseille, au Hâvre et aux États-Unis (où l'on compte actuellement plus de 200.000 joints Falk) n'auraient fait ressortir aucun inconvénient. Cependant à Hanovre (Allemagne), on a constaté, à la suite de grandes chaleurs, un soulèvement du rail en son milieu ayant endommagé le revêtement en asphalte de la chaussée, ce qui a fait rejeter l'emploi des soudures.

17. Résistance des véhicules à la marche. — Disons quelques mots, pour terminer ce chapitre, de la résistance des voitures de tramways à la traction dans les villes.

En temps de pluie, la voie étant bien *lavée*, suivant l'expression des machinistes, la résistance des véhicules à vapeur ou à air comprimé marchant à régulateur fermé, en palier et en alignement droit, est de 4 à 5 kilogrammes par tonne de leur poids pour une vitesse moyenne de 3 mètres par seconde, soit de 10 à 12 kilomètres à l'heure. Les pentes de 5 à 6 millimètres peuvent être franchies par ces voitures à cette vitesse constante de 10 à 12 kilomètres à l'heure, sans action motrice des machines et par la seule gravité.

Cette voie *bien lavée* est celle qui est le plus favorable au roulement des véhicules ; le sable, la boue sèche et la poussière qui s'étaient tassés dans l'ornière ou qui formaient *crasse* sur la table du rail, sont alors bien délayés et n'opposent pas de résistance sensible à l'avancement des voitures. En outre, l'adhérence est très

(1) Cependant une Cie de tramways en Amérique emploie des rails Vignole de 18 m. de longueur réunis bout à bout au moyen de la soudure Falk ; pour obvier aux effets de la dilatation, on dispose tous les 150 m. environ des *pièces de dilatation*.

bonne et les roues ne risquent pas de patiner, ni de se caler par une action modérée du frein.

Dans la marche avec action motrice des machines, le mécanisme et les pistons et tiroirs absorbent un plus grand travail de frottement que dans la marche à régulateur fermé, et dans les conditions de vitesse et de propreté de voie ci-dessus, la résistance des véhicules automoteurs s'élève à 5 ou 6 kilogrammes par tonne, sur voie Marsillon ou Broca (sur voie Vignole placée en accotement, elle est dans les mêmes conditions de 4 kg. environ).

Pour les véhicules électriques, cette résistance est un peu moindre, et M. Drouin (1) l'a trouvée égale à 5 kilogrammes par tonne pour la vitesse de 12 kilomètres à l'heure (voiture lancée, résistance du moteur, à vide, comprise).

Lorsque le rail, par temps sec, est aussi propre que possible et l'ornière bien dégagée, la résistance est un peu plus élevée (d'un kilogramme environ) que par temps de pluie ; mais en service, la résistance moyenne sur les voies de tramways des rues de Paris et des grandes villes, et qui est celle dont il faut généralement tenir compte dans les évaluations et calculs, atteint 10 kilogrammes environ en palier et en alignement droit.

On sait que les rampes ajoutent, par chaque millième d'inclinaison, un surcroît de résistance de 1 kilogramme par tonne de poids des véhicules ; une rampe de 30 millimètres, en ligne droite, quadruple ainsi la résistance des voitures mécaniques.

Quant aux courbes, elles opposent, à partir du rayon de 50 mètres, une résistance très appréciable, qui peut s'élever à 20 kilogrammes par tonne pour une courbe de 20 mètres ; cette résistance croît aussi avec la vitesse des véhicules.

Enfin, les démarrages occasionnent eux-mêmes un surcroît de travail, et on peut estimer en définitive que sur une ligne ne présentant pas de rampes supérieures à 10 ou 12 millimètres, et sur laquelle les points d'arrêt pour prendre ou laisser des voyageurs sont espacés d'environ 300 mètres, la résistance moyenne des véhicules à la marche s'élève à 13 kilogrammes par tonne.

(1) *Bulletins de la Société des Ingénieurs civils.* — Juin 1898.

Ce chiffre, dans le cas de rampes n'excédant pas 12 millimètres, doit servir de base pour l'établissement de la dépense d'énergie moyenne des automotrices ; mais il doit être sensiblement augmenté dans le calcul de l'effort de traction qu'elles doivent pouvoir développer. A Paris, lorsque le temps est humide et qu'il pleut par instants ou qu'il y a du brouillard, les machinistes sont obligés de sabler les rails pour combattre le patinage ; de même, le service municipal fait jeter du gravier sur la chaussée pour empêcher les chevaux de glisser. Ce sable et ce gravier forment crasse sur la table de roulement et se tassent aussi dans l'ornière, mélangés à la boue, et ils opposent une très grande résistance à la marche des voitures. Cette résistance atteint son maximum par temps humide et froid, ou bien encore lorsqu'il gèle, et elle peut alors s'élever à 20 kilogrammes par tonne, en palier et en alignement droit. — Au démarrage, elle est plus élevée encore ; nous connaissons des points à Paris, situés en rampe et en courbe prononcées à la fois, où cette résistance atteint 100 kilogrammes en nombre rond.

C'est d'après ce chiffre que doit s'établir l'effort de traction maximum des voitures automotrices dans les villes populeuses et à parcours accidentés.

Nous donnerons en appendice un procédé simple, rapide et peu coûteux, de nettoyer la voie dans les cas ci-dessus ; on maintiendra par ce moyen la voie en bon état et on conservera au service toute sa régularité ; on réduira enfin la dépense d'énergie et les usines ne risqueront pas — comme cela aurait lieu sans ce procédé — de devenir insuffisantes et d'obliger à réduire le nombre des départs ou à supprimer les voitures d'attelage.

18. Résumé. — Pour nous résumer en ce qui concerne la voie, nous dirons qu'il faut l'établir avec des rails relativement lourds, un nombre de traverses suffisant et un bon ballastage ou bétonnage ; on diminuera ainsi les travaux d'entretien, et le roulement des trains sera plus doux.

Pour faciliter encore ce roulement, la voie, dans les chaussées, sera toujours bien nettoyée, de préférence au moyen de raclettes portées par les voitures ou machines elles-mêmes.

Les aiguilles seront parfaitement établies, leurs deux lames seront mobiles, reliées entre elles et maintenues dans leur position normale par des ressorts ; pour en faciliter le nettoyage et éviter qu'elles se trouvent noyées par temps de pluie (ce qui pourrait occasionner des déraillements, les mécaniciens ne pouvant plus s'assurer de la position des lames), le point bas de leur plan d'assise devra, autant que possible, communiquer avec un caniveau relié aux égouts.

Dans le cas de traction électrique (par conducteur aérien, au niveau du sol ou souterrain), il sera très utile de relier les rails par la soudure Falk ; ce mode d'attache est d'ailleurs avantageux pour tous les systèmes de traction aux points de vue de la douceur de roulement et de la diminution de dépense d'énergie et de frais d'entretien. La voie Vignole sera employée sur les accotements, la voie Humbert ou la voie Broca sur les chaussées. Dans les villes, les courbes en pleine voie ne devront pas descendre au-dessous de 25 mètres, et exceptionnellement de 15 mètres, pour un écartement d'essieux de 1,75 m. Si le montage des essieux permet un certain déplacement latéral, cet écartement pourra être porté à 2,10 m. ou le rayon des courbes être abaissé respectivement à 20 et 13 mètres.

On devra veiller à ce que les machinistes attaquent et franchissent les courbes d'un rayon inférieur à 30 ou 35 mètres à la vitesse d'un homme au pas, avec action motrice continue ; autrement dit, on ne procédera pas par lançage. Le bord intérieur des rails situés sur le grand rayon et le bord extérieur des contre-rails du petit rayon pourront être graissés avec un mélange de suif et de plombagine, ou plus simplement arrosés abondamment, pour diminuer la résistance des véhicules à l'avancement, ainsi que l'usure des boudins des roues et des rails.

Les éclissages seront établis très solidement, et les joints seront autant que possible concordants et non chevauchés, ces derniers imprimant aux voitures un mouvement de balancement très désagréable pour les voyageurs de plateforme et d'impériale, et occasionnant, en outre, par le lacet ainsi produit, une usure anormale des boudins des roues et des bords intérieurs des rails.

DEUXIÈME PARTIE

TRACTION A VAPEUR

19. Observations préliminaires. — Pour les tramways, c'est surtout dans le choix du système de traction qu'il convient d'appliquer le principe de Seguin : proportionner l'outil au trafic.

Le prix d'établissement est le point essentiel à considérer, surtout pour de petites lignes établies par des particuliers ou des sociétés ne disposant pas de grands capitaux ; le coût d'exploitation ne vient qu'en seconde ligne, ce qui montre combien il peut être fâcheux de ne pas disposer dès l'origine d'un fonds de roulement suffisant.

Pour les Compagnies importantes, exploitant des réseaux ou lignes à grand trafic, la considération du prix d'établissement n'a pas la même importance, et elle est parfois même mise complètement à l'écart ; c'est ce qui arrive pour les sections où le confort, l'élégance, les exigences d'un public spécial doivent être satisfaits à tout prix.

Parfois aussi, les stipulations des cahiers des charges des villes ne laissent pas au concessionnaire la liberté absolue du choix pour le mode de traction à adopter ; c'est ce qui vient de se produire récemment à Paris, où le Conseil municipal a invité la Compagnie générale des Omnibus à transformer plusieurs de ses lignes de tramways à traction animale en tramways à traction mécanique, sous la réserve que les voitures automotrices seraient à air comprimé ou à accumulateurs électriques.

Cependant, différents systèmes de voitures à vapeur offrent, d'une manière générale, des avantages importants, et les Compagnies exploitant des lignes à faible rendement pourront être amenées fréquemment à les employer.

En dehors des locomotives ordinaires, dont on ne fera généralement usage que sur des lignes vicinales reliant des villes ou bourgades entre elles, sans traverser les premières, ou dans les centres miniers comme Saint-Étienne, Denain, Anzin, les systèmes à vapeur que nous allons décrire dans le chapitre premier, et qui sont tous déjà en usage en France, sont susceptibles de donner d'excellents résultats au double point de vue de la régularité du service et de l'économie de fonctionnement.

Pour atteindre ce but, il suffira (le matériel ayant été d'abord bien étudié et bien construit) de bien choisir le chef de service et de le rétribuer suffisamment pour l'attacher pour longtemps à la compagnie. On arrivera ainsi à obtenir un service régulier et intensif avec un matériel modeste et économiquement entretenu.

CHAPITRE PREMIER

TRACTION PAR LOCOMOTIVES ORDINAIRES

20. Considérations générales. — Les locomotives ordinaires constituent le système de traction mécanique le plus économique, en ce qui concerne les dépenses d'installation. Employées au début même des premiers essais de traction mécanique à Paris (une locomotive Hugues a été essayée en 1875 sur la ligne de Fontenay à Saint-Germain-des-Prés), elles ne sont plus guère utilisées, dans les nouvelles exploitations, que sur les chemins de fer et tramways vicinaux. On en trouve cependant encore sur un certain nombre de tramways urbains, comme à Saint-Étienne et à Cherbourg, et sur des lignes de pénétration, comme celles de Lyon à Neuville, d'Anzin à Valenciennes, de Saint-Germain à Courbevoie et d'Arpajon à Paris.

En dehors du moindre coût d'établissement, d'autres considérations peuvent encore faire préférer ce mode de traction pour certaines lignes de tramways : c'est, par exemple, un espacement assez considérable des trains, pour une ligne en correspondance avec un chemin de fer, et la nécessité de composer ces trains d'un grand nombre de voitures ; c'est aussi une grande longueur de parcours qui, avec tout autre mode de traction, obligerait à avoir plusieurs usines motrices ou de chargement, venant augmenter les frais d'installation.

Les locomotives à vapeur présentent, d'autre part, un certain nombre de points défectueux. Elles utilisent d'abord assez mal le combustible, en raison de leurs dimensions réduites, car 1 kilogramme de charbon y vaporise rarement plus de 6 litres d'eau ; la vapeur produite est souvent aussi très humide et a par conséquent un mauvais rendement, le moteur enfin n'est pas économique, et ces diverses considérations font que les installations à eau chaude, à air comprimé et électriques, malgré les transformations de l'énergie qu'elles exigent, sont souvent plus économiques, quant aux frais d'exploitation. La puissance indiquée sur les pistons des machines motrices correspond, en effet, dans de grandes installations bien exécutées, à une dépense de combustible égale tout au plus à la moitié ou même au tiers de ce qu'elle est pour les locomotives à foyer des tramways.

En outre, la chaudière, dans ces locomotives, est une partie très délicate et qui demande beaucoup d'attention dans la conduite comme dans l'entretien ; faute de soins, les avaries peuvent devenir fréquentes et graves, et compromettre en même temps que grever fortement l'exploitation ; il faut ainsi, pour la conduite de ces machines, de vrais mécaniciens, et pour l'entretien, des ouvriers habiles.

Mais lors même que ces conditions se trouvent réalisées, des avaries fréquentes se produisent aux chaudières après quelques années de service, telles que ruptures d'entretoises et de tubes à fumée, fissures aux plaques tubulaires et dans les angles de la tôle d'arrière du foyer, etc., qui forcent à arrêter fréquemment les machines ; enfin, les lavages les immobilisent au moins un jour par semaine, et ces diverses circonstances réunies obligent à avoir un nombre de locomotives supérieur de plus de moitié à celui qu'exigerait strictement le service des trains.

Cependant, malgré ces multiples inconvénients, et d'autres encore résultant de l'emploi direct du charbon, les locomotives ordinaires constituent, dans la plupart des cas, le mode de traction le plus rationnel pour les chemins de fer d'intérêt local et les tramways départementaux, en dehors des exploitations urbaines ; et on peut en somme en obtenir un service régulier et assez économique, en raison des dépenses relativement faibles d'intérêt et d'amortissement. Sur 3.000 kilomètres de tramways en exploitation en France, à la fin de l'année 1898, en dehors du département de la Seine, près de 2.200 étaient en effet à traction de locomotives. Nous nous étendrons donc sur ce mode de traction.

21. Établissement des locomotives. — Pour obtenir un bon service des locomotives à feu, il faut d'abord qu'elles soient parfaitement établies en vue du travail à effectuer, en tenant compte des courbes et rampes de la ligne, de la vitesse à réaliser, du combustible à brûler, etc.; ensuite, qu'elles soient construites avec des matériaux de choix et avec tout le soin désirable.

En principe, on ne doit pas s'attacher à créer un type nouveau, à moins de circonstances exceptionnelles, mais plutôt à faire un choix judicieux entre les types existants, appropriés déjà au service que l'on veut réaliser. On examine à cet effet les locomotives en fonctionnement sur quelques lignes similaires, on se rend compte de leurs avantages et de leurs défauts respectifs et, d'après l'importance et la nature des services à établir, on fait la commande du nombre de machines nécessaire suivant un seul ou plusieurs de ces types, en n'y apportant que des modifications reconnues absolument utiles et ne présentant aucun aléa.

Les locomotives employées sur les lignes de chemins de fer d'intérêt local et de tramways départementaux sont généralement du type tender et le plus souvent à deux essieux couplés et un essieu porteur, ou bien à trois essieux couplés; plus rarement à deux essieux couplés, à trois essieux couplés et un porteur, ou à quatre essieux couplés deux à deux suivant le système articulé A. Mallet.

Parmi les dispositions générales à recommander, il faut citer, pour le choix du type de machine :

Fig. 1. Locomotive à 4 roues couplées.
(Type à balanciers)

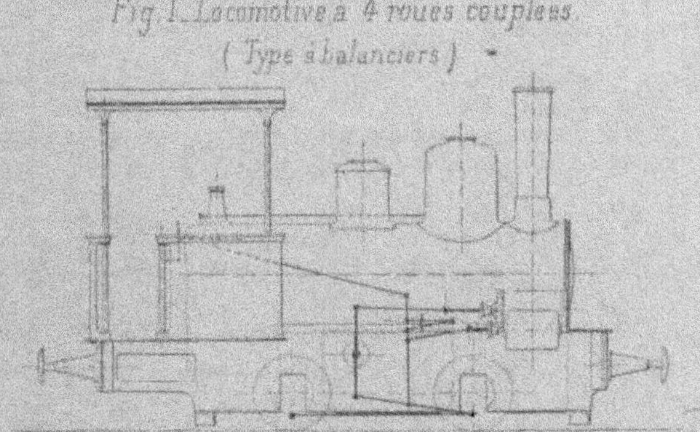

Les locomotives à deux essieux couplés et à balancier (fig. 1) pour les lignes de tramways à faible trafic ;

Les locomotives à deux essieux couplés à l'avant et essieu porteur sous le foyer (fig. 2), pour les lignes de chemin de fer à faibles rampes ;

Fig 2. Locomotive avec essieu porteur sous le foyer
(4 roues couplées)

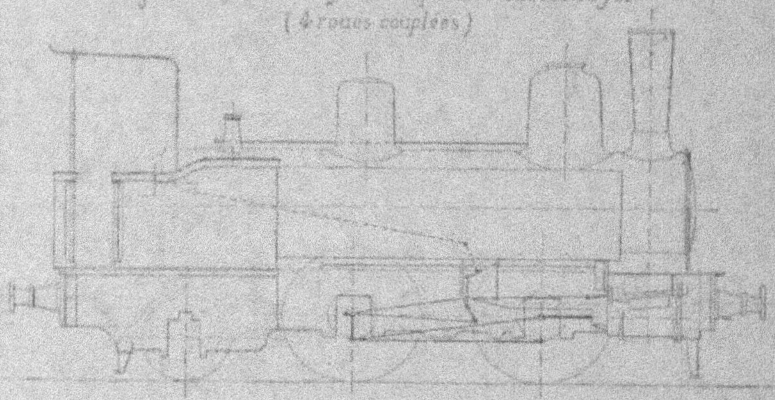

Les locomotives à trois essieux couplés, avec ou sans essieu porteur à l'arrière (fig. 3 et 4), pour lignes à profil accidenté ;

Fig. 3. — Locomotive à 6 roues couplées

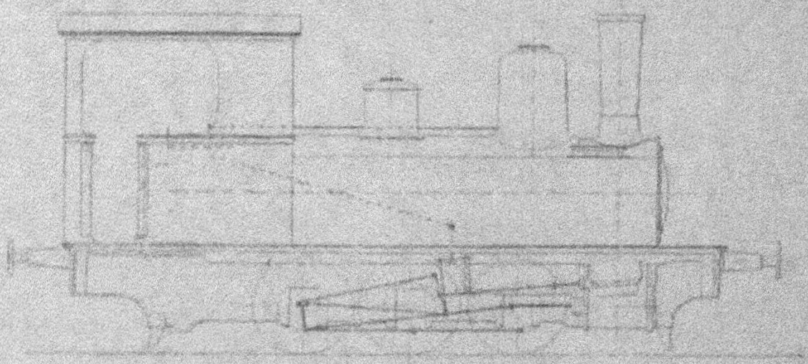

Les locomotives fourgons à deux essieux couplés à l'avant et essieu porteur sous le fourgon, pour le cas où un seul agent peut suffire pour la conduite ; le conducteur, qui se tient habituellement dans le fourgon, peut se déplacer en cas de nécessité, soit pour serrer le frein dans les manœuvres, soit pour remplacer le mécanicien en cas d'accident survenu à ce dernier.

Fig 4. Locomotive avec essieu porteur sous le foyer (6 roues couplées)

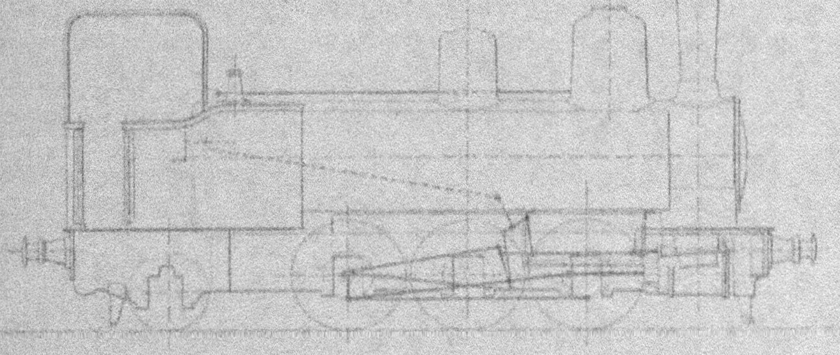

Lorsqu'elles feront le service dans des villes un peu importantes, les machines devront pouvoir condenser leur vapeur et être disposées pour brûler du coke; le mécanisme sera aussi entièrement renfermé dans des caissons.

Quant aux détails du mécanisme : la distribution de Stephenson devra être préférée, comme la plus simple et la moins sujette à se dérégler ; le mécanisme extérieur, qui facilite le graissage, la visite et les réparations, sera adopté d'une manière générale.

L'appareil de changement de marche sera d'un système mixte, à levier et à vis à la fois, donnant une grande rapidité de manœuvre et permettant l'emploi de tous les degrés de détente entre 0 et 40 0/0 de la marche avant. Nous décrirons un système de ce genre en appendice.

Les chaudières de faible longueur auront leurs tubes en laiton ; pour les autres, ils seront en acier doux. L'échappement sera fixe et de forme annulaire ; le souffleur sera annulaire également, les souffleurs à jet faisant trop de bruit pour être employés dans un service de tramways.

Les injecteurs seront d'un système permettant de les employer aussi comme extincteurs d'incendie et comme appareils de lavage des chaudières.

Comme système de frein, on aura avantage à employer sur les lignes un peu accidentées un frein continu à air comprimé dont la pompe de compression se trouvera actionnée par la locomotive même, et seulement à la descente des pentes ou lors des arrêts aux stations, c'est-à-dire dans les parcours sans action motrice de la machine (voir en appendice la description d'un système de ce genre).

Les cylindres moteurs peuvent être disposés à l'avant et à la partie inférieure des longerons, ou bien être fixés sur le tablier suivant la disposition Brown (de Winterthur). Ce dernier mode d'attache est préférable quand les roues ont un petit diamètre, pour éviter la détérioration rapide des articulations et pièces frottantes du mécanisme par la boue et la poussière. Pour la même raison on devra, si l'on emploie le premier mode de fixation des cylindres, faire usage d'une glissière unique supérieure pour chaque côté de la machine.

Enfin, les sablières devront être établies avec des tuyaux aussi directs que possible et avoir un débit élevé pour empêcher le patinage dans les parties de voie situées en chaussée, et surtout pour permettre d'obtenir des arrêts rapides et éviter ainsi des accidents de personnes et de voitures.

22. Construction des locomotives. — Les types de locomotives nécessaires au service de la ligne étant arrêtés, il y a lieu d'établir pour leur exécution un cahier des charges dérivé de celui imposé par les grandes compagnies de chemins de fer à leurs constructeurs. Le marché peut être conclu de gré à gré avec ces derniers, ou adjugé avec concurrence, par exemple dans le cas d'une commande importante. Pour une commande de quelques unités seulement, il est préférable de s'entendre avec une maison construisant plus spécialement les types de locomotives choisis.

La construction sera suivie par un agent réceptionnaire ou contrôleur de travaux bien au courant de ce travail spécial, si le nombre de machines à construire justifie cette dépense — ou, dans le cas contraire, par un agent d'une compagnie de chemin de fer exécutant dans cette localité, ou une localité voisine, le même travail pour le compte de sa compagnie et disposant d'un temps suffisant.

Cet agent devra d'abord prendre des éprouvettes dans les tôles, massiaux, barres, tuyaux, etc., devant entrer dans la fabrication des machines, et en faire l'essai suivant les indications des cahiers des charges. Les essais effectués dans une même journée ou dans deux ou trois journées consécutives, donneront lieu à l'établissement d'un procès-verbal de la forme ci-après.

Pendant l'exécution du travail, le contrôleur de fabrication surveillera le tracé, la préparation, le dressage, le perçage des trous, l'envirolage, l'emboutissage et le recuit des tôles, le rivetage, la pose des entretoises et des tubes ; le montage des supports de la chaudière, des plaques de garde, boîtes, coussinets, cylindres, échappement ; le réglage de la distribution et de la suspension ; l'emmanchement des essieux et des boutons de manivelles, la pose des bandages, etc.

Cependant, pour une commande de quelques machines seulement, il sera généralement préférable de laisser le constructeur — s'il a déjà livré un certain nombre de locomotives semblables et s'il jouit d'une réputation bien établie — arrêter comme il l'entendra les dispositions d'ensemble et tous les détails des machines, et même déterminer le type de machine le plus favorable pour l'exploitation de la ligne.

Dans ce cas, on lui demandera seulement de garantir le matériel contre tout vice de construction et toute usure prématurée des divers organes pendant un certain nombre d'années en rapport avec le prix d'achat, en lui imposant encore des conditions relatives à la consommation de combustible, dans diverses circonstances données.

On devra en même temps faire exécuter ou livrer par ce constructeur quelques pièces de rechange essentielles : essieux montés, bandages, tiroirs, segments de pistons, coussinets de bielles et de boîtes à huile, bielles motrices et d'accouplement, tiges de pistons et de tiroirs, axes, coulisseaux et coulisses de distribution, ressorts, injecteurs, entretoises, tubes à fumée, boulons, vis, tubes de niveau d'eau, garnitures métalliques des tiges, etc.

Société anonyme des anciens établissements Cail, 15, quai de Grenelle, Paris.

Épreuves à la traction d'éprouvettes prises dans divers

ÉPREUVES IMPOSÉES	DÉSIGNATION	Sens du laminage ou de l'étirage	Dimensions en millimètres	Section primitive en millimèt. carrés	Charge totale exercée	Charge à la rupture par millim. carré de section primitive	Longueur de la partie considérée	Allongement p. 100	Limite d'élasticité	Diamètre de la rupture (striction)	Nature du métal	OBSERVATIONS
						R		A	E			
Fonte R = 16 k.	Cylindres	»	23×23	529	10.000	18.90	»	»	»	»		le 20 mars 1891.
id.	id.	»	23×23	529	9.550	18.05	»	»	»	»		id.
Acier doux R = 42 k. A = 25 0/0	Longerons	longt.	30×10.5	315	14.300	45.38	160	29	»	»		le 21 mars.
id.	id.	id.	id.	id.	14.300	45.38	160	27	»	»		id.
Fer R = 35 k. A = 11 0/0	Cornières	id.	30×9.3	279	11.300	40.50	160	13	»	»		id.
id.	id.	id.	id.	id.	10.900	39.06	160	11.9	»	»		id.
Acier doux R = 35 à 40 k. A = 30 à 25 0/0	Bielles d'accoup.	id.	19.5	298	11.300	38	200	28	»	»		id.
id.	id.	id.	id.	id.	14.600	49	200	28	»	»		id.
Acier demi-dur R = 50 k. A = 22 0/0	Pistons avec tiges	id.	19.6	302	13.900	46.02	200	22	»	»		le 22 mars.
Acier demi-dur R = 50 k. A = 22 0/0	Glissières	id.	20	314	17.500	55.73	200	19.5	»	»		id.
id.	id.	id.	15.96	200	10.200	51	200	12.3	7.000 (35 k.)	11.3		La rupture s'est produite à l'une des extrémités de la partie considérée, c'est ce qui explique le faible allongement.
id.	id.	id.	15.96	200	10.100	50.50	200	25	6.800 (34 k.)	10.7		
Acier doux R = 35 à 40 k. A = 30 à 25 0/0	Arbres de frein	id.	15.96	200	8.400	42	200	30.5	»	10.5		

En présence de M. X., sous-chef de service des Établissements Cail.

Paris, le 23 mars 1891.

Compagnie des Forges et Aciéries de la Marine et des Chemins de fer.

Épreuves à la Traction d'éprouvettes prises dans le boudin et la partie de roulement de bandages.

ÉPREUVES IMPOSÉES	DÉSIGNATION	Sens du laminage ou de l'étirage	Dimensions en millimètres	Section primitive en millimèt. carrés	Charge totale exercée.	Charge à la rupture par millim. carré de section primitive	Longueur de la partie considérée	Allongement p. 100	Limite d'élasticité	Diamètre de la rupture (striction).	Nature du métal	OBSERVATIONS
						R		A	E			
Bandages { R = 70 à 75 k. E = 35 k. A = 10 à 12 0/0.	Boudin........	longt	D = 15.8	196	14.700	75.0	100	19.5	47.5	10.2	Acier dur	Simili-Vickers.
	Roulement.....	id.	D = 15.7	194	14.500	74.7	100	21.0	46.3	10.5	—	—

Épreuves au choc

Section	Poids du mouton	Haut. de chûte.	Diamet. intér.	Flèches	Nomb. de coups.	Observations
—	—	—	—	—	—	
71×51	1.000 kg.		666 mm	»	»	Diamètre primitif.
		2m00	637	29mm	1	
		3 00	589	48	2	
		4 00	532	67	3	
		6 00	431	91	4	
		8 00	308	123	5	
		10 00	135	173	6	
			Tranché et rompu		7	

En présence de l'agent de la Compagnie des Omnibus.

Saint-Chamond, le 21 octobre 1893.

23. Précautions à prendre dans le montage du châssis, des cylindres et des essieux (1). — Ce montage est très important, parce qu'il a une grande influence sur le *roulement* et le fonctionnement économique des machines et qu'il ne peut être que difficilement modifié une fois celles-ci livrées.

Pour les longerons, on établit d'abord avec la plus grande exactitude un gabarit en tôle qui sert à tracer les découpures des boites à graisse, les trous des boulons et rivets et les lignes extérieures. Ce tracé est fait très proprement et de façon qu'il ne puisse s'effacer dans les diverses manipulations qu'on fait subir aux longerons.

Ceux-ci sont alors découpés à la poinçonneuse, de manière qu'il reste une bande de **10** millimètres au moins entre les bords des trous de poinçon et le tracé définitif ; on les recuit ensuite au four pour faire disparaître les traces d'écrouissage et de fatigue produites dans le métal par cette opération.

Les longerons sont toujours façonnés par deux ou par quatre à la fois, afin qu'ils soient exactement semblables pour une même machine. Après le recuit, on les plane sur un marbre, puis on perce les trous au foret et on donne aux longerons leur forme extérieure définitive au moyen d'outils tranchants ; les angles des cages des boites à huile doivent être terminés à la machine à percer.

Pour obtenir la plus grande justesse possible dans le parallélisme des essieux, on rive aussi les boites sur les longerons au moyen d'une matrice en fonte spécialement établie à cet effet.

Les cylindres ayant été bien alésés et leur face d'attache sur le longeron parfaitement dressée, leur montage s'effectuera avec la plus grande facilité ; leurs axes devront être exactement parallèles au plan des longerons ; prolongés, ces axes devront aussi passer à **2** ou **3** millimètres au-dessous de l'axe de l'essieu moteur pour parer à l'usure en service des coussinets et des fusées de cet essieu. Ce résultat s'obtient par le réglage des ressorts, et on facilite le travail en prolongeant le trait d'axe des cylindres (déterminé sur les longerons à leur point d'attache) jusqu'en regard des boites motrices.

(1) Comme complément à cet article, voir en appendice le cahier des charges de la Cie des chemins de fer de l'Est pour la construction de locomotives-tenders.

Il est évident que dans le plan vertical l'axe des cylindres devra passer exactement par le milieu de la largeur de la portée de la manivelle motrice.

Les chandelles des ressorts serviront encore à répartir le poids de la machine sur les essieux selon les conditions d'établissement, puis à disposer la machine de niveau et à hauteur convenable. Il devra y avoir entre le dessus et le dessous des boîtes d'une part, et le longeron et l'entretoise des plaques de garde d'autre part, un espace suffisant pour que, dans les plus grandes oscillations des ressorts, les boîtes ne puissent venir buter contre le longeron ou l'entretoise.

Le point le plus important pour le bon fonctionnement des machines est ensuite le montage des essieux et de leurs boîtes à huile ; il faut absolument que ces essieux soient rigoureusement parallèles entre eux et normaux à l'axe longitudinal du châssis.

A cet effet, la face AB (fig. 1) de chaque glissière d'avant des plaques de garde ayant été parfaitement dressée, bien verticalement et de telle sorte qu'une règle allant de l'une à l'autre se trouve normale à l'axe longitudinal du châssis, il faut que la distance de l'axe de chaque coussinet à cette glissière (comprenant l'épaisseur h de la boîte, celle c du coussinet et le demi-diamètre f de la fusée) soit la même pour les deux boîtes d'un même essieu.

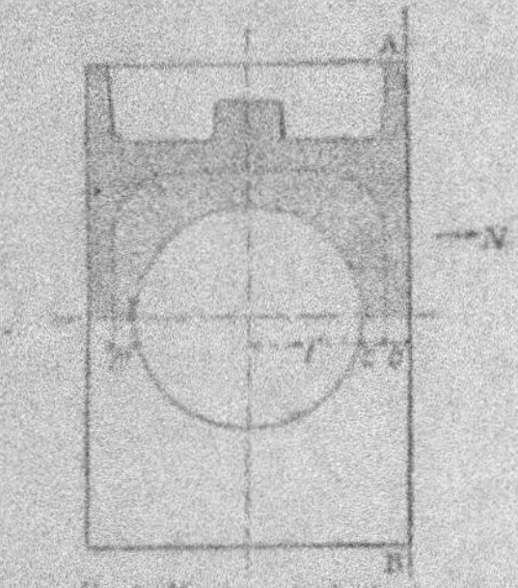

Fig. 1. Montage des boîtes à huile et des coussinets.

On conçoit aussi que les coussinets peuvent s'user plus ou moins en service, de même que les fusées et les boîtes elles-mêmes ; lors de chaque changement de roues, il faut donc tenir compte des différences constatées pour régler à nouveau le parallélisme des essieux : on obtiendra ce résultat par l'épaisseur donnée en c à chaque coussinet.

Si l'un des essieux n'était pas normal à la voie, il en résulterait beaucoup de *tirage* pour la machine, et si c'était un essieu moteur ou accouplé, il faudrait donner une certaine ovalisation aux coussinets des bielles d'accouplement sous peine de s'exposer à des chauffages de coussinets et même à des ruptures de bielles.

On reconnaît que l'ensemble des essieux et des bielles d'accouplement est bien monté lorsqu'on peut faire jouer ces bielles à la main dans toutes les positions de la machine, leurs coussinets étant ajustés d'autre part avec un jeu diamétral de $\frac{1}{5}$ de mm.

Si la machine est munie de coins de rattrapage de jeu, ces coins ne devront pas évidemment être trop serrés : sans cela les boîtes ne joueraient plus entre les plaques de garde, et la machine serait aussi dure que si elle n'avait pas de ressorts. On règle ces coins en les remontant d'abord jusqu'à bloc, puis en les descendant de telle sorte que le jeu total des boîtes dans les glissières soit de $\frac{1}{5}$ de millimètre environ. Un graissage modéré, mais continu autant que possible, suffit ensuite pour obtenir une suspension très douce et prévenir l'usure et le grippage des surfaces frottantes (1).

Dans les locomotives de petites lignes, il est préférable de supprimer ces coins, qui peuvent être une cause de gêne dans le fonctionnement s'ils ne sont pas bien réglés. Les boîtes devront être alors montées, lors de chaque changement de roues, avec un jeu de $\frac{1}{5}$ de mm. (des jauges flexibles bien calibrées de $\frac{1}{10}$ jusqu'à 1 mm. sont nécessaires pour la vérification du travail) dans les plaques de garde ; le jeu latéral à leur donner sera également très faible. Quant aux coussinets, ils devront être ajustés sur les fusées presque sans *dépouille*, et avec un jeu latéral dépendant de l'écartement de ces essieux et de leur position relative.

Le parallélisme des essieux étant bien assuré ainsi, le montage des bielles d'accouplement s'effectuera avec la plus grande facilité si leur mise de longueur est exacte. Pour la tête de bielle de l'essieu accouplé, les coussinets pourront être remplacés par des bagues garnies de métal blanc et alésées à un diamètre supérieur de $\frac{1}{5}$ de millimètre à celui du tourillon ; le jeu latéral, dépendant de l'écartement des essieux et du rayon des courbes

(1) Bulletin technologique de décembre 1898. — *Les nouvelles locomotives d'express des chemins de fer de l'État français.*

de la voie, devra varier de **1/2** mm. à **1 1/2** mm. Les graisseurs seront disposés avec des épinglettes bien calibrées et munis de couvercles Rous tout à fait étanches.

Les coussinets des bielles motrices devront être tournés avec le même jeu diamétral et montés sans retouche à la lime ou au tiers-point, afin qu'ils soient bien cylindriques et sans dépouille; leur jeu transversal ne dépassera pas $\frac{1}{2}$ mm. La longueur de ces bielles sera établie de façon que, dans la position à fond de course des pistons, il y ait, à l'avant et à l'arrière des cylindres, l'espace mort prévu, lequel ne devra jamais être inférieur à 5 mm. Autant que possible, cet espace sera maintenu toujours le même en service.

Les pistons et les glissières seront montés très exactement; le réglage de la distribution sera fait pour l'admission de 30 p. 100 de la marche avant et de telle sorte que, pour ce cran de marche, l'avance de chaque tiroir à l'admission soit la même pour les deux côtés du piston.

21. Conduite des locomotives. — Les précautions à prendre dans la conduite des chaudières, pour éviter les avaries, sont nombreuses et des plus importantes.

Il faut, d'une manière générale, empêcher les variations brusques de température dans les tôles du foyer ou de la chaudière et pour cela :

S'attacher à marcher avec un niveau aussi constant que possible et voisin du milieu du tube ; n'alimenter (surtout avec les deux injecteurs à la fois) que si le feu est bien vif et produit de la flamme ; on s'exposerait sans cela à faire contracter les tubes et les tôles, et à produire soit immédiatement, soit à la longue, des fuites aux tubes, des ruptures d'entretoises, le bombement des plaques tubulaires, des fissures dans les angles des tôles du foyer, etc.

Pour la même cause, la porte du foyer ne sera jamais ouverte inutilement, le décrassage et le chargement du feu devront se faire aussi rapidement que possible, — le souffleur étant alors fermé ou peu ouvert et les injecteurs arrêtés ; on évitera aussi de laisser la grille découverte, surtout en un point voisin des parois, pour empêcher toute entrée d'air abondante, et on ne fera usage que le moins possible du serrage de l'échappement.

Lors de la mise en réserve du feu, on laissera la grille couverte, on évitera absolument ensuite d'alimenter, puis on fermera bien toutes les issues de la chaudière et on manœuvrera la machine le moins possible. Les mêmes mesures seront prises à l'extinction du feu, et il sera préférable de laisser celui-ci s'éteindre lentement à la descente de service de la machine.

Il faudra enfin, ainsi que nous l'avons déjà recommandé, ne faire usage que d'eaux relativement pures et ne contenant ni acides, ni chlorures, ni matières organiques, ou si ce n'est pas possible, mélanger à l'eau un liquide désincrustant et faire des lavages fréquents, avec de l'eau très chaude.

Autant que possible, on ne fera pas usage de combustibles sulfureux et on évitera le dépôt de poussier mouillé sur les parois du foyer. Enfin, on videra et on séchera avec soin (au moyen d'un léger feu de bois) les chaudières des locomotives retirées momentanément du service.

Fig. 1. — Graisseur Schöber.

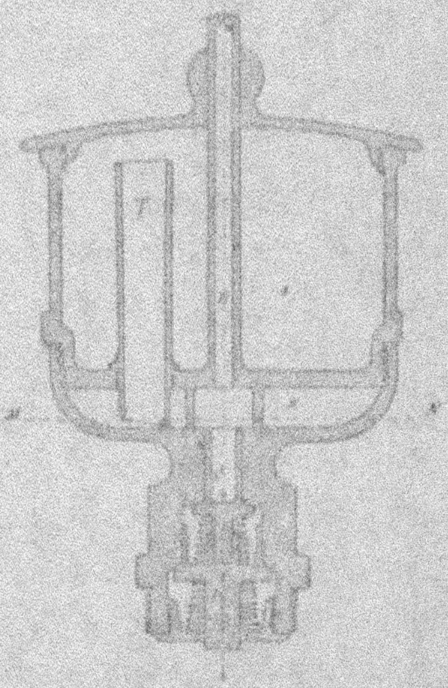

A Réservoir d'huile.
T Tube garni d'une mèche baignant d'autre part dans l'huile du réservoir A.
MN Hauteur que ne peut dépasser l'huile emmagasinée dans le compartiment B.
E Tube par lequel s'échappe la vapeur qui peut fuir par les clapets D et C.

Au point de vue de l'économie de combustible, il y aura lieu de marcher à une pression voisine du timbre.

Pour le mécanisme, les soins à prendre se réduisent à peu de chose. Le graissage des articulations et pièces frottantes sera fait attentivement, sans perte ni dépense inutile d'huile, en employant des épinglettes bien réglées suivant la température. Les mèches ne seront employées que pour les boîtes à huiles, les glissières et les garnitures.

Les graisseurs des cylindres seront du système Schöber,

à chute et à aspiration à la fois, employé sur une très grande échelle par la Compagnie d'Orléans (fig. 1). Ce graisseur se place sur les cylindres mêmes, qu'il lubrifie d'une façon relativement abondante chaque fois que le mécanicien ferme le régulateur, puis modérément, d'une façon continue, pendant toute la marche sans vapeur. Les clapets seront bien rodés et les mèches de la grosseur voulue et en laine, de façon à donner un débit très suffisant, mais sans excès.

Les plaques de garde des boîtes à huile, les plans inclinés, les articulations des trucks et des bogies seront maintenues propres et graissées assez fréquemment, pour que la machine soit douce au roulement.

Quant à la marche, elle sera aussi régulière que possible et toujours modérée dans les fortes pentes et les courbes accentuées ; dans les parcours sous vapeur, le mécanicien se rapprochera le plus possible de l'admission de 25 0/0, qui est celle qui convient le mieux dans ces machines au point de vue de la faible dépense de combustible et d'eau. Le mécanicien observera très attentivement la voie, surtout à l'approche des passages à niveau et des stations. Les manœuvres dans les gares devront être faites avec prudence, de façon à éviter tout accident.

25. Entretien des locomotives. — L'entretien dans les dépôts devra être suivi avec soin, et toute avarie, tout jeu, réparé aussitôt, le plus petit retard pouvant parfois les aggraver considérablement.

La robinetterie sera rodée et graissée pour être facilement manœuvrable et étanche à la fois ; les entretoises rompues seront remplacées, ainsi que les tubes rentrés dans la plaque tubulaire du foyer. La voûte, le souffleur et l'échappement seront visités à chaque lavage et réparés s'il y a lieu, les fuites étanchées par un matage soigneusement fait de la pince ou du rivet, les supports de la chaudière et les agrafes du foyer vérifiés pour s'assurer que les dilatations se font librement.

La vidange de la chaudière devra se faire sans pression ; le lavage ne sera commencé qu'après un refroidissement suffisant des tôles et il devra de préférence s'effectuer à chaud au moyen de l'éjecteur Bohler ou d'un appareil similaire ; ce lavage sera fait avec le plus grand soin par tous les trous des bouchons et autoclaves et en *tringlant* bien les galeries et la partie inférieure du corps cylindrique. Les joints seront exécutés avec précision pour éviter les fuites et les détresses qui pourraient s'en suivre.

L'emplissage de la chaudière devra aussi s'effectuer à chaud pour empêcher encore un refroidissement brusque du métal et pour gagner du temps dans la mise en pression, à l'allumage.

Lors des changements de roues, les tiroirs et segments de pistons seront vérifiés et dressés ou remplacés s'il y a lieu ; la robinetterie sera démontée et remise en état, toutes les réparations à la chaudière entièrement exécutées, l'échappement et le souffleur nettoyés et brûlés. On apportera le plus grand soin à l'ajustage et au montage des coussinets des boîtes à huile, au réglage des glissières, à la mise de longueur des bielles motrices et d'accouplement, au serrage des garnitures, au réglage de la suspension et de la distribution. Ce dernier devra s'effectuer au cran de marche avant correspondant à l'admission de 30 0/0, qui est la plus employée.

26. Description d'un type de locomotive pour chemins de fer à voie étroite. — Un type de locomotive bien étudié pour lignes ordinaires de chemins de fer d'intérêt local, est celui qui a été créé par la Compagnie des chemins de fer de

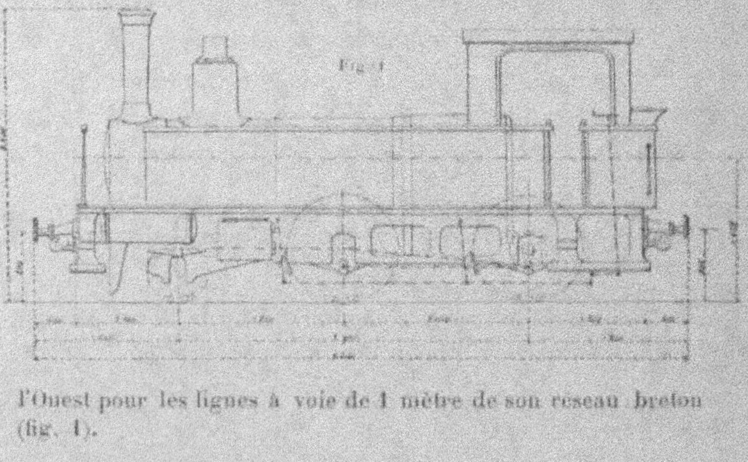

l'Ouest pour les lignes à voie de 1 mètre de son réseau breton (fig. 1).

Ces lignes ont actuellement un développement de 180 kilomètres ; elles comprennent des rampes maxima de 20 mm. par mètre et des courbes dont le rayon descend à 150 mètres en pleine voie. Le poids des rails est de 25 kg. par mètre courant.

En raison de la nécessité où l'on se trouvait d'avoir à mettre en marche des trains de voyageurs atteignant la vitesse de 40 à 50 km. à l'heure pour assurer la correspondance des trains du réseau avec ceux de la grande ligne de Paris à Brest, deux types de locomotives étaient nécessaires. Celui destiné aux trains de voyageurs pouvait être relativement léger et par suite économique, à la fois comme construction et comme entretien. L'autre type de machine, plus puissant et plus lourd, devait servir pour la remorque de trains mixtes à plus faible vitesse, et de trains de marchandises au besoin.

Pour les trains de voyageurs, le programme consistait à assurer la remorque de trains de 40 à 55 tonnes à la vitesse ci-dessus de 40 à 50 km. à l'heure. Le type de machine-tender étudié à cet effet, à deux essieux couplés, avec bissel à l'avant et d'un poids de 21 tonnes en service, remplit ce programme dans de très bonnes conditions (1).

Cette machine présente un grand empattement et de faibles porte-à-faux ; elle s'est montrée très stable même aux vitesses voisines de 60 km. à l'heure et elle passe très facilement dans les courbes, grâce à la disposition bissel adoptée pour son essieu d'amont.

Les cylindres sont extérieurs et placés entre l'essieu bissel et le premier essieu couplé ; c'est l'essieu d'arrière qui est moteur. Tout le mécanisme est extérieur. Le foyer, relativement profond, descend entre les essieux couplés.

Les caisses à eau sont latérales, tandis que la soute à combustible est disposée à l'arrière.

La chaudière est en fer, avec foyer en cuivre. L'enveloppe de la boîte à feu, en tôle de fer de 12 mm. d'épaisseur, est à ciel plat relié au foyer par des entretoises verticales en fer de 20 mm. de diamètre. Le corps cylindrique est en tôle de 11 mm.

La boîte à fumée est dans le prolongement du corps cylin-

(1) Ces renseignements sont empruntés à une note de M. Morandière parue dans le numéro de janvier 1898 de la *Revue générale des chemins de fer*.

drique, et la porte est de forme ronde ; les tubes sont en acier et garnis de bagues du côté du foyer.

Le châssis est intérieur et formé de deux longerons en tôle de 18 mm. d'épaisseur entretoisés par les traverses extrêmes, par le caissonnement des cylindres et par deux traverses intermédiaires.

La chaudière est fixée au bâti par la boîte à fumée, comme d'habitude ; elle repose sur les longerons à l'arrière à l'aide de supports à dilatation rivés sur la boîte à feu.

Les longerons n'ont de plaques de garde que pour les deux essieux moteurs, l'essieu d'avant possède un châssis spécial dans le système Bissel, avec un pivot placé à 0,600 m. en avant du deuxième essieu. Ce bissel est aussi relié à la traverse d'avant à l'aide de deux bielles obliques dont l'action tend à la ramener dans sa position moyenne. Le pivot présente un certain jeu latéral.

La machine repose sur le milieu du bissel, au droit de l'essieu, par l'intermédiaire d'un galet portant sur un double plan incliné, qui tend constamment à ramener le bissel dans sa position médiane. D'autre part, l'application de la charge en un seul point situé au milieu des deux fusées assure statiquement l'invariabilité et l'égalité de la répartition sur chacune des deux fusées de l'essieu d'avant.

Les essieux sont en acier, avec corps de roues en fer forgé ; les bandages sont en acier de 60 mm. d'épaisseur. Les contrepoids sont venus de forge avec les roues motrices, et ils équilibrent la totalité des pièces à mouvement circulaire et environ le quart du poids des pièces à mouvement alternatif.

Les tiroirs sont placés horizontalement au-dessus des cylindres, disposition qui évite le déréglage de la machine dans les courbes ; le mécanisme de distribution est du système Walschaerts à avances égales, le changement de marche est à volant et à vis. Un graisseur à condensation est placé sur chaque boîte de tiroir, et un graisseur automatique système Lalance est disposé sur chaque cylindre.

Les caisses à eau s'étendent jusqu'à la boîte à fumée ; elles présentent au-dessus des cylindres un évidement destiné à faciliter le travail qu'il peut être nécessaire d'exécuter dans la boîte à tiroir.

Chaque traverse d'avant ou d'arrière porte un tampon central unique, avec ressort en volute, et un crochet de traction avec tendeur à vis, agissant sur un ressort en volute également.

Quant aux accessoires, les deux injecteurs sont du type Friedmann n° 6 et disposés en charge ; les soupapes de sûreté sont placées sur le dôme, elles sont du type Webb, conjuguées, et ont un diamètre de 60 mm. Le régulateur, à tiroir de démarrage, est placé dans le dôme.

La grille du foyer est munie d'un jette-feu à vis, l'échappement est variable et à valves, le souffleur a la disposition en couronne et est formé d'un tube en fer percé de huit trous de 3 mm. de diamètre ; enfin le foyer est muni d'une voûte en briques.

Les marchepieds, tant à l'avant qu'à l'arrière, sont disposés de manière à permettre, en cas de besoin, le passage d'un agent du train sur la machine, suivant les prescriptions réglementaires pour la circulation de trains-tramways ne comportant qu'un seul homme sur la machine. Un sifflet spécial d'avertissement peut être relié aussi par une corde avec le conducteur du train.

La plate-forme du mécanicien est pourvue d'un abri complètement fermé et muni de glaces mobiles à l'avant et de glaces fixes avec une large ouverture au centre, à l'arrière. Un frein à quatre sabots, actionné à volonté par une vis ou par un éjecteur à vide, vient agir sur les roues couplées. Les véhicules des trains à voyageurs sont munis du frein à vide automatique Soulerin.

Nous donnons dans le tableau des pages 58 et 59 les principales conditions d'établissement de ces machines, qui sont actuellement au nombre de 16. Elles ont été construites presque toutes par la Société franco-belge à Raismes.

27. Types de locomotives convenant pour des cas particuliers. — Le type de locomotive-fourgon employé par les chemins de fer de l'État français conviendrait bien, également, pour un grand nombre de lignes d'intérêt local ; il ne nécessite qu'un seul agent sur la machine, le conducteur pouvant, en cours de route, se rendre à son appel ou à son secours, pour l'aider ou le remplacer en cas de besoin.

Des machines de ce genre, employées dans un roulement de trains légers sur les chemins de fer de l'État, font un excellent service, dépensant peu de combustible et étant d'un entretien très facile.

Enfin le système articulé A. Mallet, appliqué pour la première fois par cet ingénieur en 1887, permet : 1° de fournir aux lignes existantes des machines ayant plus de puissance de traction et fonctionnant plus économiquement que les machines actuelles, sans augmentation de la charge des rails ou de la résistance au passage des courbes ; 2° de construire des lignes ayant, à capacité égale, des rayons plus faibles et des rails plus légers que ceux qu'exigent les machines actuelles.

Personne, dit M. Mallet, ne contestera que la solution de ce double problème ne doive exercer une influence favorable sur les dépenses de construction et d'exploitation des chemins de fer, lorsque ceux-ci doivent être établis avec les profils accidentés qu'amène presque toujours maintenant la configuration des régions où doivent être tracées beaucoup de lignes nouvelles.

Les machines Mallet conviennent particulièrement, en effet, pour ces lignes, et c'est ainsi qu'elles sont employées sur un grand nombre de chemins de fer à voie étroite comportant de longues rampes d'une inclinaison atteignant jusqu'à 45 mm. par mètre (ligne de Landquart à Davos, en Suisse) et des courbes de rayon s'abaissant en pleine voie à 100 m. et même à 60 m. (ligne de Durango à Zumarraga) pour la voie de 1 mètre.

Les circonstances qui ont donné naissance à ce type de machines sont, d'après M. Mallet, la nécessité de traîner sur la voie de 60 centimètres une charge de 8 à 9 tonnes sur des rampes pouvant atteindre et même dépasser légèrement 8 0/0, de passer dans des courbes de 20 m. de rayon et de ne pas charger le rail de plus de 3 tonnes par essieu. La première condition impliquait l'emploi d'une machine de 12 t. environ, la troisième exigeait la présence de quatre essieux, et la seconde condition, rendant impossible l'accouplement des quatre essieux ensemble, conduisait à la division de la machine en deux groupes pouvant obliquer l'un par rapport à l'autre (1).

Le tableau des pages 58 et 59 indique les conditions d'établissement de deux types de locomotives articulées système Mallet pour la voie étroite.

(1) *Bulletin de la Société des Ingénieurs civils*, juillet 1890.

28. Épuration de l'eau d'alimentation. — Si l'eau titre plus de 20 degrés hydrotimétriques, il sera bon de l'épurer pour la ramener à 6 ou 8 degrés : on pourra faire effectuer alors un plus long parcours aux locomotives entre deux lavages, les chaudières seront moins sujettes aux surchauffes locales, les arrêts pour remplacement d'entretoises et de tubes seront moins nombreux ; enfin, il ne sera pas nécessaire d'avoir un aussi grand nombre de machines de remplacement. L'utilisation du combustible sera meilleure elle-même et la conduite plus facile par conséquent ; tous ces avantages réunis compenseront généralement ainsi, et au delà, les dépenses nécessitées par l'épuration.

Ces dépenses seront d'ailleurs très faibles. En effet, l'épuration d'un mètre cube d'eau de Seine, titrant en moyenne 23 degrés, exigera, pour que ce titre soit ramené à 7 degrés, 500 gr. de chaux coûtant environ 40 fr. le mètre cube à Paris, et 100 grammes de soude Solvay à 0 fr. 15 le kilogramme. Pour un service journalier comportant un parcours de 500 kilomètres-locomotives et une dépense d'eau de 40 litres par kilomètre, soit une consommation totale de 20 m^3, les frais d'épuration en marchandises s'élèveront seulement à 0 fr. 70 par jour.

Il y aura lieu d'ajouter à ce chiffre 0 fr. 30 environ pour la main-d'œuvre, puis l'entretien de l'épurateur ; nettoyages, remplacement de la matière filtrante, peinture des tôles, etc., et qu'on peut estimer à 100 fr. par an ; enfin, l'amortissement, calculé à 10 0/0 du prix d'achat lequel, pour un appareil épurant 20 m^3 par 24 heures, sera environ de 4.000 fr.

Dans ces conditions, les frais d'épuration s'élèveront au total à 2 fr. 37 par jour, soit par m^3 d'eau épurée à 0 fr. 1185. Si le nombre de locomotives en service par jour est de 5 et le nombre total de 8, la dépense par locomotive-journée sera respectivement de 47,4 et 30 centimes, chiffres tout à fait insignifiants et qui se réduiraient encore très sensiblement pour un service plus important.

Les *incrustations* sont constituées, le plus souvent, par du carbonate de chaux et par du sulfate de chaux. Un traitement à la chaux suffit habituellement pour les eaux d'alimentation ne contenant que du carbonate ; ce traitement étant peu coûteux,

Tableau des dimensions et poids des principaux types de locomotives employées en France sur les lignes de chemins de fer d'intérêt local et de tramways.

on doit s'efforcer de n'employer que de telles eaux à l'alimentation, comme le fait la Compagnie du chemin de fer du Nord. Le lait de chaux réagit sur les bicarbonates solubles et les fait passer à l'état de carbonates neutres insolubles, qui se déposent dans le fond de l'appareil d'épuration. Le titre de l'eau est facilement ramené à 5 degrés.

Si les eaux à traiter contiennent aussi du sulfate de chaux, on ajoute au lait de chaux ci-dessus une quantité de carbonate de soude équivalente à ce sulfate ; le carbonate de soude réagit sur le sulfate de chaux et donne du carbonate de chaux insoluble qui se précipite également au fond de l'appareil, et du sulfate de soude. Ce dernier corps reste en dissolution dans l'eau, mais il est neutre et ne présente pas d'inconvénient sérieux. On peut se contenter de ramener ces sortes d'eaux à 7 ou 8 degrés.

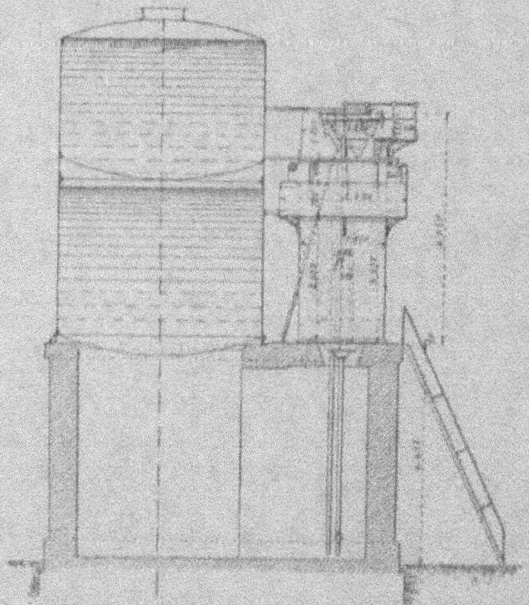

Fig. 1. Appareil pour épuration automatique de l'eau d'alimentᵒⁿ.

Les réactions qui transforment les impuretés nuisibles de l'eau en impuretés insolubles donnent naissance à des précipités qui troublent sa limpidité et qu'il faut séparer de cette eau. La Compagnie du Nord construit à cet effet dans les gares où doit fonctionner l'épuration, le nombre de réservoirs d'eau nécessaire pour une consommation de 48 heures. On opère l'épuration et la clarification dans ces réservoirs mêmes, et comme un repos de six heures suffit pour obtenir la clarification de l'eau, on organise un fonctionnement très simple qui consiste à amener toujours dans le réservoir de distribution, à travers des filtres d'éponges ou de copeaux fins, l'eau la plus anciennement épurée (1).

La fig. 1 représente *un réservoir d'eau et un épurateur* établis pour le service d'une gare de petite ligne où la cuve est alimentée par un pulsomètre ou un éjecteur mis en action par les machines de passage.

Le réservoir est divisé en deux parties. La partie supérieure reçoit l'eau naturelle, laquelle alimente l'épurateur ; la partie inférieure reçoit l'eau épurée qui sert à l'emplissage des tenders.

Cet épurateur est construit par la maison *Gaillet*, de Lille ; il fonctionne automatiquement et il suffit que chaque matin un homme d'équipe de la gare même en effectue la mise en route, après avoir préparé le réactif.

L'épurateur *Howatson*, représenté fig. 2 ci-après, a également un fonctionnement simple et sûr.

29. Entartrement dû à l'emploi d'eaux calcaires non épurées. — On peut aisément se rendre compte de l'entartrement des chaudières produit par l'emploi d'eaux calcaires non épurées.

Soit une locomotive de 20 mètres carrés de surface de chauffe, dépensant 40 litres d'eau par kilomètre et effectuant 100 kilomètres par jour. Au bout de huit jours, si cette eau titre 23 degrés hydrotimétriques — chiffre plutôt en dessous de la moyenne, — la quantité de tartre déposée sur les surfaces de chauffe (en plus de la boue) atteindra :

$$40 \times 100 \times 8 \times 0 \text{ kg}. 00023 = 7.360 \text{ kg}.$$

(1) P. Guédon, *Manuel du mécanicien de chemin de fer.*

Ces 7.360 kilogrammes, de tartre, formant un volume de $\frac{7,360}{0,5 \text{ (densité)}} = 0,014.720 \text{ m}^3$, ne se déposeront pas également sur

Fig. 2. — Épurateur Howatson.

toutes les surfaces léchées par la flamme ; ils formeront une couche dont l'épaisseur moyenne atteindra $\frac{0,01472}{20} = \frac{7}{10}$ de millimètre, mais qui, en réalité, sera double environ sur les parois et le ciel du foyer. La plus grande partie de ce tartre ne s'en ira pas au lavage, lequel n'extrait que les plaques détachées des parois par l'effet de la dilatation, et la boue déposée dans le fond du corps cylindrique et des galeries du foyer.

On voit donc que l'entartrement de la chaudière se fera très rapidement. Or, une couche de tartre de 1 mm. d'épaisseur oppose à la transmission du calorique une résistance égale à celle d'une tôle de 16 mm. d'épaisseur ; le rendement du combustible sera donc diminué de ce fait. En outre, l'eau ne refroidira plus aussi complètement les parois du foyer et il pourra se produire en quelques points de ces parois (principalement vers le bas, immédiatement au-dessus de la grille), des surchauffes partielles, qui affaibliront le métal, produiront de nombreuses ruptures d'entretoises et obligeront, au bout d'un certain nombre d'années — variable avec la qualité de l'eau, le service des machines et les soins apportés dans le lavage des chaudières — à remplacer ces parois. Ce travail, très coûteux, immobilisera aussi la machine pendant un temps assez long et le service pourra en souffrir : nous conseillerons, en conséquence, d'épurer l'eau d'alimentation quand elle titrera plus de 15 à 18 degrés.

Quand cela ne sera pas possible, on pourra faire usage d'un liquide antitartrique approprié, et notamment de celui dénommé « la sélénite », qui paraît le mieux convenir pour les chaudières de locomotives. Il faudra, dans ce cas, rapprocher les lavages, suivant la qualité de l'eau, et les effectuer surtout avec le plus grand soin, en tringlant bien les galeries, principalement celle de la plaque tubulaire, entre les entretoises.

30. Appareils pour l'emplissage des réservoirs d'alimentation des locomotives. — Pour l'emplissage des cuves d'alimentation, on devra faire usage, en dehors de la prise d'eau principale qui pourra être alimentée par une pompe mue par un moteur à pétrole, de pulsomètres ou mieux d'éjecteurs, appareils beaucoup plus simples, dont nous donnerons une courte description en appendice.

Nous indiquerons également le prix d'élévation de l'eau par des moteurs à essence, d'après des expériences faites aux États-Unis.

A la condition d'utiliser pour le fonctionnement des éjecteurs et des pulsomètres une chaudière déjà en pression, comme celle d'une machine de réserve, ou bien une locomotive de passage dans une gare, ces appareils peuvent être plus économiques que les pompes, si l'on fait entrer en ligne de compte les dépenses d'achat et d'installation.

En tous cas, ils seront très utiles comme appareils de secours ou de fortune, en raison de leur maniabilité et, en outre, pour les éjecteurs, de leur faible prix.

31. Résultats d'exploitation de quelques lignes de Chemins de fer d'intérêt local et de Tramways pour l'année 1898.

A. Dépense d'établissement, recette, dépense et produit net de l'ensemble des lignes d'intérêt local et des tramways à marchandises et à bagages et messageries pour l'année 1898, établis par catégories, et, pour quelques lignes, séparément

Désignation des [illegible]	Départements	[illegible]	[illegible]	[illegible]	Total	[illegible]	Recette	Dépense	Produit net	Recette	Dépense	Produit net
		1	2	3	4	5	6	7	8	9	10	11

1° Chemins de fer d'intérêt local ayant la garantie de l'État.

[illegible]	[illegible]	[illegible]	[illegible]	[illegible]	[illegible]	[illegible]	[illegible]	[illegible]	[illegible]	[illegible]	[illegible]	[illegible]
[illegible]	[illegible]	[illegible]	[illegible]	[illegible]	[illegible]	[illegible]	[illegible]	[illegible]	[illegible]	[illegible]	[illegible]	[illegible]
[illegible]	[illegible]	[illegible]	[illegible]	[illegible]	[illegible]	[illegible]	[illegible]	[illegible]	[illegible]	[illegible]	[illegible]	[illegible]
[illegible]	[illegible]	[illegible]	[illegible]	[illegible]	[illegible]	[illegible]	[illegible]	[illegible]	[illegible]	[illegible]	[illegible]	[illegible]
[illegible]	[illegible]	[illegible]	[illegible]	[illegible]	[illegible]	[illegible]	[illegible]	[illegible]	[illegible]	[illegible]	[illegible]	[illegible]
[illegible]	[illegible]	[illegible]	[illegible]	[illegible]	[illegible]	[illegible]	[illegible]	[illegible]	[illegible]	[illegible]	[illegible]	[illegible]
[illegible]	[illegible]	[illegible]	[illegible]	[illegible]	[illegible]	[illegible]	[illegible]	[illegible]	[illegible]	[illegible]	[illegible]	[illegible]
[illegible]	[illegible]	[illegible]	[illegible]	[illegible]	[illegible]	[illegible]	[illegible]	[illegible]	[illegible]	[illegible]	[illegible]	[illegible]
Totaux des lignes ayant la garantie de l'État	[illegible]	[illegible]	[illegible]	[illegible]	[illegible]	[illegible]	[illegible]	[illegible]	[illegible]	[illegible]	[illegible]	[illegible]

2° Chemins de fer d'intérêt local n'ayant pas la garantie de l'État.

[illegible]	[illegible]	[illegible]	[illegible]	[illegible]	[illegible]	[illegible]	[illegible]	[illegible]	[illegible]	[illegible]	[illegible]	[illegible]
[illegible]	[illegible]	[illegible]	[illegible]	[illegible]	[illegible]	[illegible]	[illegible]	[illegible]	[illegible]	[illegible]	[illegible]	[illegible]
Totaux des lignes n'ayant pas la garantie	[illegible]	[illegible]	[illegible]	[illegible]	[illegible]	[illegible]	[illegible]	[illegible]	[illegible]	[illegible]	[illegible]	[illegible]

3° Tramways pour voyageurs et marchandises ayant la garantie de l'État.

[illegible]	[illegible]	[illegible]	[illegible]	[illegible]	[illegible]	[illegible]	[illegible]	[illegible]	[illegible]	[illegible]	[illegible]	[illegible]
[illegible]	[illegible]	[illegible]	[illegible]	[illegible]	[illegible]	[illegible]	[illegible]	[illegible]	[illegible]	[illegible]	[illegible]	[illegible]
[illegible]	[illegible]	[illegible]	[illegible]	[illegible]	[illegible]	[illegible]	[illegible]	[illegible]	[illegible]	[illegible]	[illegible]	[illegible]
[illegible]	[illegible]	[illegible]	[illegible]	[illegible]	[illegible]	[illegible]	[illegible]	[illegible]	[illegible]	[illegible]	[illegible]	[illegible]
[illegible]	[illegible]	[illegible]	[illegible]	[illegible]	[illegible]	[illegible]	[illegible]	[illegible]	[illegible]	[illegible]	[illegible]	[illegible]
Totaux des tramways ayant la garantie	[illegible]	[illegible]	[illegible]	[illegible]	[illegible]	[illegible]	[illegible]	[illegible]	[illegible]	[illegible]	[illegible]	[illegible]

4° Tramways pour voyageurs et marchandises n'ayant pas la garantie de l'État.

[illegible]	[illegible]	[illegible]	[illegible]	[illegible]	[illegible]	[illegible]	[illegible]	[illegible]	[illegible]	[illegible]	[illegible]	[illegible]
[illegible]	[illegible]	[illegible]	[illegible]	[illegible]	[illegible]	[illegible]	[illegible]	[illegible]	[illegible]	[illegible]	[illegible]	[illegible]
[illegible]	[illegible]	[illegible]	[illegible]	[illegible]	[illegible]	[illegible]	[illegible]	[illegible]	[illegible]	[illegible]	[illegible]	[illegible]
Totaux des lignes n'ayant pas la garantie	[illegible]	[illegible]	[illegible]	[illegible]	[illegible]	[illegible]	[illegible]	[illegible]	[illegible]	[illegible]	[illegible]	[illegible]

5° Tramways pour voyageurs, bagages et messageries n'ayant pas la garantie de l'État.

Totaux et moyennes	[illegible]	[illegible]	[illegible]	[illegible]	[illegible]	[illegible]	[illegible]	[illegible]	[illegible]	[illegible]	[illegible]	[illegible]

(1) [illegible]

Parmi les lignes de chemins de fer d'intérêt local et de tramways à vapeur dont la dépense d'établissement est le plus faible, en dehors de celles qui viennent d'être énumérées, il y a lieu de citer celle de Chambéry à Challes-les-Eaux (Savoie), largeur 1 m., dépense par kilomètre 27.000 fr. ; le tramway de Paramé à Cancale (Ille-et-Vilaine), largeur 1 m., dépense par kilomètre 45.000 fr. ; les tramways à vapeur d'Ille-et-Vilaine, largeur de voie 1 m., dépense par kilomètre 45.000 fr. ; le réseau de Saumur et sa banlieue, largeur 1 m., dépense 47.000 fr. ; les tramways du Calvados, largeur 0 m. 60, dépense par kilomètre 38.000 fr. ; enfin les chemins de fer à voie étroite et les tramways à vapeur du Tarn, largeur 1 m., dépense par kilomètre 42.000 fr.

Parmi les lignes du prix le plus élevé, en dehors des tramways et chemins de fer funiculaires ou à crémaillère, on peut citer :

Le tramway électrique de Montferrand, largeur de voie 1 m. 44, dépense par kilomètre, 386.000 fr. ; le tramway de Fontainebleau, largeur de voie 1 m., dépense par kilomètre 287.000 fr. ; le tramway électrique d'Enghien à Montmorency, largeur de voie 1 m. 44, dépense par kilomètre 271.000 fr. ; le tramway électrique de Lyon à St-Fons et à Vénissieux, largeur de voie 1 m. 44, dépense par kilomètre 214.000 fr.

B. Lignes présentant la plus faible dépense kilométrique d'exploitation pour l'année 1898.

DÉSIGNATION DES LIGNES	Longueur exploitée	Dépense par kilomètre.	Recette par kilomètre.	Coefficient d'exploitat.	Recette par jour-kilom.
	Km	fr.	fr.	0/0	fr.
1° Lignes d'intérêt local ayant la garantie de l'Etat.					
Ch. de fer économiq. Lignes du Cher..	56	2.336	2.363	99	7
Ch. de fer départem. — Indre-et-Loire.	197	2.682	1.733	155	5
Tramways de la Sarthe....	225	2.456	2.726	90	7
Comp. des ch. de fer depart. du Finistère	102	2.330	4.117	57	11
2° Lignes d'intérêt local n'ayant pas la garantie de l'Etat.					
Compag. du ch. de fer d'Anvin à Calais.	94	2.897	3.902	74	11
Soc. des ch. de fer du départ. des Landes	169	1.890	3.548	53	10
Ch. de fer de la Teste à l'Etang-de-Cazaux	13	2.242	1.541	145	4
3° Tramways pour voyageurs et marchandises ayant la garantie de l'Etat.					
Comp. franç. des voies ferrées économ.	49	1.042	916	114	3
Société des chemins de fer du Périgord.	130	1.990	2.549	78	7
Tramways du Loiret..................	31	1.817	2.099	87	6
4° Tramways pour voyageurs et marchandises n'ayant pas la garantie de l'Etat.					
Comp. générale des ch. de fer vicinaux	79	2.993	3.543	84	10
Comp. franç. des voies ferrées économ.	20	2.854	3.304	86	9
Comp. des ch. de fer et tramw. du Tarn	13	2.234	3.304	60	15
5° Tramways pour voyageurs, bagages et messageries n'ayant pas la garantie.					
Tr. à vap. de Gérardmer à Retournemer	10	2.403	3.579	67	10
6° Tramways à vapeur pour voyageurs seulement.					
Tramway de Rothéneuf (Ille-et-Vilaine)	4	1.930	2.430	79	7

C. Chemins d'intérêt local et tramways ayant le plus faible coefficient d'exploitation.

DÉSIGNATION DES LIGNES	Longueur exploitée	Coefficient d'exploitation	Recette par train-kilom.
	Km.	0/0	c.
1° Chemins de fer d'intérêt local ayant la garantie d'intérêt.			
Chemins de fer départementaux du Finistère........	102	37	11
Chemins de fer des Flandres........................	43	37	41
2° Chemins de fer d'intérêt local n'ayant pas la garantie d'intérêt.			
Comp. du ch. de fer d'Achiet à Bapaume............	31	48	31
— de Saint-Quentin à Guise........	38	35	33
— de Fourvière (funiculaire)........	0,822 m	32	865
— Bayonne-Anglet-Biarritz........	8	47	109
— Vélu-Bertincourt à Saint-Quentin..	52	50	21
— Crécy-sur-Serre à la Fère........	21	38	17
Société des ch. de fer de l'Est de Lyon............	94	36	35
— d'intérêt local des Landes........	169	53	10
— de mont et région (à crémaillère).	9	40	23
Chemin de fer électrique de Cauterets à la Raillère...	2	47	56
3° Tramways pour voyageurs et marchandises ayant la garantie de l'État.			
Société des chemins de fer de la banlieue de Reims..	46	51	17
Société des ch. de fer de Voiron à Saint-Béron (Isère).	36	40	21
4° Tramways pour voyageurs et marchandises n'ayant pas la garantie de l'État.			
Société des chemins de fer économiques du Nord.....	39	46	44
— et des tramways du Tarn.	43	40	15
Comp. gén. des tramw. suisses. Lignes d'Annemasse.	8	39	31
Comp. du ch. de fer de l'Est-Marseille (Loc. sans foyer).	3	53	298
Comp. des tramways électriques de Brest..........	10	52	30
Comp. du tramway électrique d'Espaly à Brives......	7	42	31
5° Tramways pour voyageurs, bagages et messageries (sans garantie).			
Tramway électrique de Lyon à Saint-Fons..........	8	50	87
Tramw. à vapeur de Tours à Vouvray (syst. Rowan)..	8	51	83
Tramway électrique de Montferrand à Royat........	7	55	115
Compagnie des tramways électriques d'Angers......	15	56	44
Tramway électrique de Versailles à Saint-Cyr........	4	58	38

D. Lignes d'intérêt local et de tramways ayant le coefficient d'exploitation le plus élevé.

DÉSIGNATION DES LIGNES	Longueurs exploitées	Coefficient d'exploitat.	Recette par jour-kilom.
	Km.	0/0	F
Chemins de fer départementaux d'Indre-et-Loire. . . .	197	155	5
— régionaux des Bouches-du-Rhône. . . .	133	126	9
— de Bettrechies à Hon (Nord).	9	175	8
— du Médoc.	10	150	7
— de Vertaizon à Billom (Puy-de-Dôme).	9	120	18
— de la Teste à l'Étang-de-Cazaux (Gir.)	13	145	4
— du Sud de la France (Var).	219	127	7
— de Bressuire à Argenton-Château.	49	114	3
Comp. des tramways de Loir-et-Cher (vapeur).	111	113	6
Soc. du tramway de Pont-de-Beauvoisin, Savoie (vap.).	16	151	8
Comp. de tramways électriques de Douai.	7	117	67
Tramway à vapeur de Veyrier à Collonges-sous-Salèves.	5	108	7
— électrique de Vals-les-Bains à Aubenas. . . .	6	107	8
— à air comprimé de Sèvres à Versailles.	9	122	137
— électrique de la Côte-Sainte-Marie, Le Havre.	(748 m)	131	101
— à air comprimé d'Aix-les-Bains	10	152	16
— à vapeur de Villiers-le-Bel.	3	121	27

32. Produit net des tramways à voyageurs et à marchandises et des chemins de fer d'intérêt local. Conclusions. — Pour l'année 1898, les tramways à voyageurs et à marchandises garantis par l'État ont donné un produit net, moyen, de 426 francs par kilomètre, correspondant à 0,80 pour 100 seulement du capital engagé ;

Les tramways à voyageurs et à marchandises non garantis par l'État ont donné un produit net de 4.619 francs par kilomètre, représentant 4 1/2 p. 100 du capital engagé ;

Les tramways à voyageurs, à bagages et à messageries, un produit net de 5.730 francs par kilomètre, soit un peu plus de 3 0/0 du capital d'établissement.

Quant aux chemins de fer d'intérêt local, ils ont rapporté seulement 1.039 francs par kilomètre, soit 1,17 p. 100 du capital d'établissement.

Pour être à peu près économiques, la plupart des lignes de chemins de fer d'intérêt local et de tramways vicinaux doivent donc être établies à très bon marché et exploitées avec une très grande simplicité de moyens. C'est ce qui se présente pour le réseau des Landes, d'une longueur de 169 kilomètres, et dont la dépense d'exploitation par kilomètre est seulement de 1.890 fr. Bien que la recette brute n'atteigne que 3.548 francs, le produit net par kilomètre s'élève encore à 1.658 francs, ce qui représente un peu plus de 3 0/0 des frais d'établissement.

Les 22 kilomètres de la Hte-Saône n'ont coûté que 2.099 francs de frais d'exploitation par kilomètre, les 147 kilomètre de Maine-et-Loire, 2.173 fr., les 12 kilomètres de Maubeuge à Villers, 2.203 fr. On voit donc qu'il est possible d'exploiter des lignes de chemins de fer d'intérêt local et de tramways de faible rendement moyennant une dépense peu supérieure à 2.000 francs, et même en dessous, jusqu'à près de 1.800 francs.

33. Résumé. — En résumé, le prix d'établissement des lignes de chemins de fer d'intérêt local et de tramways à vapeur dépend surtout des difficultés du terrain, puis de l'intensité probable du trafic, d'après laquelle on doit établir plus ou moins solidement ou développer :

D'abord la voie, avec des rails d'un poids proportionné à celui chargeant les essieux des locomotives, et avec des courbes et des rampes en rapport avec la charge à remorquer et la vitesse à réaliser.

Ensuite les gares, quais, halles à marchandises, les voies d'évitement et de service ; enfin les locomotives et les voitures et wagons, dont le nombre et la puissance ou contenance dépendront de la fréquence et de l'importance des trains et détermineront eux-mêmes ceux des remises, ateliers de réparations, prises d'eau, etc.

Pour des lignes de tramways à très faible trafic et ne présentant pas de difficultés de construction, on pourra ainsi les établir au prix de 27.000 à 30.000 francs le kilomètre, matériel compris (1), comme l'ont été les tramways de Chambéry à Challes-

(1) Au prix ordinaire des matériaux et de la main-d'œuvre.

les-Eaux, de Challans à Fromentine (Vendée) et ceux du Loiret. Pour un trafic moyen et des difficultés ordinaires de construction, ce prix s'élèvera à 50,000 ou 55.000 francs ; enfin, dans le cas de trafic intense ou de difficultés exceptionnelles de construction, ce prix pourra s'élever à 80.000 francs et même à 100.000 fr., comme pour certaines lignes du Puy-de-Dôme, de l'Isère et de la Savoie. Lorsqu'aux difficultés de construction s'ajoutera un trafic intense, nécessitant un matériel très important, le prix d'établissement pourra atteindre 148.000 francs, comme pour le réseau de St-Étienne.

34. Frais de traction. — Le coût de la traction par locomotives à foyer est variable suivant le profil des lignes, la vitesse et la composition des trains, l'importance du trafic, l'élévation des salaires, le prix du combustible et des huiles de graissage, etc. Sur des lignes à profil peu accidenté, il peu s'abaisser, en y comprenant les frais d'entretien du matériel roulant, à 0 fr. 35 par train de deux ou trois voitures et par kilomètre, soit 0 fr. 10 ou 0 fr. 12 par voiture-kilomètre.

Sur le réseau de St-Étienne à Firminy et à Rive-de-Gier, qui a un développement de 39 kilomètres, la dépense de coke par train-kilomètre varie de 3 kg. 8 à 4 kg. 8, et la dépense par voiture-kilomètre de 1 kg. 2 à 1 kg. 8. Les trains sont formés de 2 à 5 voitures, et le nombre de kilomètres-trains effectués par jour est d'environ 2.200.

Les frais de traction par train ou par voiture, et par kilomètre sont respectivement de 0 fr. 52 et de 0 fr. 20, se décomposant comme suit :

	Par train-kilom.	Par voiture-kilom.
Combustible, eau, graissage.	0,19	0,07
Personnel de conduite.	0,19	0,07
Entretien du matériel et divers . . .	0,14	0,06

Le produit net du réseau, pour l'année 1898, s'est élevé à 494.197 francs (recettes 1.288.946 fr., dépenses 794.751 fr.) et le produit par kilomètre à 16.272 francs. La proportion des dépenses aux recettes (ou coefficient d'exploitation) a été ainsi de 62 0/0 ; la recette moyenne par jour et par kilomètre a atteint 91 francs.

Les locomotives employées sont à deux ou trois essieux couplés. Les premières pèsent en charge 12 à 13 tonnes et remorquent, sur rampes de 25 à 31 millimètres par mètre, un train de 2 ou 3 voitures (10 à 15 tonnes) à la vitesse moyenne de 12 kilomètres à l'heure. Celles de ces machines qui font le service dans St-Étienne même, sont munies d'un condenseur.

Les secondes sont à trois essieux couplés et pèsent de 15 à 18 tonnes en charge. Elles remorquent sur rampes s'élevant jusqu'à 60 millimètres par mètre des trains de 20 tonnes pour les plus légères, et de 25 tonnes pour les plus lourdes.

Le nombre des locomotives en service est de 22, effectuant chacune 100 kilomètres en moyenne par jour ; celui des machines de réserve, disponibles ou en réparation, est lui-même de 17.

Sur le réseau des chemins de fer à voie étroite du canton de Genève, qui a un développement de 74 kilomètres, et où le service journalier atteint 1.235 kilomètres de trains, avec une moyenne de 2,2 voitures par train, les dépenses totales d'exploitation s'élèvent à 0 fr. 858 par train-kilomètre. Dans ce chiffre, les dépenses de traction entrent pour 0 fr. 5022 dont 0 fr. 156 pour le personnel des machines et 0 fr. 193 pour le combustible, compté à 30 francs la tonne en moyenne (coke et charbon). La consommation par kilomètre est de 6 kg. 1/2 et, dans ce chiffre, le combustible pour le frein entre pour 1 kilogramme, soit 3 centimes (1).

35. Description de quelques réseaux ou lignes de chemins de fer d'intérêt local et de tramways. — *La Société nationale de chemins de fer vicinaux belges* possédait, au 31 décembre 1898, 86 lignes en exploitation formant une longueur totale de 1.614 kilomètres. La plupart de ces lignes sont à voie de 1 mètre ; trois seulement sont à voie normale et une dizaine à voie de 1 m. 067, qui est celle du réseau vicinal néerlandais, avec lequel ces lignes viennent se raccorder.

La Société nationale se charge elle-même de la demande de concession, de l'étude et de la construction des lignes, ainsi que de la commande du matériel roulant ; mais, pour l'exploitation, le réseau est divisé en un certain nombre de groupes, pour chacun desquels elle a un concessionnaire d'exploitation qui prend la charge entière du service moyennant une redevance kilométri-

(1) D'après M. A. Mallet.

que déterminée. Les frais généraux d'exploitation de la Compagnie sont évalués par elle à 3,55 0/0 de la recette brute.

L'effectif du matériel de traction et de transport comprend 321 locomotives de 12 à 30 tonnes, en ordre de marche, 857 voitures à voyageurs, dont 2 à vapeur système Rowan, et 2.570 wagons à marchandises ou fourgons. Le groupe de Louvain, entièrement à voie de 1 mètre, comprend les lignes inscrites au tableau suivant, lequel donne aussi les dépenses d'établissement et les bénéfices d'exploitation de chacune de ces lignes pour 1898.

INDICATION DES LIGNES	Longueur kilométrique	Dépenses d'établissement		Bénéfices d'exploitation		Observation
		Total	kilométrique	Total	kilométrique	
Wavre à Jodoigne.	28,96	1.591.118,36	54.941,93	64.469,80	2.226,03	
Louvain à Jodoigne	30,67	1.582.092,26	51.603,92	56.303,05	1.835,77	
Louvain à Diest....	26,98	1.007.216,21	37.331,97	39.113,46	1.450,46	
Haecht - Aerschot - Tirlemont	46,60	1.632.781,57	35.038,23	35.060,99	752,38	
Louvain à Tervueren	18,27	767.383,37	42.002,53	24.791,74	1.466,43	
Courcelles-Incourt-Gembloux	50,40	»	»	»	»	en constr.
Totaux et moyennes pour les 5 premières lignes.......	151,48	6.581.194,77	43.445,96	219.739,04	1.450,73	»

Les rails des lignes de Louvain ont été payés, lors de la construction, à raison de 15 francs les 100 kg à pied-d'œuvre, et les traverses, qui sont en chêne créosoté, 2 fr. 75 l'une.

Les locomotives en service pèsent 15.500 kg. à vide et 18.000 kg. en ordre de marche ; leur prix est de 25.000 francs. Elles remorquent sur rampes de 30 millimètres par mètre et de 2 kilomètres de longueur, six voitures à voyageurs d'une contenance de 36 places chacune.

Les trains de marchandises sont formés de 7 wagons chargés à 10 tonnes ; ils sont remorqués sur les rampes ci-dessus par des locomotives pesant 30 tonnes en ordre de marche. Le prix de ces locomotives est de 35.000 francs.

Le combustible employé est du charbon bon demi-gras, et il revient à 14 fr. 50 la tonne, rendu à Louvain.

Le salaire des machinistes et des receveurs-conducteurs est de 4 francs, et celui des chauffeurs de 2 fr. 75.

Enfin, le prix du parcours kilométrique pour les voyageurs est de 0 fr. 05 en seconde classe et de 0 fr. 07 en première ; pour la tonne de marchandises, ce prix kilométrique se compose d'une taxe fixe de 0 fr. 30 et d'une taxe variable de 0 fr. 04 à 0 fr. 11 par kilomètre.

B. — *En Hanovre, la ligne du cercle de Hummling*, de 28 kilomètres de longueur et établie à travers champs à la voie de 0 m. 75, a coûté 32.000 francs par kilomètre, répartis comme suit :

Terrains	185 fr.	Station	3.000 fr.
Terrassements	1.950 »	Matériel roulant	4.000 »
Traversées de routes	100 »	Direction	500 »
Ponts et passages	455 »	Intérêts pendant la construction	180 »
Voie	20.900 »	Divers	130 »
Signaux	700 »	Total	32.000

On n'a eu besoin d'acheter les terrains que dans le voisinage des villes. La voie est en rails d'acier de 18 mètres de long, pesant 17 kg. 1/2 le mètre courant ; les traverses sont en hêtre créosoté et ont 1 m. 30 de long, 0 m. 15 de large et 0 m. 11 d'épaisseur.

Bien que la contrée soit uniquement agricole, sans industrie spéciale et à population peu dense (20 habitants seulement par kilomètre carré), ce chemin de fer est rémunérateur parce qu'il est exploité très économiquement.

Il y a en Hanovre, dit M. Mallet (*Bulletin de la Société des Ingénieurs civils*, janvier 1900), 400 kilomètres de lignes semblables à voie de 0 m. 75 en exploitation.

C. — *Le chemin de fer sur route de Liestal à Waldenburg (Suisse)* a été établi et mis en exploitation en 1880. Sa longueur utile est de 13.690 kilomètres et sa largeur entre rails de 0 m. 70 ; il a coûté 30 460 fr. par kilomètre, y compris 2 locomotives de 7 tonnes à vide, 6 voitures à voyageurs, 9 wagons à marchandises, 2 déviations en dehors de la route, un bâtiment de station, une remise à locomotives, une remise à voitures, 2 plaques tournantes, 2 quais de chargement, le mobilier, les accessoires et les intérêts pendant la construction.

Le rayon minimum des courbes en pleine voie est de 60 mètres et la pente maximum de 25 millièmes ; les rails sont du type Vignole, en acier, et pèsent 15 kilogrammes le mètre courant, les traverses sont espacées de 0 m. 85.

Sur un parcours de 1.540 mètres, la voie est posée entre les rails d'une voie normale, avec disposition spéciale pour l'entrée et la sortie.

Les dépenses de la première année d'exploitation se sont élevées à 36.992 fr. dont 14.650 pour le service de la traction ; les recettes ont été de 55.314 fr. donnant un coefficient d'exploitation de 67 0/0.

Le parcours des trains a été de 36.786 kilomètres, la dépense totale par train-kilomètre de 1 fr., celle de traction de 0 fr. 398 et la dépense de combustible de 0 fr. 105.

D. — *Chemin de fer d'intérêt local à voie de 1 mètre de Nantes à Legé* (1). — La ligne de Nantes à Legé a été déclarée d'utilité publique par la loi du 1er août 1890. La convention de concession a été signée le 4 janvier par M. Faliès et par M. le Préfet de la Loire-Inférieure : M. Faliès, agissant au nom de la Compagnie française des chemins de fer à voie étroite, dont le siège est à Paris, 60, rue de Provence, et M. le Préfet, au nom du département.

Aux termes de cette convention, la ligne est construite par le concessionnaire, moyennant le remboursement des dépenses d'établissement, autres que celles du matériel roulant, sans pouvoir dépasser le maximum de 2.259.223 francs pour une longueur de 44.200 kilomètres soit 51.204,14 fr. par kilomètre.

Le matériel roulant est fourni de ses deniers par le concessionnaire ; celui-ci reçoit un intérêt annuel de 4,50 0/0 sur la valeur dudit matériel estimé à forfait à 350.000 francs, et cette valeur lui est remboursée, à dire d'expert, à l'expiration de la concession.

(1) Extrait du rapport de l'Ingénieur en Chef du département de la Loire-Inférieure, pour la 2e session du Conseil général de 1899.

Le département demeure chargé de rembourser l'État de ses avances, conformément à l'article 15 de la loi du 11 juin 1880, et touche les subventions de l'État fixées à un maximum de 13.000 francs par an.

Le concessionnaire exploite la ligne à ses risques et périls, en prélevant une part de la recette déterminée par la formule F = K + 3/4 R, F étant le prélèvement annuel et par kilomètre, R la recette brute kilométrique, impôts déduits, et K un coefficient dont la valeur est de 800, 700, 600 et 500 pour toutes recettes inférieures ou égales à 3.500, 4.500, 5.500 ou supérieures à 5.500 francs.

Le surplus de la recette appartient au département.

La ligne a une longueur de 44 kil. 204 m. 18 cm., comptée depuis l'axe du bâtiment des voyageurs de Nantes jusqu'à celui de Legé. Les gares ou stations sont au nombre de neuf ; il y a en plus une halte et trois arrêts facultatifs en pleine voie.

Le *rayon des courbes* n'est pas inférieur à 100 mètres en voie courante. Ce dernier n'est même qu'exceptionnel ; généralement, il ne descend pas au-dessous de 150 mètres.

Toutefois, la station de Pont-Rousseau présente deux courbes de 75 mètres de rayon qui ont été nécessitées par la proximité des voies du réseau de l'État.

La longueur totale des courbes est de 33 0/0 de la longueur du tracé.

Les *déclivités* n'excèdent pas 27 millimètres par mètre. Ce maximum a été entendu en ce sens qu'il devait s'appliquer à une déclivité nette, c'est-à-dire dans le calcul de laquelle on faisait entrer la résistance des courbes.

Le maximum des déclivités réelles ne dépasse pas 23 millimètres.

La longueur totale des déclivités est de 53 0/0 de la longueur du tracé. Ce chiffre élevé s'explique par ce fait que l'on a serré de très près le terrain naturel pour diminuer autant que possible le cube des terrassements.

On a toujours intercalé un alignement droit ou un palier d'au moins 40 mètres entre deux courbes ou entre deux fortes déclivités de sens contraire.

La *plate-forme* a 4 mètres de largeur franche.

Les talus des tranchées ont reçu les inclinaisons suivantes :

45° dans les terrains ordinaires ;

1/2 dans la roche décomposée ;

1/4 dans le rocher compact.

Les talus de remblai sont uniformément réglés à 3 de base pour 2 de hauteur.

La plupart des *ouvrages d'art* sont des ouvrages courants pour l'écoulement des eaux. Leur nombre est de 218 et leur ouverture varie de 0 m. 30 à 5 mètres.

En dehors de ceux-ci, il faut compter un pont de 9 mètres sur la Logne, un pont de 12 mètres d'ouverture sur l'Ognon et un pont de 23 mètres sur la Boulogne.

Ces trois ouvrages ont des tabliers métalliques.

Les *passages à niveau* sont au nombre de 106 et sont libres pour la plupart.

Il n'a été construit de maisons de garde ou abris et de barrières qu'à neuf d'entre eux, situés au croisement de chemins et routes particulièrement fréquentés.

Les *voies* sont du type Vignole, acier, éclissé en porte-à-faux et du poids de 18 kil. par mètre courant.

Le rail a 8 mètres de longueur et repose sur 10 traverses en chêne non préparé de 1 m. 70 × 0,18 × 0 m. 12.

L'épaisseur du ballast sur l'axe est de 0 m. 35. Il est en sable de Loire. Son cube est de 0 m. 81 par mètre courant. Les accotements latéraux du ballast, comptés à partir du bord intérieur des rails, ont 0 m. 60 de largeur.

Dans chaque station autre que Nantes et Pont-Rousseau, où des dispositions spéciales motivées par la nature du service ont été réalisées, on a établi deux voies principales pour permettre le croisement des trains et une seule voie de service reliée à une voie transversale par une plaque tournante, enfin quelques voies rayonnant autour de la plaque tournante. La distance minimum ménagée entre les pointes des aiguilles d'entrée et de sortie est prévue de 140 mètres, de manière que le garage effectif sur les voies principales et de service soit de 60 mètres au moins, c'est-à-dire de la longueur à prévoir pour un train.

Le développement des voies de gare, en dehors de la voie courante, est de 300 mètres au minimum, se décomposant comme suit :

Deuxième voie principale . . .	140 mètres.
Voie de service	140 —
Voie transversale	20 —
	300 mètres.

En fait, on n'a établi généralement qu'une voie principale, la voie d'évitement, la voie transversale et une des voies rayonnant autour de la plaque.

Dans chaque station, il existe un bâtiment de voyageurs avec halle couverte et water-closets, un quai à voyageurs, un quai à marchandises, un puits.

La voie de service de chaque station passe devant le bâtiment des voyageurs, auquel sont accolés la halle à marchandises et le quai découvert qui lui fait suite. La cour des voyageurs sert au service des marchandises.

Ce système est économique et parfaitement adapté au service d'une ligne d'intérêt local.

Il existe trois *alimentations* complètes pour les machines, aux deux extrémités de la ligne et dans la station intermédiaire de Saint-Philbert-de-Grandlieu.

Le gabarit du *matériel roulant* a 2 m. 28 de largeur et 3 m. 20 de hauteur, toutes saillies comprises.

L'effectif de ce matériel, fixé par le cahier des charges à au moins 4 machines, 14 voitures et 44 fourgons et wagons, a été augmenté d'ores et déjà et compte en plus 1 locomotive, 3 voitures de voyageurs à boggies et 10 wagons.

Les machines sont des locomotives-tenders à trois essieux couplés ; les voitures à voyageurs sont à couloir central avec plates-formes extérieures couvertes.

Le montant des *dépenses d'établissement*, arrêté au 31 décembre 1894, s'élève à 2.609.123 fr., dont 2.239.123 ont été remboursés par le département.

L'*horaire* des trains en usage comporte trois trains mixtes réguliers par jour dans chaque sens, un train périodique de voyageurs dans chaque sens le dimanche, et des trains facultatifs pour le transport des bestiaux et des marchandises, dont la correspondance avec les trains du réseau de l'État est assurée à Pont-Rousseau.

Un arrêté préfectoral a aussi autorisé la mise en marche de

deux trains de voyageurs supplémentaires et facultatifs, un dans chaque sens, pour desservir spécialement les localités situées sur le parcours de la ligne le jour où il existe des causes exceptionnelles d'attraction pour les voyageurs.

La *vitesse des trains* a été réglée par arrêté préfectoral de la manière suivante :

Vitesse minima : 10 kilomètres.

Vitesse maxima, variant de 30 à 39 kilomètres.

Il n'y a que deux *classes* de voyageurs, première et seconde.

Un arrêté préfectoral a réglé comme suit la composition et la circulation des trains :

Le *personnel* de chaque train comprend : 1 mécanicien, 1 chauffeur, 1 conducteur chef de train et 1 garde-frein.

La *charge* de chaque train est limitée à 80 tonnes, non compris la machine.

Le *nombre* maximum des véhicules à deux essieux est fixé à 12, les voitures à boggies étant comptées pour deux véhicules. La longueur totale du train ne doit pas excéder 80 mètres.

En outre du *frein continu* dont sont pourvus tous les véhicules, il doit y avoir dans chaque train deux freins à vis, servis par le conducteur et par le garde-frein.

La *distribution des billets* se fait de la manière suivante :

On délivre aux stations tout ce qu'il est possible de délivrer de billets de seconde classe au départ du train. Les voyageurs non pourvus de billets de seconde classe et ceux de première classe en reçoivent par le chef de train en cours de route.

Le service est fait presque entièrement par le personnel des trains. Des chefs de gare (hommes) se trouvent à Nantes et à Legé, points terminus de la ligne. Des femmes, appelées agents correspondants, tiennent les stations intermédiaires.

Un *téléphone* est établi le long de la ligne.

Les *résultats de l'exploitation*, depuis l'ouverture de la ligne, ont été les suivants :

	1893 (100 jours)	1894	1895	1896	1897	1898
	fr.	fr.	fr.	fr.	fr.	fr.
1. Recette brute totale, impôts déduits	[illegible]	106.104 91	153.687 99	178.091 88	172.398 99	173.187 36
2. Recette brute kilométrique, impôts déduits	»	3.523 46	3.475 50	3.041 74	2.927 11	3.017 76
3. Frais d'exploitation par kilomètre	»	3.325 60	2.106 75	1.738 31	2.092 63	2.036 33
4. Part du département dans les recettes : Par kilomètre	»	116 43	68 98	216 43	235 98	270 45
Totaux	3.023 50	4.743 62	2.044 54	13.792 80	13.008 11	14.302 98
5. Subvention de l'État acquise au départem.	11.391 00	42.000 00	42.000 00	42.000 00	42.000 00	42.000 00

E. — *Lignes à voie de 0 m. 60 établies et exploitées par la Société Decauville.* — La Société Decauville, qui a construit et exploite plusieurs lignes d'intérêt local ou de tramways établies à voie de 0 m. 60, estime que cette voie est capable de permettre les transports de voyageurs et de marchandises dans d'aussi bonnes conditions que la voie de 1 mètre, tout en coûtant beaucoup moins cher que cette dernière (1).

Ce qui permet à cette Société de faire usage, dans des conditions complètes de sécurité, d'une voie légère de 0 m. 60, c'est le système de rivetage des rails aux traverses qu'elle emploie, et qui empêche tout écartement des rails entre eux et prévient ainsi les déraillements.

Les traverses sont métalliques et ont une section en ⌒ ; quand elles sont fermées à leurs extrémités, elles augmentent encore la résistance de la voie au ripage ou glissement sur le ballast.

Le rivetage des rails sur les traverses permet d'employer des rails plus légers (d'un quart environ) que ceux qui seraient nécessaires avec des traverses en bois. Pour une différence de 3 kg. par mètre, cela représenterait 6 tonnes par kilomètre et

(1) La voie de 60 cm. permet encore une exploitation assez intensive : ainsi, le tramway à vapeur de Royan à Pontaillac et à Saint-Georges, d'une longueur de 7 km., a fait, en 1898, 101.721 fr. de recettes pour une exploitation qui ne fonctionne en plein que trois mois de l'année.

La recette par jour-kilomètre s'est élevée à 40 fr., le coefficient d'exploitation a été de 61 0/0.

une économie de près de 1.200 francs avec les prix actuels des rails.

Avec la voie de 0 m. 60 et en multipliant les essieux, la Société Decauville a pu limiter la charge par essieu des locomotives à celle que portent les essieux des wagons, d'où la possibilité de réduire le poids des rails au minimum. Dans la pratique des chemins de fer à voie de 1 m. et de 1 m. 44, les voies doivent être établies pour la charge par les essieux des locomotives, charge qui est presque le double de celle des essieux de wagons.

Les voitures et wagons à voie de 0 m. 60 coûtent moins cher que ceux à voie de 1 m., leur châssis ayant un écartement moindre ; ils peuvent avoir la même solidité tout en étant plus légers.

Le prix des locomotives est aussi moindre dans le premier cas que dans le second ; on peut en augmenter ainsi plus facilement le nombre, si l'on veut multiplier les trains et donner plus de commodité pour les communications.

La voie de 0 m. 60 avec traverses métalliques offre une très grande économie sur la voie de 1 mètre avec traverses en bois, tant dans la construction que dans l'entretien ; la hauteur de ballast sous la traverse étant la même dans les deux cas, on gagne, en effet, avec les traverses métalliques, une hauteur de ballast égale à l'épaisseur des traverses en bois, et cette différence, venant s'ajouter à celle due à la largeur de la plate-forme, fait que le cube de ballast nécessaire pour la voie de 60 centimètres sur traverses métalliques est inférieur d'environ 500 mètres par kilomètre à celui nécessité par la voie de 1 mètre. A 6 fr. le mètre de ballast, cela donne une économie de 3.000 fr. par kilomètre.

Les autres avantages de la voie de 0 m. 60 sur traverses métalliques par rapport à la voie de 1 mètre sur traverses en bois, sont les suivants :

La voie étant toute prête à poser, ce travail se fait plus rapidement et par suite plus économiquement.

Les courbes peuvent avoir un rayon plus petit (descendant jusqu'à 20 mètres pour les locomotives) ; dans les pays accidentés, il en résultera une économie importante, car on pourra éviter de nombreux travaux d'art qui auraient été nécessaires avec la voie de 1 mètre, en contournant les accidents de terrain.

Enfin, la réduction du cube du ballast, du nombre des travaux d'art, de la profondeur des tranchées, de la hauteur des remblais, etc., se répercute sur l'entretien, qui est moindre qu'avec une voie plus large.

La Société Decauville emploie pour la voie de 60 centimètres des rails en acier pesant 9,5 kg., 12 kg. et 15 kg. au mètre linéaire, qui peuvent supporter — avec un nombre de traverses de 7 ou 8 par bout de rail de 5 m. de longueur — des charges par essieu de 3.500, 5.000 et 5.500 kg.

Les traverses, en acier, sont fermées à leurs extrémités pour mieux retenir le ballast intérieurement et présenter une plus grande résistance au déplacement latéral. Elles ont 140×29 mm. et débordent de 200 mm. de chaque côté, pour les rails de

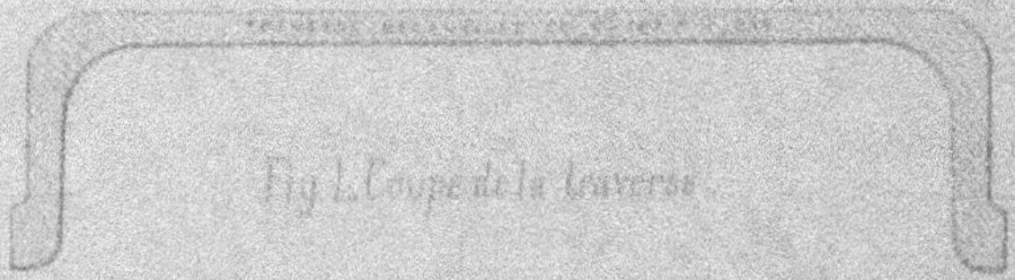

Fig 1. Coupe de la traverse.

9,5 kg., et ont 164 × 45 (fig. 1) pour les rails de 12 et 15 kg., en débordant de 250 mm. de chaque côté.

Les éclisses des rails de 12 et 15 kg. sont en forme de cornières (fig. 2). Les rails de 15 kg. sont spécialement employés pour les voies noyées dans la chaussée : la distance d'environ 100 mm. qu'il y a entre le dessus de la traverse et le dessus du rail permet à l'empierrement de faire prise au damage ou cylindrage. Un décret du 30 janvier 1894 autorise la suppression du contre-rail dans les chaussées empierrées, où il peut présenter plus d'inconvénients que d'avanta-

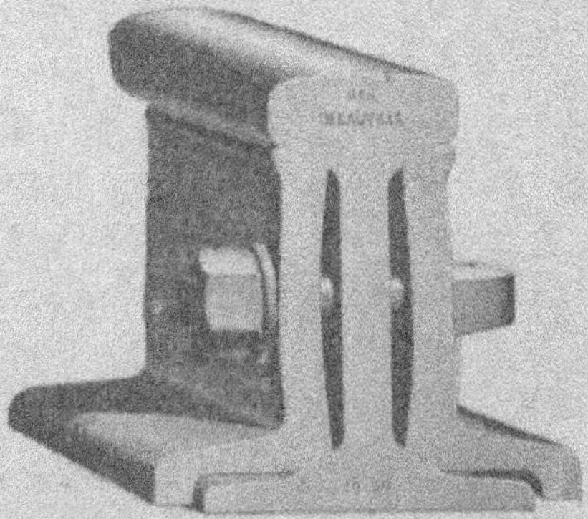

Fig 2. Rail [illegible] de 15 kilogrammes et ses éclisses

ges. L'emploi des rails à gorge ou des contre-rails n'est alors utile et imposé que dans les chaussées pavées.

Le prix du mètre courant de cette voie est de 13 fr. 90 avec 7 traverses par bout de rail de 5 m.

La ligne de *Caen à Dives et à Luc-sur-Mer*, établie par la Société Decauville, a été ouverte au public le 13 août 1892. Elle est à voie de 0 m. 60 ; le rail a une hauteur de 90 mm., son patin mesure 70 mm. et son champignon 39 mm. de largeur. L'épaisseur de l'âme est de 10 mm. Le poids au mètre courant est de 15 kg.

La traverse, emboutie sur ses quatre côtés, est à bords et angles renforcés ; elle mesure 170 mm. de largeur à la base, la hauteur totale est de 45 mm. et l'épaisseur du métal de 6 mm. Son poids est de 11 kg.

Trois rivets en acier réunissent le rail à la traverse : deux à l'intérieur, un à l'extérieur ; la rivure est faite à froid sous une pression de 140 tonnes, avec des rivets cylindriques en acier.

La voie est formée d'éléments de 5 mètres de longueur, comportant chacun six traverses ; les éléments sont réunis par des éclisses-cornières en acier, du poids de 3,7 kg. la paire, y compris les quatre boulons d'assemblage.

Ainsi composée, la voie pèse 44,7 kg. au mètre courant.

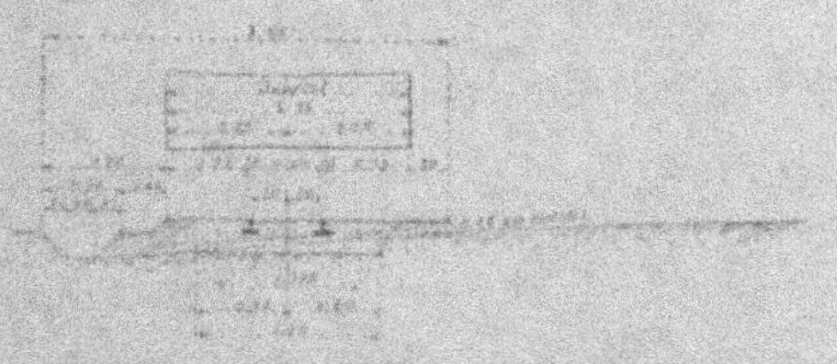

Fig. 3. — Voie sur accotement

La ligne a une longueur de 38,4 kilomètres ; elle est placée pour la plus grande partie (36,150 km. en rails simples sur ballast) sur accotements (figure 3) et pour le reste dans les chaussées, avec rails simples noyés dans l'empierrement (fig. 4, 5, 6).

Le minimum du rayon des courbes avait été fixé par le cahier des charges à 30 mètres ; mais, par suite de difficultés d'expropriation, la ligne a été exploitée pendant une année avec des courbes de 20 m. de rayon en pleine voie. Ces rayons sont d'ailleurs employés sans inconvénient au dépôt central de Riva-Bella.

Fig 4 _ Bord-pavé dans la chaussée

Le profil de la ligne ne présente pas de déclivité supérieure à 29,5 mm. par mètre.

Fig 5 _ Traversée de Colleville

Les déblais pour l'encastrement du ballast de la voie dans les accotements et dans la chaussée ont été exécutés avec une

Fig 6 _ En pleine voie suivant l'axe d'une parcelle de chemin

profondeur de 0 m. 30 sur une largeur de 1 m. 60, représentant un cube de 14.000 mètres environ.

Un essai de ballastage très économique a été fait en employant le sable des dunes sous les traverses et en le recouvrant d'une épaisseur de 0 m. 08 de pierre cassée, pour empêcher le vent d'enlever le sable. Les résultats ont été très satisfaisants.

Le tramway part de Caen, traverse les communes d'Hérouville et de Blainville, et laisse à droite le canal de Caen à la mer; au pont de Ranville, la ligne se bifurque.

D'une part, elle continue à suivre le canal jusqu'à Ouistreham, puis elle s'incline à gauche pour côtoyer la mer en desservant Colleville, Hermanville, Lion et aboutir à Luc-sur-Mer, où elle rejoint le chemin de fer de Caen à la mer.

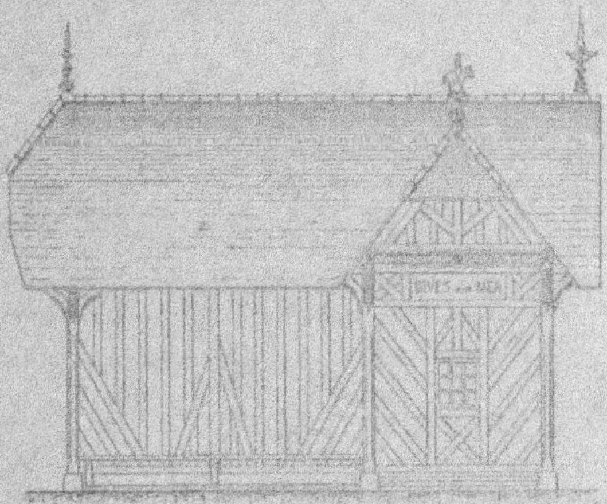

Fig 7. Elevation (coté de la voie)

Fig 8. Plan (coté de la voie)

D'autre part, elle passe par Sallenelles et la Home, pour se relier, à Cabourg-Dives, à la ligne de Trouville.

A Dives, comme à Luc-sur-Mer, le tramway se raccorde aux lignes à voie normale de l'Ouest et de Caen à la mer.

Douze stations ont été pourvues de bâtiments-abris ; ces constructions, faites dans le vieux style normand, sont de deux types ; les unes, fig. 7 et 8, au nombre de neuf, comportent un abri pour les voyageurs et un magasin avec bureau fermé ; la surface de ces bâtiments est d'environ 32 mètres carrés ; les autres, au nombre de trois, ne comportent qu'un seul abri pour les voyageurs, leur surface couverte est réduite à 20 mètres carrés.

Des appareils téléphoniques sont installés dans chacun des bâtiments de la ligne possédant un bureau.

Le dépôt des machines et du matériel roulant est à Riva-Bella ; la surface couverte des bâtiments, avec les agrandissements prévus, est de 800 mètres carrés.

A Dives, point le plus éloigné du dépôt, il a été construit une remise à machine, avec annexe pour servir de magasin et de logement pour un mécanicien.

Toutes les remises sont en charpente de bois, couvertures en tuile et revêtement en planches.

Le gabarit du *matériel roulant*, fixé par le cahier des charges, est de 2 m. 18, toutes les saillies latérales comprises ; sa hauteur ne peut dépasser 2 m. 80 et la largeur des caisses 1 m. 88.

Les *locomotives*, au nombre de neuf, sont de deux types ; sept compound articulées du système Mallet (fig. 9), pesant 9 t. 1/2 à vide et 12 t. en charge, et deux machines à deux essieux couplés et un essieu porteur pesant 10 t. à vide et 13 t. en ordre de marche. Ces locomotives remorquent des charges de 30 tonnes à la vitesse de 20 kilomètres à l'heure sur des lignes présentant des rampes de 30 mm.

Pendant la saison d'été, où le service est le plus actif, elles consomment 4,500 kg. de houille par kilomètre-train (nombre de voitures : 5 ; poids du train : 27 t. ; nombre de places offertes : 200).

Les *voitures à voyageurs* sont ouvertes pour la saison d'été et sont munies de banquettes transversales ; elles pèsent 3 200 kilogrammes à vide et contiennent : celles de 1re classe 36 voyageurs, et celles de 2e et de 3e classe 56 voyageurs (fig. 10).

Fig. 9. — Locomotive compound articulée, système Mallet.

Les *voitures d'hiver* sont fermées ; elles sont mixtes et à couloir central. Leur poids à vide est de 3.800 kg. ; elles peuvent contenir 44 voyageurs, dont 9 sur les plates-formes.

Fig. 10. — Voiture ouverte de troisième classe.

Toutes ces voitures sont montées sur deux trucks à ressorts.

Le service des bagages est assuré dans chaque train par une voiture mixte-fourgon, dont la tare est d'environ 3.500 kg.

Les *wagons à marchandises* sont de deux types : des véhicules à deux essieux pouvant être chargés à 5 tonnes, et dont la tare est de 1.200 kg., et des véhicules montés sur deux trucks (fig. 11), à essieux espacés de 0 m. 83 et qui peuvent être

Fig. 11. — Wagon à marchandises de 10 tonnes.

chargés à 10 tonnes et recevoir ainsi le contenu des wagons de houille des grandes compagnies. Le poids de ces wagons à bogies est de 3 tonnes.

La Compagnie possède aussi deux wagons couverts pour le transport des bestiaux.

Le nombre de voitures et wagons affectés à l'exploitation de la ligne de Dives-Luc est de 55, réparti comme suit :

Voyageurs bagages bestiaux et marchandises	Voitures de 1re classe	Fermée	1	55
		Ouvertes	4	
	Voitures de 2e classe	Fermée	1	
		Ouvertes	8	
	Voitures mixtes, 1re et 2e classes	Fermées	4	
	Voitures-fourgons, 3e classe	Fermées	4	
	Wagons-marchandises	Wagons-bestiaux	2	
		Wagons découverts, 5 et 10 tonnes	31	

Tout le matériel roulant est muni de frein à vide système Soulerin. Le prix moyen des wagons à marchandises est d'environ 0 fr. 80 le kilogramme, et celui des voitures à voyageurs de 1 fr. 30.

L'*exploitation* est très intense pendant les trois mois de juillet, août et septembre, et se fait au moyen de trois locomotives assurant un service de quatre trains dans chaque sens, d'un bout à l'autre de la ligne ; les jours fériés, un cinquième train est mis en circulation d'un bout à l'autre de la ligne, et quatre trains supplémentaires desservent la section de Caen à Riva-Bella, sur 14 kilomètres, ce qui porte le nombre des locomotives en service à six.

Pendant les autres mois de l'année, le service comprend quatre trains dans chaque sens, d'un bout à l'autre de la ligne, et s'effectue avec trois locomotives.

Le service des marchandises se fait en ajoutant aux trains de voyageurs les wagons nécessaires, jusqu'à concurrence de la charge des machines, et en mettant ensuite en marche des trains facultatifs suivant les besoins.

Les trains réguliers, pendant les neuf mois de service restreint, se composent d'une voiture fermée mixte de 1re et de 2e classe et d'une voiture fermée de 3e classe avec compartiments pour les bagages. Le total des places offertes dans chaque train est de 55.

Pendant l'été, on intercale entre ces deux voitures fermées deux voitures découvertes de 3e classe et une de première. Le total des places offertes s'élève alors à 200.

Les *résultats de l'exploitation* des lignes de Caen pour l'année 1898 sont les suivants :

Longueur construite et exploitée au 31 décembre	48	km.
Dépenses d'établissement totales. . . .	1.847.541	fr.
— — par kilomètre	38.490	»
Recettes totales	272.243	»
— par kilomètre.	5.672	»
Dépenses totales.	173.515	»
— par kilomètre	3.615	»
Produit net	2.057	»

Soit 5,34 0/0 du coût d'établissement.

CHAPITRE II

VOITURES A VAPEUR POUR LIGNES DE CHEMINS DE FER

36. Historique. — D'après M. Mallet (*Bulletin de la Société des Ingénieurs civils*, novembre 1897), une première voiture à vapeur aurait été construite en 1847 par Adams, en Angleterre, pour assurer un service d'inspection sur le *Eastern Counties Railway*. Cette voiture fut ensuite affectée à un service d'embranchement.

Elle portait 8 à 10 personnes et brûlait moins de 1 kg. de coke (seul combustible utilisé à l'époque sur les chemins de fer) par kilomètre ; son fonctionnement devait être satisfaisant, car dans le premier semestre de l'année 1848, elle effectua un parcours de 9.000 kilomètres.

L'année suivante, une autre voiture à vapeur, l'*Enfield*, fut construite pour la même ligne ; destinée à un service régulier de voyageurs, elle portait 80 personnes, pesait 16 tonnes et brûlait 1,75 kg. de coke par kilomètre.

Du 29 janvier au 9 septembre 1849, son parcours atteignit 22.400 kilomètres, soit une moyenne de 3.000 kilomètres par mois, résultat vraiment remarquable, et à la suite duquel on construisit plusieurs automobiles semblables.

Plus près de nous, en 1876, MM. Brunner frères, ingénieurs de la fabrique de locomotives de Winterthur, construisirent une voiture à vapeur à double bogie, qui fut mise en service la même année sur la ligne de Lausanne à Échallens.

L'année suivante, M. Belpaire, ingénieur en chef des chemins de fer de l'État belge, fit construire une voiture à voyageurs qui figura à l'Exposition de 1878.

Elle reposait, avec la machine, sur trois essieux dont un seul — celui du milieu — était moteur. L'essieu d'avant avait un jeu latéral de 10 mm. ; celui d'arrière était radial et pouvait se déplacer longitudinalement de 20 mm. et transversalement de

80 mm., dispositions ayant pour but de faciliter l'inscription de la voiture dans les courbes de faible rayon. Dans le même but, l'essieu moteur était indépendant du châssis de la voiture.

La longueur totale de cette dernière était de 12 mètres ; elle n'avait pas d'impériale et pouvait contenir 44 voyageurs. Les essieux de la machine étaient distants de 2 m. 160, l'empattement total atteignait 8 m. 160.

La chaudière était formée de deux corps cylindriques superposés, et, sous une faible longueur, elle présentait une grande surface de grille et une grande chambre de vapeur ; mais elle se déformait sous l'action de la pression, malgré les armatures et les tirants, et dans les voitures construites dans la suite, elle fut remplacée par une chaudière de locomotive ordinaire, à boîte à feu surélevée.

Le poids de cette voiture, en charge, était de 26.000 kg. ; sa dépense d'eau par kilomètre s'élevait à 25 litres, et celle de charbon à 5 kg. Elle pouvait facilement atteindre la vitesse de 35 à 40 kilomètres à l'heure.

En 1879, il fut aussi construit, sur les plans des ingénieurs des chemins de fer de l'Etat français, deux voitures à voyageurs à vapeur, avec impériale et compartiment pour la poste ; elles furent mises en service en 1880, après la promulgation du décret d'autorisation permettant de supprimer le chauffeur, le personnel de conduite de la voiture étant alors réduit à 1 mécanicien et 1 conducteur.

Ces voitures étaient à trois essieux, dont un moteur chargé à 12 tonnes et deux porteurs chargés à 8 tonnes chacun (avec les voyageurs) ; elles contenaient 42 places, dont 18 d'intérieur (1re et 2e classe) et 24 d'impériale (3e classe) ; la longueur totale atteignait 10 mètres.

La chaudière était à foyer intérieur amovible et à retour de flamme ; le mécanisme était intérieur, et les cylindres se trouvaient attachés à un longeron central reliant les traverses d'avant et d'arrière du châssis de la machine (1).

Enfin M. Thomas, ingénieur à la Cie des chemins de fer Louis de Hesse (Allemagne) a fait établir, vers la même époque, une voiture à vapeur à trois essieux et à impériale, pouvant contenir

(1) *Revue générale des chemins de fer*, n° d'avril 1881.

100 voyageurs. Son poids en charge atteint 30 tonnes et elle peut marcher à la vitesse de 40 km. sur rampe de 14 mm. La chaudière a une force de 100 chevaux, et la consommation de combustible par kilomètre atteint, en moyenne, 2,500 kg.

37. Voitures automotrices actuelles. — Dans le *Génie civil* du 12 juin 1897, M. Lesourd énumère ainsi qu'il suit les avantages que présentent les voitures automobiles pour les lignes *secondaires* des grandes compagnies, avantages qui sont les mêmes pour les lignes *d'intérêt local*.

Sur les mieux desservies de ces lignes, dit-il, il y a deux ou trois trains par jour dans chaque sens, à des heures plus ou moins commodes, et encore ces trains font-ils à la fois le service des voyageurs et des marchandises, de sorte que leur vitesse de marche est généralement limitée à 15 ou 20 kilomètres à l'heure, et, qu'à chaque station, il y a des manœuvres interminables, pendant lesquelles le public doit séjourner dans un matériel souvent peu confortable.

L'aspect de ces régions changerait immédiatement si, sur ces mêmes réseaux, on pouvait lancer à certaines heures de la journée, cinq ou six fois dans chaque sens, et même davantage les jours correspondant à des transactions commerciales déterminées, des wagons automoteurs marchant à 60 kilomètres au besoin (la vitesse de 35 à 40 kilomètres serait la plupart du temps suffisante en raison du peu de longueur du parcours), le service des marchandises étant exclusivement réservé à un train ordinaire passant par exemple une fois par jour dans chaque sens. Très rapidement, les populations modifieraient leurs habitudes sédentaires devant ce nouveau mode de locomotion, et des transactions fructueuses s'établiraient entre les centres importants et des régions restées jusqu'alors isolées, faute de moyens de transport pratiques.

Il n'y a pas une seule compagnie française qui n'ait plusieurs lignes dans les conditions ci-dessus. Mais dans d'autres cas très nombreux, le wagon automoteur pourra encore, intercalé entre les trains de grandes lignes, faire par exemple le service postal, en évitant aux compagnies d'être obligées de former un train complet pour transporter, la plupart du temps, deux ou trois voyageurs et un sac de dépêches. Enfin, convenablement appro-

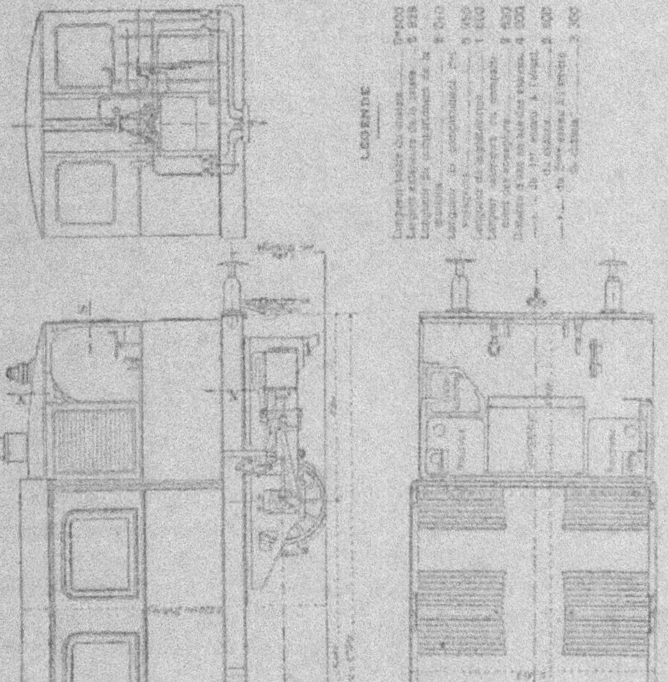

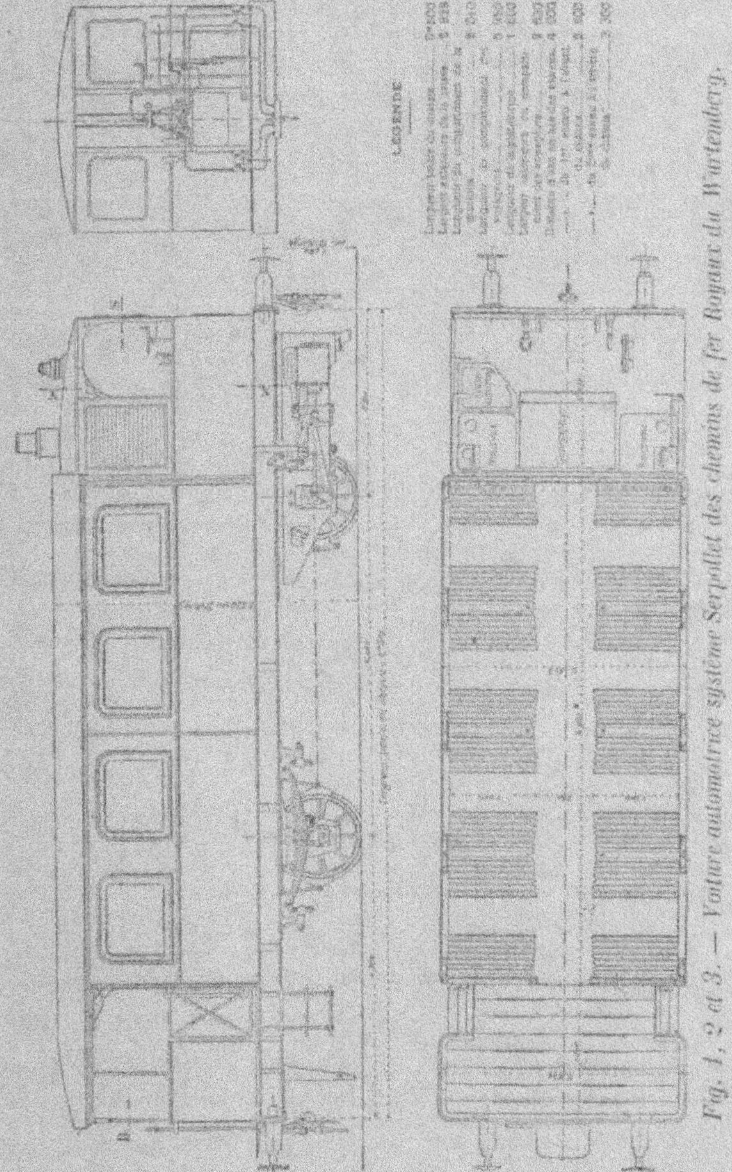

Fig. 1, 2 et 3. — Voiture automotrice système Serpollet des chemins de fer Royaux du Wurtemberg.

prié, avec ses facilités de garage, sa vitesse, sa mise en pression rapide (un quart d'heure suffit dans certains systèmes, le temps d'autre part de bien graisser le moteur), ce sera le *train* spécial idéal aussi bien pour les compagnies (service d'inspection, etc.) que pour le public.

A. — La Cie du Nord a étudié cette solution dès 1895, mais c'est une Cie étrangère, celle des chemins de fer royaux du Wurtemberg, qui l'a mise la première à exécution. Le premier véhicule automoteur qu'elle a fait construire a été essayé en décembre 1896 et en janvier 1897 sur la ligne de Corbeil à Malesherbes des chemins de fer P.-L.-M. ; dès le 28 février suivant, il a été mis en service régulier sur différentes lignes, aux environs de Stuttgard, où il a effectué aussitôt un parcours journalier de 135 kilomètres, lequel a été porté à 204 kilomètres au service d'été.

Ces lignes se composent la plupart mi-partie de paliers, mi-partie de rampes de 10 mm. La vitesse à laquelle marche le wagon automoteur est de 40 kilomètres à l'heure, et suivant les besoins, on y attelle une ou deux voitures ordinaires.

La quantité de combustible consommé par kilomètre s'élève de 2 kg. 1/2 à 3 kg. suivant que l'on fait ou non de la remorque ; quant à la dépense en coke, graissage et essuyages, elle est inférieure à 7 pfennigs (0 fr. 0875) par voiture-kilomètre.

Le wagon-automoteur (fig. 1 à 3) comporte à l'avant une plate-forme qui porte la chaudière et les appareils d'alimentation et de manœuvre, et où se tient le mécanicien ; — ensuite, une partie fermée à couloir central et à banquettes transversales, contenant 32 places assises ; — enfin, à l'arrière, une seconde plate-forme, où 12 voyageurs peuvent tenir debout (1). Le poids de cette voiture, en ordre de marche, est de 17.000 kilogrammes, dont 12.000 sont portés par l'essieu d'avant et 5.000 par l'essieu d'arrière ; l'écartement de ces essieux est de 4 mètres.

La machine est disposée sous la plate-forme du mécanicien, à l'avant du premier essieu, qui est seul moteur. Elle comporte deux cylindres extérieurs au châssis, de 210 millimètres de diamètre et de 300 millimètres de course de pistons.

La distribution est du système Walschaerts et est extérieure aux roues ; le diamètre de ces dernières est de 1 mètre.

(1) *Les Locomotives nouvelles*, Fritsch, éditeur, Paris.

La chaudière est verticale, du système Serpollet, et se compose de onze rangées de tubes disposés horizontalement et dans le sens longitudinal de la voiture (fig. 4, 5, 6) ; chaque rangée comprend quatre tubes doubles, et la surface de chauffe totale est de 11 m² 132.

Les tubes des deux rangées inférieures sont cylindriques ; leur diamètre extérieur est de 73 millimètres et l'épaisseur de leurs parois de 12 millimètres. Un mandrin en acier coulé, de 41 millimètres de diamètre, bien centré par de petits goujons, limite l'épaisseur de la lame d'eau dans le tube à 4 millimètres. Ces tubes, exposés directement au feu, ont une résistance plus grande que les tubes emboutis et peuvent emmagasiner une quantité de calorique plus élevée sans rougir.

Les trois rangées suivantes et les cinq dernières sont formées de tubes ayant une section en forme de ∞ ; leurs parois ont aussi une épaisseur de 12 millimètres, la lame d'eau n'a que 3 millimètres.

Enfin la rangée du milieu comprend des tubes cylindriques de mêmes dimensions que ceux des rangées inférieures, mais n'ayant pas de mandrins ; ils forment ainsi un petit réservoir de vapeur qui est en communication constante avec le régulateur.

Les tubes, sauf sur la paroi avant, où se trouvent les raccords, sont renfermés entre des cloisons en briques qui descendent jusqu'à la grille et, avec cette dernière qui a une surface de 46 décimètres carrés, forment ainsi le foyer. La paroi avant est composée de tôles minces comprenant entre elles une forte épaisseur d'amiante ; ces tôles sont disposées en forme de porte à deux vantaux, servant pour la visite des joints et le nettoyage des tubes. Deux autres portes, qui ont aussi toute la hauteur du faisceau tubulaire, sont disposées sur les côtés du générateur et servent également pour ce nettoyage. La cheminée prend un peu au-dessus de la rangée de tubes supérieure et s'élève dans l'axe du générateur à 1 mètre environ au-dessus de la toiture de la caisse.

Tous les tubes sont disposés en quinconce pour forcer les gaz de la combustion à les lécher entièrement ; ils sont taraudés à leurs extrémités et réunis aux tubes voisins par des coudes en acier, de section circulaire et d'un diamètre intérieur de 6 milli-

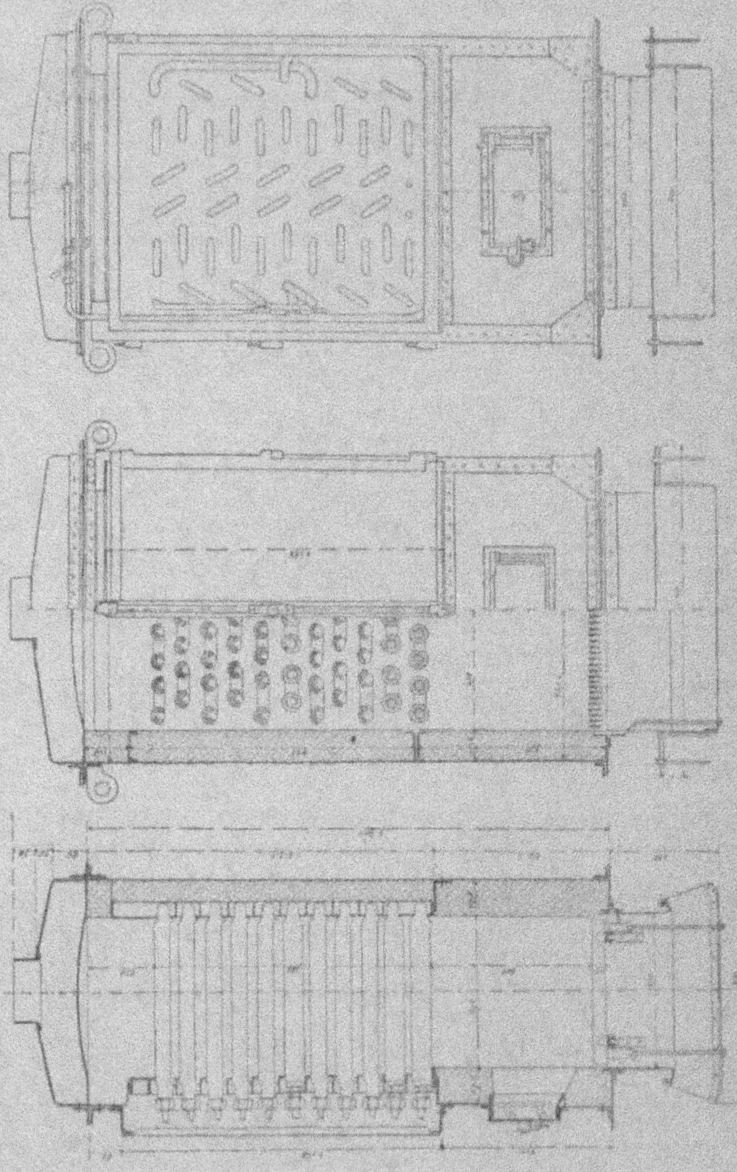

Fig. 4, 5 et 6. Générateurs des voitures Serpollet du Wurtemberg

mètres, munis de collets et d'écrous-raccords. Ils sont soutenus à leurs extrémités par des tôles découpées qui les laissent libres de se dilater ou de se contracter ; les raccords sont totalement isolés du feu et des gaz de la combustion, et ils ne risquent pas ainsi de se détériorer.

Les tubes sont partagés en deux batteries pour la circulation de l'eau et de la vapeur.

Les appareils d'alimentation comprennent une pompe à main P (fig. 7) qui sert uniquement à injecter un peu d'eau dans la chaudière après l'allumage, et un petit-cheval commandant la pompe P' et qu'on met en route dès que le générateur est en pression. Ce petit-cheval marche ensuite d'une façon ininterrompue, tant dans la marche à régulateur ouvert ou à régulateur fermé que lors des arrêts — sa vitesse et par suite son débit se réglant automatiquement dans chaque cas.

Dans la marche sous vapeur, par exemple, en ouvrant plus ou moins le régulateur, le mécanicien, par une simple connexion, ouvre en même temps plus ou moins l'admission de la vapeur à la pompe, qui prend ainsi toujours une allure correspondante au débit d'eau et de vapeur nécessaire à la marche.

Dans les arrêts ou les parcours effectués sans vapeur, lorsque le mécanicien ferme le régulateur, un petit passage reste ouvert pour l'arrivée de vapeur au petit-cheval, et la pompe continue à marcher à une allure de 20 à 25 coups simples par minute, cette vitesse lui fournissant précisément la vapeur nécessaire à son fonctionnement.

Le générateur reste toujours ainsi en pression et la machine prête à démarrer ; en outre, cette injection d'eau empêche les tubes de prendre une température trop élevée dans ces moments et de se détériorer.

La bâche d'alimentation est en B (fig. 7) ; elle communique par le tuyau 1 avec la boîte A, où aspirent les pompes P et P'. Suivons le passage de l'eau par la tuyauterie de cette dernière.

L'aspiration se fait alternativement, dans une course aller et retour du piston, par le tuyau 3 correspondant à la boîte à clapet *b*, et par le tuyau 3' correspondant à la boîte à clapet *b'* ; le refoulement a lieu lui-même par le tuyau 5 qui aboutit au tube C du générateur, et par le tuyau 5' qui aboutit au tube C'.

L'eau arrivant au tube C circule dans toute la partie du générateur située à gauche de l'axe longitudinal (fig. 6) et celle arrivant au tube C' dans toute la partie située à droite. Cette eau s'échauffe dans les tubes cylindriques à mandrin, elle se vaporise dans les tubes en – suivants et se surchauffe dans les dernières rangées à une température plus ou moins élevée, suivant la chaleur du foyer et suivant la quantité d'eau injectée. Il est facile

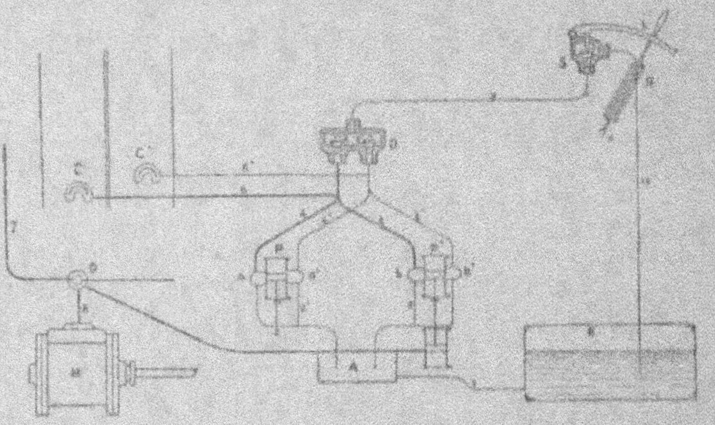

Fig. 7. — Schéma de l'alimentation.

de suivre sur la figure le chemin parcouru par l'eau et par la vapeur ; celle-ci se rend finalement dans les tubes cylindriques creux, où sa température s'élève encore, et de là aux boîtes à tiroirs en passant par l'obturateur *o*.

Dans le parcours des boîtes à clapet *k*, *k'*, à la chaudière, l'eau refoulée par le petit-cheval vient, par un branchement, agir sous deux clapets K, K', qu'elle soulève alternativement ; ces clapets ont pour but de diviser également l'eau injectée entre les deux batteries, en assurant leur alimentation indépendante.

Ces clapets ont une chambre supérieure commune, qui correspond par le tuyau 9 avec une soupape d'équilibre S, en communication elle-même, par le tuyau 10, avec la bache B.

Le clapet *s* de cette soupape est chargé à l'aide d'un levier circulaire L ; sur celui-ci glisse un curseur R, dont l'extrémité inférieure pivote autour du point fixe *o* ; la charge ci-dessus varie par conséquent suivant la position du curseur sur le levier, augmentant lorsqu'on éloigne le curseur du point *o*, et *vice versa*. Quand la pression exercée ainsi sur le clapet *s* est égale ou supérieure à celle qui existe dans la chaudière, ce clapet reste appuyé sur son siège et toute l'eau refoulée par le petit-cheval pénètre dans le générateur. Mais si la pression dans ce dernier devient un peu supérieure à celle qui charge le clapet, celui-ci se soulève et une partie de l'eau refoulée, ou même toute cette eau, revient à la bâche : la pression au générateur ne peut ainsi dépasser le chiffre fixé par le mécanicien au moyen de la position du curseur R sur le levier L. D'un autre côté, la longueur de ce levier et la tension du ressort sont réglés de façon que cette pression ne puisse dépasser le chiffre de 20 kilogrammes, pour lequel la résistance des pièces du mécanisme moteur a été calculée.

On pourrait très facilement marcher avec une pression constante au générateur, soit 15 kilogrammes, par exemple, en ne touchant plus au curseur R une fois cette pression atteinte; mais la facilité que l'on a de faire varier instantanément la pression permet de réduire au minimum la pression nécessaire dans les cylindres.

C'est ainsi qu'en palier si une pression de 5 kilogrammes suffit, avec l'admission de 25 0/0, pour obtenir la vitesse voulue, on limite la tension de la vapeur à ce chiffre ; on réduit de la sorte la fatigue de la chaudière ainsi que les fuites qui pourraient exister aux raccords des tubes ou de la tuyauterie d'alimentation.

La conduite du feu, dans ces automobiles, est la même que dans les locomotives ordinaires ; il suffit généralement, toutefois, de charger le foyer aux stations : l'intensité de la combustion se règle alors en cours de route par la manœuvre du cendrier et du registre et au besoin par celle du souffleur. Un seul agent suffit ainsi sur la machine. Un marchepied, qui règne sur toute la longueur du véhicule, permet d'ailleurs au conducteur d'avoir accès à la plate-forme du mécanicien.

Si l'on doit descendre une longue pente sans vapeur, il faut fermer le cendrier en même temps que le régulateur, à moins que les tubes n'aient été trop refroidis précédemment. Dans ce cas, on profite de ce parcours pour les réchauffer, comme pour faire monter la pression dans une chaudière ordinaire.

Toutes ces opérations sont facilitées par les indications d'un thermomètre spécial dont est muni le générateur, et qui tient pour ainsi dire lieu du tube à niveau d'eau habituel ; ici le calorique s'emmagasine en effet dans le métal des tubes, et le thermomètre donne des indications sur la quantité de chaleur emmagasinée, comme le tube à niveau d'eau et le manomètre permettent de se rendre compte de la hauteur de l'eau et de la pression de la vapeur dans la chaudière.

On doit conduire le feu de manière que la température de la vapeur ne tombe pas au-dessous de 180 à 200 degrés, lorsqu'on marche aux faibles pressions de 3 à 5 kilogrammes, et qu'elle ne s'élève pas au-dessus de 375 à 400 degrés pour les pressions de 15 à 18 kilogrammes. Une température de 300 à 350 degrés, avec des huiles de graissage ne distillant qu'au-dessus de 400 degrés, donne de bons résultats sous tous les rapports.

Les voitures automotrices des chemins de fer royaux du Wurtemberg font un service tout spécial dans la banlieue de Stuttgard, où il existe un très grand nombre de centres industriels distants de douze à quinze kilomètres les uns des autres. Les trains ordinaires desservent bien ces centres à certaines heures, mais ils ne se prêtent pas à l'élasticité que nécessite un service semblable. La Compagnie a alors intercalé entre ces trains normaux des wagons automoteurs qui peuvent conduire les habitants des villes dans les centres industriels ou les ramener chez eux, et qui sont susceptibles aussi d'être mis à la disposition de certaines usines sur une simple demande adressée à la Compagnie, pour transporter par exemple des visiteurs ou des fonctionnaires importants ; ces wagons servent enfin à des groupes scolaires pour des promenades scientifiques ou des excursions d'agrément.

Ils sont composés d'une plate-forme avant, portant la chaudière et les appareils de manœuvre, et sur laquelle se tient le mécanicien. Une plate-forme arrière, séparée de l'intérieur par une porte roulante, peut contenir douze voyageurs debout. Enfin, la caisse contient 32 places avec 16 banquettes en bois, de deux places chacune, transversales et séparées par un couloir central de 63 centimètres de large.

Les cylindres de la machine ont 210 mm. de diamètre et 300 mm. de course de pistons. Les bielles attaquent, par l'intermédiaire de manivelles, l'essieu avant, qui est seul moteur.

Les roues ont 1 mètre de diamètre et les essieux sont écartés de 4 mètres.

Les résultats d'expériences effectuées sur le réseau P.-L.-M. avec le premier de ces wagons automoteurs ont été les suivants.

Dans les premiers essais, faits en décembre 1896, ce wagon a pu, à la pression de marche de 8 kg., soutenir aisément une vitesse de régime de 50 km. à l'heure en palier. Il a gravi la rampe de Malesherbes, de 10 mm. d'inclinaison sur 5 km. de long, à une vitesse régulière de 36 à 38 km. à l'heure. Enfin, dans des essais de remorque à outrance faits en palier, le wagon a pu démarrer et traîner une série de wagons à marchandises représentant un poids total de 94 tonnes.

Dans une seconde série d'expériences, faites en janvier 1897 sur une ligne de 44 km. de longueur, la plupart du temps en rampe de 4 à 6 mm. et en rampe de 10 mm. sur 5 kilomètres, la dépense moyenne de combustible, pour le wagon automoteur seul, a été de 2 kg. 5 de briquettes, allumages compris.

La voiture fait actuellement un service continu de 6 à 10 jours sans interruption ; on la rentre au dépôt au bout de ce temps pour permettre de laver la chaudière et de réparer le mécanisme.

Pendant son service on fait, plusieurs fois par jour, la chaudière étant à une pression élevée et la voiture arrêtée, une extraction brusque par le robinet de vidange, ce qui a pour effet de chasser complètement les dépôts formés sur les tubes. La chaudière ne s'entartre pas du tout ainsi, même avec des eaux très calcaires.

Le prix de la voiture automobile Serpollet du chemin de fer du Wurtemberg est de 28,000 francs, rendue à Paris ; elle a été construite par la Société Decauville.

Cette Compagnie a fait aussi construire, pour le service de lignes d'embranchement, de petites locomotives à quatre roues couplées avec moteur Serpollet, très légères, et qui font un excellent service en remorquant deux ou trois voitures sur profil assez accidenté.

B. — En juin 1897, la Cie du chemin de fer du Nord a mis en service une voiture Serpollet, qu'elle dénommait « automobile postale » et qui assurait chaque nuit le transport des dépêches entre Creil et Beauvais. La voiture partait de Beauvais à 11 h. 30

du soir et arrivait à Creil à minuit 40, pour en repartir à 3 h. 40 et rentrer à Beauvais à 5 heures du matin, après avoir assuré le service postal des stations intermédiaires et effectué un parcours de 75 kilomètres, non compris les manœuvres aux points terminus.

Entre Beauvais et Creil, l'automobile remorquait deux fourgons de messageries, et le poids du train atteignait 34 tonnes ; au retour, le train comprenait en plus un wagon de marée, ce qui portait son poids à 42 tonnes environ.

Ce véhicule automoteur peut se diviser en trois parties (1) :

1° Le châssis, comprenant la machine ;

2° La plate-forme du mécanicien, sur laquelle se trouvent la chaudière et les appareils d'alimentation et de manœuvre ;

3° La caisse.

Le *châssis* porte, sur la partie avant, deux faux longerons sur lesquels sont fixés le mécanisme moteur et l'essieu d'avant, qui seul est moteur. Le mécanisme se compose de deux machines à distribution de Stephenson, qui attaquent directement les boutons de manivelle dont sont munies les roues motrices. Les cylindres ont été disposés entre les deux essieux, de façon à décharger l'essieu moteur.

Pour le même motif, le réservoir d'eau d'alimentation a été placé en arrière de l'essieu porteur, sous le châssis.

La *plate-forme* du mécanicien, sur l'avant de la voiture, a une largeur de 2 m. 400 et une longueur de 2 m. 777 ; elle est munie d'un garde-corps qui est relié à la toiture par un masque en tôle portant trois lunettes à pivot.

Sur cette plate-forme est installé un générateur à vaporisation instantanée, de 11 m² 32 de surface de chauffe et de 0 m² 46 de surface de grille, disposé verticalement dans l'axe du véhicule et séparé de la cloison de la caisse par un intervalle de 200 millimètres. L'encombrement, en plan, de cette chaudière, y compris sa double enveloppe, est de 1 m. 10 × 1 m. 10 ; elle pèse 2.850 kilogrammes.

Le mécanicien a en outre à sa portée les divers appareils d'alimentation et de manœuvre. Les espaces libres entre le générateur et le garde-corps sont réservés : celui de droite pour la libre

(1) D'après notre ouvrage : *Les Locomotives nouvelles.*

circulation entre la caisse et la plate-forme ; celui de gauche pour le combustible. Toutefois, on a fixé de ce même côté gauche, sur la tôle garde-corps, la pompe Westinghouse et l'entonnoir de remplissage du réservoir d'eau.

La *caisse* a une longueur de 3 m. 070 sur une largeur de 2 m. 500 ; elle comporte de nombreuses baies vitrées sur toutes ses faces, et elle est munie de deux marchepieds longitudinaux et de deux portes d'accès. Les banquettes, disposées comme dans les tramways, c'est-à-dire parallèlement à la voie, peuvent se rabattre en cas de nécessité.

Enfin, une porte vitrée permet de passer de la caisse sur la plate-forme du mécanicien, sans, par conséquent, avoir à descendre de la voiture.

Voici quelques données complémentaires sur cette automobile.

Longueur totale, sans tampons	5 m. 305
Largeur à la ceinture..................................	2 m. 500
Empattement des essieux..........................	2 m. 840
Capacité du réservoir à eau	650 l.
Poids en ordre de marche, avec 10 voyageurs...	18 t.
Charge sur l'essieu moteur, environ............	11 t.
Diamètre des cylindres..............................	180 mm.
Course des pistons.....................................	250 mm.
Diamètre des roues au contact..................	955 mm.
Pression maximum de la vapeur sur les pistons..	18 kg.
Coefficient d'utilisation admis....................	0,65
Effort de traction	990 kg.

L'allumage se fait comme dans les locomotives ; au bout de 45 minutes, pendant lesquelles il a été brûlé environ 40 kg. de combustible, la voiture est en état de prendre son service.

La consommation en service régulier, de Beauvais à Creil, est de :

Allumage au dépôt de Beauvais................	3 briq.	1/2	de 10 kg.	:	35 kg.
Rechargement en gare de Beauvais, avant le départ..............................	1	»	1/2	—	15 kg.
Rechargement en cours de route ou aux stations ; 3 rechargements de une briquette et demie chacun..	4	»	1/2	—	45 kg.
A Creil, pendant le battement de 3 heures......	2	»		—	20 kg.
A Creil, avant le départ............................	1	»	1/2	—	15 kg.
Entre Creil et Beauvais, 4 rechargements de une briquette et demie..............................	6	»		—	60 kg.
Dépense totale......	19	»		—	190 kg.

Certains mécaniciens sont même arrivés à ne consommer que 170 kg. de combustible sur ce parcours. Quant à la dépense d'eau, elle varie entre 9 et 10 litres par kilomètre.

Cette automobile a été soumise à de nombreux essais entre Paris, Creil et Beauvais, et entre Beauvais et Paris. Les trains, composés de l'automotrice et de deux et même trois voitures à voyageurs, n'ont jamais accusé de consommations moyennes supérieures à 2 kg. 5 de combustible et 10 litres d'eau par kilomètre. La vitesse réalisée s'est élevée jusqu'à 68 kilomètres en pente et à 45 kilomètres sur rampes de 11 millimètres d'inclinaison et de 6 kilomètres de longueur.

Ces véhicules automoteurs ont donc une grande souplesse ; bien conduits, ils ne demandent que peu d'entretien, et ils conviennent particulièrement pour le service de la plupart des chemins de fer d'intérêt local, dans les conditions indiquées par M. Lesourd.

38. Voitures à vapeur aux États-Unis. — Nous allons enfin décrire sommairement, d'après la *Revue générale des chemins de fer* (N° de juillet 1898), deux voitures automobiles construites récemment par les établissements Baldwin, à Philadelphie, pour des lignes de chemins de fer.

Chacune de ces voitures ne devant être montée que par deux agents : un mécanicien et un conducteur, la chaudière est disposée de telle sorte que le combustible alimente automatiquement la grille. Le moteur peut lui-même être conduit facilement par un seul homme, et les leviers et les appareils divers sont montés de façon à permettre au mécanicien de se tenir assis, faisant face à la voie à parcourir.

La chaudière de la plus petite des voitures (fig. 4) repose sur le plancher de la caisse et est reliée aux cylindres par des raccords métalliques flexibles ; le mécanisme de distribution est fixé intérieurement au châssis du bogie, qui supporte l'avant de la voiture. Un condenseur est placé sur la toiture et il a la surface de refroidissement nécessaire pour condenser entièrement la vapeur d'échappement sur un parcours de quelques kilomètres, lorsque la voiture traverse des villes ou des centres à population dense ; l'eau condensée, ainsi, retourne dans la bâche d'alimentation placée sous la caisse.

Le reste du parcours, on fait fonctionner le moteur à échappement libre.

Voiture automobile du Cincinnati, Hamilton and Dayton R.R
Fig. 1.

La chaudière (fig. 2) est verticale, avec trémie centrale de 250 millimètres de diamètre, pour l'alimentation automatique du

Fig 2. Chaudière de la voiture automobile construite par les établissem^ts Baldwin

foyer. La grille est circulaire ; un levier placé dans la cabine du mécanicien permet de la faire pivoter pour laisser tomber les cendres, briser le mâchefer, et faire descendre le combustible ou le répartir uniformément sur la grille.

Douze tubes à eau de faible longueur prennent sur le collecteur inférieur de la chaudière et descendent plus avant dans le foyer, en formant une sorte de cage qui modère l'écoulement du charbon et l'empêche de former une couche trop épaisse sur la grille. Ces tubes ont un diamètre de 51 millimètres, et ils renferment chacun un tube intérieur de circulation en fer (tube Field).

Le combustible employé peut être de l'anthracite ou du coke, produisant peu de fumée.

Les principales conditions d'établissement de cette voiture sont les suivantes :

Poids en ordre de marche, non compris les voyageurs : environ 21,800 kilogrammes, dont 14,500 kilogrammes sur le bogie moteur ;

Cylindres du type *Compound Vauclain* : diamètre, H. P. 140 mm., B. P. 220 mm. ; course des pistons, 305 mm. ;

Roues motrices, diamètre au contact : **762** mm. ;

Empattement total : 5 m. **080** ;

Empattement des roues du bogie : **1** m. **524** ;

Dimensions des fusées des essieux moteurs : **127** × **152** mm. ;

Diamètre de la chaudière : **1** m. **219** ;

Epaisseur des tôles de l'enveloppe : **12** mm. **7** ;

Timbre : **12** kg. **7** ;

Nombre de tubes (fer) **304** ; diamètre : **32** mm. ; longueur entre plaques : **1** m. **524** ;

Diamètre du foyer : **1** m. **083** ; profondeur : **0** m. 559.

Le châssis portant les cylindres et le mécanisme constitue un bogie pivotant qui sert de support à l'avant de la voiture. Un second bogie, à 4 roues également, porte l'arrière ; ses roues ont un diamètre de **0** m. 762.

La caisse de la voiture a **9** m. **982** de longueur totale ; elle est divisée en trois compartiments affectés aux voyageurs, aux bagages et au mécanicien. Le compartiment des voyageurs est muni de banquettes transversales, avec couloir longitudinal au milieu ; il contient **24** places. Un cabinet de toilette et un water-closet se trouvent à une extrémité de ce compartiment.

Le compartiment à bagages a **1** m. **80** de longueur ; il est compris entre le compartiment du mécanicien et celui des voyageurs et peut communiquer avec chacun d'eux.

Deux réservoirs de **570** litres chacun sont placés sous la caisse de la voiture ; l'un contient l'eau d'alimentation, l'autre est relié au condenseur et reçoit ainsi l'eau provenant de la condensation de la vapeur d'échappement ; ces deux réservoirs peuvent communiquer entre eux.

Dans la seconde voiture (fig. **3**), la chaudière repose sur le bogie par l'intermédiaire d'une forte pièce de fonte, qui sert de pivot ; cette disposition ne nécessite pas de raccords de vapeur flexibles.

La chaudière a **1,524** m. de diamètre et **58,50** m² de surface de chauffe ; le chargement de la trémie et du foyer permet, sans qu'on ait à toucher au feu, d'effectuer un parcours de plus de **60** kilomètres à une vitesse élevée, avec une remorque de deux ou trois voitures. Les cylindres sont disposés également suivant le système compound Vauclain ; ils ont **241** mm. et **406** mm. de diamètre et **457** mm. de course de pistons.

Voiture automobile du Detroit and Lima Northern

Fig 3.

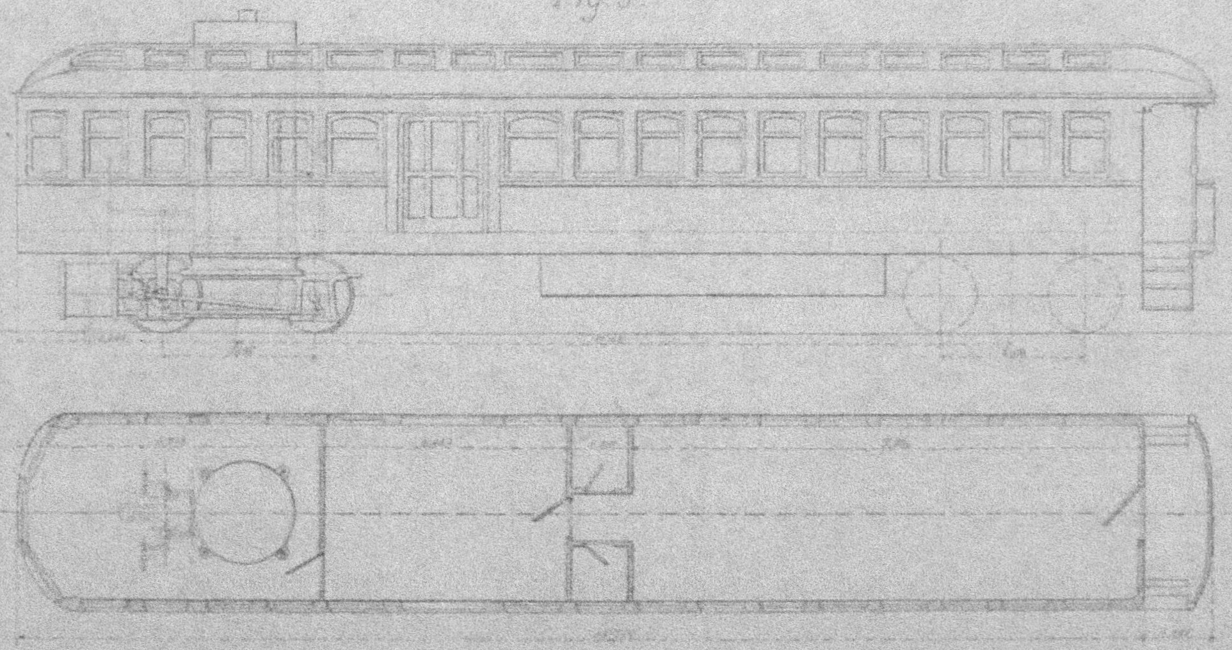

Ce moteur est donc très puissant ; c'est en quelque sorte une locomotive légère de banlieue combinée avec une voiture.

La distribution se trouve à l'intérieur de la voiture ; les barres d'excentrique sont verticales et les coulisses horizontales, par conséquent. Les tiroirs sont commandés par un mouvement à leviers coudés.

La voiture n'est pas munie de condenseur.

En décrivant ces voitures, les journaux américains émettent l'avis que l'emploi d'automotrices légères, desservies par deux agents seulement, se généralisera rapidement sur les lignes suburbaines et sur les embranchements, pour établir des relations fréquentes et assez rapides entre des localités ne donnant qu'un trafic médiocre.

CHAPITRE III

VOITURES A VAPEUR POUR TRAMWAYS

39. Considérations générales. — Pour la plupart des lignes de tramways vicinaux ayant un trafic peu élevé, le système de voitures automotrices, isolées ou remorquant une voiture légère, et circulant à des intervalles assez rapprochés, est préférable à celui de trains formés d'un nombre relativement grand de véhicules, mis en marche deux ou trois fois par jour seulement.

C'est ce que les intéressés ont bien compris, car depuis plusieurs années on est à la recherche d'un système de voiture automotrice à vapeur, légère, ayant une puissance suffisante, d'une conduite facile et d'un entretien économique.

En raison du peu d'espace que le moteur doit occuper sur ces voitures, ce problème est très difficile à résoudre ; cependant, quelques inventeurs ont réussi à créer des types absolument remarquables sous ces divers rapports, et nous allons décrire plusieurs voitures qui peuvent, bien construites et confiées à des agents suffisamment adroits et exercés, fournir un service tout à fait satisfaisant sur des lignes de tramways de villes et de banlieues.

Les voitures à vapeur présentent un grand avantage dans les exploitations de tramways : c'est leur indépendance complète de toute usine, canalisation, etc.

Si les chaudières sont bien surveillées, il ne peut s'y produire d'avarie importante, et, du côté du mécanisme, il est également facile d'éviter les décalages ou ruptures d'essieux pouvant donner lieu à une interruption de service de quelque durée.

Les voitures à vapeur peuvent encore être retirées du service d'une ligne où l'on veut appliquer un mode de traction différent, et être affectées avec la plus grande facilité au service de toute autre ligne.

40. Historique. — La première application de voitures automotrices à un service de tramways a été réalisée en 1859 aux États-Unis. En 1868, l'ingénieur anglais Grantham eut aussi l'idée d'employer pour un service semblable des voitures à vapeur dans le but de profiter pour l'adhérence d'une grande partie du poids des voyageurs et de la caisse. Par l'augmentation d'adhérence obtenue ainsi, parallèlement avec la diminution du poids mort à transporter, il pensait pouvoir aborder les plus fortes rampes à prévoir dans l'exploitation des lignes de tramways dans les villes et les banlieues.

M. Rowan a repris cette idée vers 1875, et en 1880 il a mis en service sur une ligne de Copenhague une voiture automotrice caractérisée par les dispositions suivantes (1) :

1° Moteur porté par un truck spécial disposé à l'avant de la voiture et supportant l'avant de la caisse, l'arrière reposant sur un essieu radial commandé par le truck ;

2° Emploi d'une chaudière verticale à tubes d'eau, d'une conduite et d'un entretien facile, et présentant une grande puissance sous un faible encombrement ;

3° Condenseur disposé sur la toiture de la caisse et recevant la vapeur du moteur, aucune partie ne s'échappant dans l'atmosphère et ne pouvant ainsi former panache.

En France, la première application du système Rowan a été faite en 1888 sur la ligne de tramway vicinal de Tours à Vouvray ; la Compagnie générale des Omnibus de Paris l'a ensuite employé sur sa ligne « Gare du Trocadéro — Exposition » (en 1889).

41. Avantages des voitures automotrices pour les tramways. — Les avantages que présentent les dispositions d'ensemble de la voiture automotrice système Rowan, comparativement à une voiture du même nombre de places remorquée par un moteur indépendant, sont très appréciables.

Le poids mort est d'abord considérablement réduit. En effet, dit M. Rowan (2), si l'on admet comme coefficient d'adhérence

(1) D'après la *Revue générale des chemins de fer*, les voitures Rowan rééditent, avec quelques perfectionnements dans les détails, les voitures à vapeur des systèmes Fairlie et Adams, dans lesquelles le mécanisme et la chaudière pouvaient facilement se séparer du reste du véhicule.

(2) *De la traction économique pour tramways* (déjà cité).

$\frac{1}{10}$, une voiture chargée de 55 voyageurs et du poids total de 6 tonnes exige, pour être remorquée sur une rampe de 6 0/0, une locomotive dont les roues motrices doivent exercer sur les rails une pression de 13 tonnes ; tel doit donc être le poids minimum de cette locomotive. Dans ces conditions, l'effort de traction sera un peu supérieur à 1.300 kilogrammes.

Au contraire, avec une voiture automotrice système Rowan, un moteur de 5 tonnes au maximum suffit pour gravir avec la même charge utile la rampe de 6 0/0 ci-dessus. Le poids des voyageurs et celui de la caisse se trouvant en partie reportés sur le bogie moteur, l'adhérence de ce dernier correspond à un poids d'environ 8,5 tonnes. L'effort de traction du moteur ne doit plus alors être compté qu'à un peu plus de 850 kilogrammes, mais il suffira largement pour la voiture, qui ne pèsera que 11 tonnes en charge. Le poids du train, dans le cas de traction par locomotive, serait de 19 tonnes. Comme conclusion, si la machine est placée dans la voiture elle pourra être jusqu'à 2 fois 1/2 (cas ci-dessus) plus légère que si elle est indépendante.

Une pareille voiture, contenant en outre un compartiment pour les messageries, sera très longue, et on pourra facilement disposer au-dessus de la caisse un condenseur d'une grande surface pour condenser totalement la vapeur d'échappement du moteur — ce qui peut être exigé dans la traversée des villes. Il sera aussi possible de dissimuler complètement ce condenseur, pour ne pas nuire à l'aspect de la voiture.

Il est évident qu'il serait impossible d'employer une pareille disposition sur une petite locomotive de 13 tonnes affectée au même service.

La vapeur condensée pourra être recueillie, puis, après dégraissage, resservir à l'alimentation du générateur, lequel, ne recevant que de l'eau épurée, ne s'entartrera pas. Or, comme nous l'avons déjà vu, ce point est des plus importants dans les locomotives de tramways.

De plus, cette eau étant à une température élevée, elle donnera lieu à une économie importante (jusqu'à 15 0/0 et plus) dans la dépense de combustible et elle augmentera d'autant la puissance du générateur. Enfin, l'alimentation à l'eau chaude évitera les contractions produites par l'introduction d'eau froide dans les chaudières et elle assurera la conservation du foyer et des tubes. — Comme appareils d'alimentation, il suffira d'avoir une pompe pour l'eau chaude et un injecteur qui puisera dans un réservoir spécial, maintenu constamment plein d'eau froide.

Trois systèmes de voitures à vapeur sont employés actuellement dans l'exploitation des tramways, en France :

La voiture Rowan ;

La voiture Serpollet ;

La voiture Purrey.

§ 1. — VOITURES SYSTÈME ROWAN

42. Description de la ligne de Tours à Vouvray. — Comme application des voitures automotrices Rowan, nous décrirons l'installation de la ligne de Tours à Vouvray, qui est, comme nous l'avons dit, la plus ancienne établie suivant ce système en France, en nous reportant à un travail que nous avons fait paraître sur ce tramway dans la *Revue technique* du 25 septembre 1894 et que nous compléterons ici.

Les communes encore dépourvues de chemins de fer et qui veulent se relier aux villes voisines doivent parfois, disions-nous, établir les lignes nécessaires sans le secours de l'État ni même du département, et elles sont obligées ainsi à beaucoup d'économie.

A plus forte raison en est-il de même des particuliers ou des sociétés qui entreprennent l'exploitation de ces sortes de lignes, car ils ont plus besoin encore de retirer de leurs capitaux un rendement suffisamment rémunérateur.

Au lieu de chemins de fer ordinaires à voie normale nécessitant des frais d'établissement et d'exploitation élevés, sociétés et communes doivent se contenter alors d'une simple ligne de tramway, qui peut d'ailleurs rendre les mêmes services tout en exigeant un capital bien moins considérable.

En outre, il est de toute évidence que, pour établir une ligne de ce genre, il ne faut encore recourir ni à la traction électrique ni à la traction à air comprimé, qui nécessitent des usines compliquées fort coûteuses et un personnel exercé. Un moteur à foyer, produisant lui-même la vapeur nécessaire à son fonctionnement, sera généralement le système qui aura le meilleur rendement, tout en nécessitant le minimum de dépenses d'installation.

D'un autre côté, cependant, on exige souvent que ces voitures, qui doivent traverser de gros villages et même pénétrer dans les villes, n'émettent ni vapeur ni fumée, et que leur forme se rapproche autant que possible de celle des voitures de tramways ordinaires, afin de ne pas effrayer les chevaux. A plus forte raison doit-il en être de même pour les véhicules appelés à desservir les villes mêmes ou leur banlieue.

La ligne de Tours à Vouvray, qui est entrée dans sa deuxième année d'exploitation, donne des résultats remarquables aux divers points de vue de la régularité du service et des résultats d'exploitation.

Vouvray est une station de la ligne du chemin de fer de Tours à Paris, par Orléans ; mais la gare est située à 4 kilomètres de la ville, et les habitants de cette localité et des environs qui, avant l'établissement du tramway, avaient à se rendre à Tours y venaient par des voitures publiques, faisant un service quotidien avec cette dernière ville, plutôt que de prendre le chemin de fer.

Ces voitures traversaient, en outre, d'autres communes populeuses, qui leur assuraient un trafic régulier et rémunérateur. La plupart du temps même, et notamment les dimanches et les jours de marchés ou de fêtes à Tours, elles devenaient tout à fait insuffisantes, et la plus grande partie des habitants de ces communes devaient faire le trajet à pied.

D'un autre côté, Sainte-Radegonde, Rochecorbon, etc. sont des villages très pittoresques, bâtis sur des coteaux longeant la Loire, et ils sont le dimanche les lieux de promenade favoris des habitants de Tours.

Une ligne de tramway de Tours à Vouvray, à service suffisamment accéléré et pouvant offrir à certaines heures des dimanches et jours de fête un dégagement rapide des voyageurs, devait donc être assurée d'un trafic important.

Ces prévisions se sont bien réalisées en effet, et les dépenses d'exploitation étant d'un autre côté très réduites, ce tramway constitue un très bon placement. (Dernièrement il a été rétrocédé par M. Warin, le concessionnaire, à la société des tramways de Tours.)

Tracé et voie. — La ligne a une longueur totale de 10 kilomètres. Son point de départ est situé sur la place du Musée à Tours, puis elle traverse aussitôt le grand pont de pierre jeté sur la Loire, suit en la remontant la rive droite de ce fleuve, dessert Sainte-Radegonde, Marmoutiers, Saint-Georges, Rochecorbon, Les Patys, et se termine à Vouvray.

La ligne est établie à voie unique et à la largeur normale de 1, m. 44 ; elle est presque partout en palier, les seules rampes appréciables ayant 12, 13 et 18 millièmes d'inclinaison sur des longueurs respectives de 125, 92 et 58 mètres seulement. La différence d'altitude des points extrêmes n'est que de 4 mètres.

Le grand empattement des voitures ne permet pas de les tourner sur des plaques ; leur retournement se fait, au terminus de Tours, au moyen d'un triangle américain, et, au terminus de Vouvray, au moyen d'une boucle ; d'une façon générale, les triangles et boucles doivent être employés de préférence aux plaques chaque fois que la disposition des lieux le permet, principalement lorsque les automotrices remorquent une ou plusieurs voitures d'attelage.

Un triangle est également installé à l'entrée du dépôt de Vouvray pour permettre aux voitures de sortir machine en avant ; pour le classement dans la remise, il n'est pas possible avec ces voitures de faire usage d'un transbordeur ; les voies sont raccordées entre elles d'une façon judicieuse au moyen d'aiguilles et de diagonales.

Les rayons minima des courbes descendent à 40 mètres en pleine voie et jusqu'à 25 mètres sur les voies de service et dans les croisements. Quelques voies d'évitement sont établies dans le parcours ; on les a placées de préférence dans les localités desservies.

La voie est posée sur la chaussée ; elle est formée de rails Vignole de 20 kg au mètre courant fixés par des tirefonds sur des traverses en chêne, lesquelles sont espacées de 80 centimètres en moyenne. Dans la traversée de la ville de Tours, un contre-rail identique au rail de roulement est accolé à ce dernier.

Exploitation. — Le service comprend le transport des voyageurs et des messageries, mais non celui des marchandises.

Les départs ont lieu, en semaine, toutes les heures dans chaque sens, de 6 heures du matin à 7 heures du soir ; le dimanche, le service se continue jusqu'à 10 heures du soir, et les jours de fête des trains supplémentaires peuvent être mis en marche jusqu'à minuit.

Les arrêts ont lieu à la demande des voyageurs. Le trajet s'effectue en 45 minutes, ce qui, en déduisant les stationnements, donne une vitesse moyenne de marche de 15 kilomètres à l'heure.

Chaque automobile peut contenir 50 voyageurs ; elle remorque à presque tous les trains une voiture à impériale de 70 places et quelque fois deux. Il y a deux classes de voyageurs : ceux de l'intérieur, et ceux des plates-formes et de l'impériale (pour la voiture remorquée).

Les recettes de l'année 1893 se sont élevées à près de 100.000 francs, représentant une moyenne de 1,238 fr. par train-kilomètre, pour un nombre de places occupées de 28 par train et un prix moyen de 0 fr. 044 par place.

Voitures automotrices. — Les automotrices (fig. 1 et 2) n'ont pas d'impériale, le dessus se trouvant entièrement occupé par un condenseur à surface. La caisse est divisée en trois compartiments ; celui d'avant, qui se trouve immédiatement après le moteur dont il est séparé par une cloison en sapin garnie d'amiante, est affecté aux messageries ; la cloison comporte deux glaces, qui permettent au conducteur d'apercevoir le mécanicien.

Vient ensuite la partie fermée de la caisse ; elle est large et spacieuse, et se trouve éclairée par des glaces de grande hauteur, mobiles de deux en deux. Elle peut contenir 35 personnes tant assises que debout.

L'arrière de la voiture est disposé en plate-forme ouverte et peut contenir quinze places, dont huit debout et sept assises.

La suspension de la caisse est réalisée de la façon suivante :

Tout à fait à l'avant, elle s'appuie, par l'intermédiaire de ressorts à lames renversés et de patins parfaitement dressés, sur deux glissières circulaires à rebords, fixées au bâti du moteur. A l'arrière, la caisse repose sur un bissel à un seul essieu, qui

Fig 1. Elevation
AUTOMOBILE SYSTÈME ROWAN
Fig 2. Plan

supporte un cadre de la largeur de la voiture, renforcé par une croix de Saint-André ; au centre de ce cadre, passe une forte cheville qui traverse également le plancher de la caisse, lequel est armé à cet endroit d'une tôle boulonnée. D'un autre côté, les deux angles d'avant du cadre sont reliés par des tringles articulées aux angles d'arrière et de côté opposé du châssis du moteur ; par ce dispositif, lorsque ce dernier entre en courbe, il dispose l'essieu d'arrière à peu près normalement à cette courbe, de sorte que l'inscription entière de la voiture se fait avec facilité dans des courbes de 25 mètres de rayon.

Il faut, toutefois, pour qu'il en soit ainsi, que deux courbes de sens contraire ne se succèdent pas immédiatement, mais qu'elles soient réunies par une partie en alignement droit ayant une longueur au moins égale à l'écartement des essieux extrêmes. Il est nécessaire encore pour que cette inscription se fasse avec douceur, que la vitesse de l'automotrice ne dépasse pas à ce moment 6 kilomètres à l'heure, les voies de tramways n'ayant généralement pas de devers dans les courbes, et offrant même parfois des devers de sens inverse.

L'empattement des essieux est très grand ; il n'y a ainsi que fort peu de porte-à-faux, et la caisse se trouve parfaitement assise. Comme elle est soustraite, d'autre part, aux mouvements de lacet du moteur, il se trouve que, sur une voie propre et bien entretenue, le roulement de cette voiture est aussi doux que celui des meilleures voitures de chemins de fer.

Fig 3

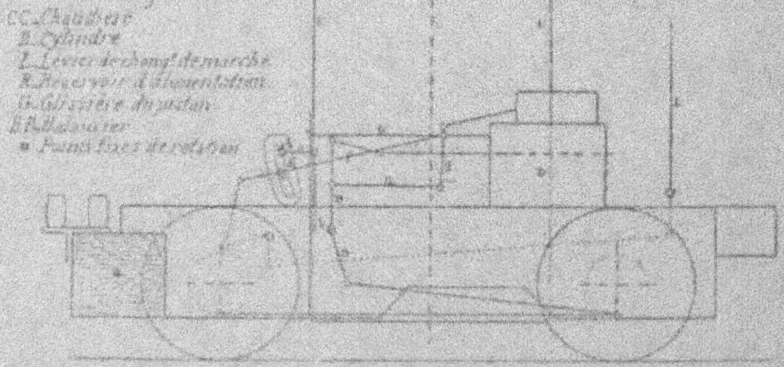

Le *moteur* est porté par un châssis spécial placé à l'avant de la voiture ; les longerons de cette dernière s'appuient sur ce châssis, de sorte qu'une partie du poids de la caisse et des voyageurs s'ajoute à celui de la machine pour produire l'adhérence. Celle-ci devient alors assez élevée pour permettre à l'automobile de gravir des rampes de 7 0/0 lorsqu'elle circule seule, ou de 5 0/0 si on lui attelle une autre voiture de 50 places.

Le moteur est en grande partie dissimulé derrière le châssis et le tablier d'avant. Il est relié à la caisse au moyen de deux galets verticaux (fig. 3) entre lesquels vient s'engager une traverse circulaire fixée aux longerons de la voiture. Pour le découpler d'avec cette dernière, lorsqu'on a besoin de le réparer ou de le remplacer, il suffit de lever l'avant de la caisse jusqu'à ce que la traverse se dégage du galet d'arrière. On le remplace avec la même facilité par un moteur de rechange, et la voiture se trouve aussitôt prête à reprendre son service.

La *chaudière* (fig. 4) est verticale et à un seul corps de foyer ; elle occupe le centre du châssis, auquel elle est reliée par une collerette boulonnée d'un autre côté au tablier de la machine, et par une couronne placée à la partie inférieure et reliée solidement aux longerons.

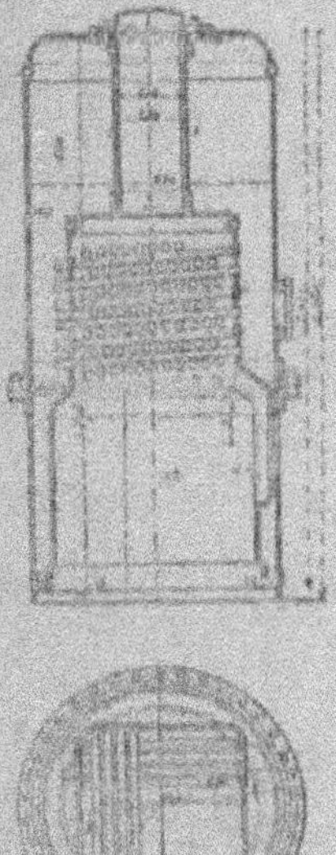

Fig. 4
Chaudière Rowan

L'enveloppe extérieure est cylindrique et formée de deux parties boulonnées entre elles, ce qui permet d'enlever celle du dessus et de mettre ainsi à nu la tôle intérieure.

Cette dernière est également cylindrique dans la partie qui constitue le foyer ; mais, plus haut, elle est constituée par quatre faces planes, parallèles deux à deux, qui forment plaques de tête et sont reliées entre elles par des tubes inclinés.

Ces tubes, en acier et au nombre de 131, ont une longueur de 580 millimètres entre plaques ; leur diamètre extérieur est de 38 millimètres et leur épaisseur de 3 millimètres. Ils sont taraudés à leurs extrémités, lesquelles ont un diamètre un peu plus fort que le corps, et vissés dans les plaques auxquelles ils donnent ainsi une grande rigidité.

La circulation de l'eau se fait à l'intérieur des tubes et celle des gaz à l'extérieur ; le dégagement des bulles de vapeur est facilité par l'inclinaison des tubes. Ceux-ci peuvent être disposés en quinconce ou par rangées verticales ; dans le premier cas, les gaz sont mieux brassés, mais la seconde disposition augmente le tirage et facilite le nettoyage extérieur des tubes, et il est préférable à notre avis.

La surface de chauffe des tubes est de 8,83 m² et celle du foyer de 1,62 m² ; les parois de ce dernier ont une épaisseur de 13 millimètres 1/2 et celles de l'enveloppe, de 12 millimètres 1/2. La chaudière est timbrée à 14 kilogrammes.

Le volume de l'eau, le niveau étant à 10 centimètres au-dessus de la dernière rangée de tubes, est de 400 litres, et le volume de vapeur de 270 litres. Cette vapeur est séchée par les gaz de la combustion qui, en s'échappant, lèchent les tôles supérieures.

La chaudière est munie de deux regards de 140 millimètres de diamètre, destinés au lavage, et d'un robinet de vidange.

La vaporisation peut atteindre 900 litres à l'heure en employant le souffleur, dans une chaudière de 45 décimètres carrés de surface de grille. Ce souffleur est constitué par une couronne percée de trous et disposée à la base de la cheminée ; son action est très efficace et il ne produit pas de bruit. Il doit être nettoyé à chaque lavage, les trous se bouchant très rapidement.

Le combustible employé doit être de préférence du coke de four, ayant un bon rendement calorifique et ne produisant que peu de cendres. Cependant on peut aussi faire usage de coke de gaz, principalement sur les lignes à profil facile ou à faible trafic. Comme ce combustible se laisse facilement traverser par l'air, on a la faculté de le charger avant le départ en couche épaisse, et il n'est pas alors nécessaire de s'occuper de cette opération en cours de route, du moins lorsque le parcours n'excède pas 5 à 6 kilomètres. Cependant, pour avoir un feu toujours à peu près égal, il est préférable de charger le foyer par petites quantités et tous les 3 ou 4 kilomètres environ.

Sur la ligne de Vouvray, on charge généralement le feu, à chaque départ de cette station, de 16 godets (seaux allongés et étroits, de section elliptique) contenant chacun 2,400 kilogrammes de coke. Le mécanicien a en réserve, derrière le garde-corps de sa machine, 11 godets semblables et sur la toiture, devant le condenseur, 10 autres godets pour parer aux éventualités qui peuvent se produire en cours de route.

Le trajet d'aller s'effectue sans que le mécanicien ait besoin de recharger le foyer. A Tours, il le garnit à nouveau de 8 godets de coke, puis de 2 derniers godets à Rochecorbon, village situé à 7 kilomètres de Tours, et où il y a deux minutes de stationnement.

Le décrassage du feu se fait à chaque retour à Vouvray, c'est-à-dire après un parcours de 20 kilomètres ; si l'on employait du coke de gaz au lieu de coke de four, il faudrait faire ce décrassage à chaque terminus. Un stationnement de 15 minutes serait alors nécessaire à chaque extrémité de ligne pour cette opération ; actuellement 20 minutes suffisent à Vouvray pour les manœuvres, le décrassage et les prises d'eau, et 10 minutes à Tours, pour les manœuvres et le stationnement avant le départ.

L'alimentation en eau de la chaudière s'effectue, en route, à l'aide d'une pompe qui puise dans un réservoir placé à l'arrière du moteur et qui est relié lui-même à des bâches fixées sous la voiture et recevant l'eau provenant de la condensation de la vapeur d'échappement. La température de cette eau étant très élevée (jusqu'à 98 degrés), il est nécessaire de placer la pompe en charge, pour éviter qu'elle se désamorce.

Pour l'alimentation dans les stationnements, la machine possède un injecteur Kœrting, qui fonctionne avec de l'eau à 50 ou 55 degrés. Pour plus de sûreté, on réserve pour cette alimentation un petit réservoir qu'on ne met pas en communication avec le condenseur, et dont l'eau reste ainsi toujours froide. On renouvelle cette eau lorsque cela est nécessaire.

Il y a deux soupapes de sûreté, l'une à charge directe et l'autre à balance ; leur diamètre commun est de 46 millimètres. Avec de l'eau calcaire, ces soupapes s'embouent rapidement ; il est alors bon de les nettoyer fréquemment pour assurer leur fonctionnement.

Le régulateur de prise de vapeur est vertical et situé dans une boite fixée à la partie supérieure de la chaudière ; sa surface de portée n'est pas très grande, aussi sa manœuvre est-elle très douce. Mais il importe qu'il soit toujours parfaitement dressé pour éviter les fuites de vapeur qui ne manqueraient pas de se produire sans cela, fuites qui augmenteraient beaucoup la consommation de la machine.

Générateur à deux corps. — Ce type de générateur est très puissant ; il se compose de deux corps verticaux possédant chacun leur foyer et leur faisceau tubulaire et réunis entre eux à leur partie supérieure par une partie horizontale de même diamètre. Ce modèle à double chaudière a été construit suivant deux types, l'un pour une vaporisation de 500 litres et l'autre pour une vaporisation de 1 000 litres par heure. Le moteur est alors disposé intérieurement aux longerons et muni d'une distribution de Stephenson ; il est ainsi bien à l'abri de la poussière et de la boue, mais il est difficilement accessible pour le graissage et l'entretien, et on lui préfère généralement le moteur à un seul corps de chaudière décrit plus haut.

Mécanisme. — Les cylindres sont extérieurs aux longerons et placés horizontalement sur la plate-forme même du moteur ; leur diamètre est de 166 millimètres et la course des pistons de 340 millimètres. Le diamètre des roues étant de 620 millimètres, l'effort de traction atteint ainsi 2.115 kilogrammes.

Les pistons sont du système dit *suédois*, et à une seule gorge ; ils comportent deux segments en fonte de 10 millimètres d'épaisseur, dont la durée est de un an en moyenne.

La transmission du mouvement du piston aux roues motrices a lieu par l'intermédiaire d'un balancier ; c'est la commande dite *de Winterthur*.

Le changement de marche est à levier, se fixant sur un secteur denté ; il actionne l'arbre de relevage de la façon ordinaire, c'est-à-dire à l'aide d'une barre et d'un levier ; un autre levier pris sur cet arbre et une bielle de relevage (fig. 3) reportent ce mouvement sur le galet de secteur pour produire le changement de marche et la variation du degré de détente.

Chaque coulisse porte une flasque qui lui est reliée par deux boulons, et cette flasque est soudée elle-même par son milieu à un arbre qui donne ainsi à la coulisse correspondante son mouvement d'oscillation. Cet arbre est actionné à son tour au moyen de deux leviers et d'une bielle, par le bras du balancier et de telle sorte que le balancier côté droit actionne la coulisse côté gauche et *vice versa*. Ce dispositif présente un inconvénient, car une avarie à une pièce du mécanisme moteur paralyse les deux côtés de la machine.

Quant au galet de secteur, il agit par l'intermédiaire d'une bielle sur un petit balancier dont la partie supérieure donne le mouvement à la tige de tiroir, la partie inférieure étant reliée par une autre bielle au grand bras du balancier moteur.

Les glissières sont simples, les patins sont garnis de semelles en bronze. Tous les coussinets des bielles sont antifrictionnés ; ils embrassent complètement le tourillon à l'extérieur pour empêcher l'infiltration de la boue ou de la poussière entre les parties flottantes. Les articulations des balanciers avec les bielles motrices et les tiges des pistons sont à axe avec bague ouverte ; le rattrapage du jeu se fait ainsi très-rapidement.

Le levier du changement de marche est situé à droite du mécanicien, tout à fait à sa main ; le régulateur est au contraire situé à sa gauche : la manœuvre de ces appareils est facilitée par cette disposition.

Conduite. — Le démarrage étant effectué, le mécanicien ramène dès le premier tour de roues le levier de changement de marche au troisième cran du secteur, correspondant à une admission de 30 0/0 environ ; et quelle que soit la vitesse à obtenir, il le laisse à ce point ; l'effort à produire se règle alors par le degré d'ouverture du régulateur.

Cette marche à 30 0/0 d'admission est la plus économique ; elle supprime le laminage à l'introduction et ne comporte ni un trop grand échappement anticipé, ni une trop grande compression. D'autre part, l'ouverture généralement incomplète du régulateur abaisse la pression de la vapeur à la sortie de la chaudière, et cette détente sans production de travail a pour effet de revaporiser l'eau entraînée par la vapeur ou même de surchauffer un peu cette dernière.

Le combustible étant de son côté bien utilisé, on a ainsi un moteur très économique. Enfin la chaudière, toujours alimentée avec de l'eau pure, se conserve longtemps en bon état : c'est ainsi qu'on n'a pas encore constaté de fuites au foyer ni aux tubes des quatre machines en service sur la ligne de Tours à Vouvray.

Il est inutile aussi de laver la chaudière, ce qui économise beaucoup de temps et de main-d'œuvre ; il suffit de la vider tous les dix ou douze jours avec un peu de pression, et, une fois par an, de démonter la partie supérieure de l'enveloppe. On met ainsi l'intérieur à nu, et on le nettoie alors avec la plus grande facilité. Les dépôts sont d'ailleurs pulvérulents, et ils s'enlèvent avec beaucoup de facilité lorsqu'on a pris la précaution — le nettoyage terminé — de badigeonner les tôles et l'intérieur des tubes avec du goudron bien liquide, ce qui empêche le tartre d'adhérer trop fortement aux parois.

Condenseur. — A sa sortie des cylindres, la vapeur peut être dirigée par le robinet double F (fig. 1 et 2), manœuvré par le levier *l*, soit à l'air libre par un échappement en couronne placé à la base de la cheminée, soit dans un condenseur à air situé sur la voiture. C'est cette dernière marche qui est la plus rationnelle et qu'on doit employer d'une façon normale.

Le tuyau d'échappement *t* s'élève au-dessus de l'abri du moteur et vient se raccorder à un collecteur en fonte *b* (fig. 1), relié lui-même par le tuyau *c* à une tubulure en bronze *a*, où aboutissent 24 éléments composés chacun de 9 tubes de 20 millimètres de diamètre. Ces éléments sont formés de feuilles de cuivre très minces, ondulées puis rivées deux à deux. Les tubes ainsi obtenus sont soudés à la tubulure *a*.

Un diaphragme en fer-blanc percé de trous est disposé verticalement dans la pièce *a* en regard des tubes ; il a pour effet de diviser la vapeur et d'activer sa condensation. Cette vapeur se répand à peu près également dans tous les éléments ; elle s'y condense rapidement et l'eau formée se rend dans le collecteur *b'*, placé à l'autre extrémité du condenseur. De ce collecteur elle se dirige enfin, par le long tube LL et par deux tuyaux de descente, dans les bâches placées sous la voiture.

La longueur des éléments du condenseur est de 6 m. ; leur hauteur est de 0 m. 280 et la surface totale de refroidissement de 80 m^2.

Lorsque le moteur travaille à son maximum de puissance, ou lorsque l'air est très chaud, il peut arriver que toute la vapeur d'échappement ne se condense pas ; celle en excès se rend alors par le tuyau D dans un anneau cylindrique percé de trous et situé sous la grille du foyer ; elle traverse ce dernier et s'échappe dans l'atmosphère complètement invisible (1).

(1) Cette disposition n'est pas à recommander, comme nous le montrerons plus loin.

Bien conduit, le moteur n'émet ainsi ni vapeur ni fumée, et il est particulièrement propre à circuler dans les villes ou dans les faubourgs populeux.

En dehors des agglomérations, si la contre-pression donnée par le condenseur est élevée, on peut employer la marche à échappement libre ; il faut alors faire usage d'eau épurée pour l'alimentation du générateur.

13. Précautions particulières à prendre pour éviter le dégagement d'odeurs dans les systèmes à vapeur. — Il est nécessaire, pour éviter les odeurs désagréables et le panache de vapeur dans les voitures à foyer, de prendre différentes précautions dans l'entretien et la conduite des moteurs ; ces précautions sont les suivantes pour les voitures Rowan.

On considère que les odeurs dégagées par les voitures à foyer proviennent des deux causes suivantes : graissage exagéré des cylindres et décomposition de cette huile de graissage par la vapeur, si elle est fortement surchauffée, ou par les gaz de la combustion (le coke peut aussi contenir un peu de soufre à l'état de sulfure de fer et sa combustion dégage alors une odeur également désagréable qu'on ne peut éviter que par les soins apportés dans le choix du charbon servant à la fabrication).

Dans les voitures Rowan, la vapeur est à peine surchauffée, et les gaz de la combustion sont eux-mêmes à une température relativement peu élevée, en raison de la bonne disposition du générateur.

Quant au graissage des cylindres, il peut être réduit au minimum en raison des considérations ci-après :

La vapeur, en arrivant dans les cylindres, est généralement un peu humide par suite de son refroidissement dans la tuyauterie et elle lubrifie presque suffisamment les pistons et les tiroirs dans la marche à régulateur ouvert. Dans la marche à régulateur fermé, au lieu d'aspirer dans la cheminée les gaz de la combustion mêlés de cendres, comme cela a lieu dans les moteurs sans condensation (gaz et cendres qui échauffent et rayent les cylindres et les tiroirs et obligent à forcer le graissage de ces organes), les pistons créent dans le condenseur un certain vide qui a pour effet de faire émettre à l'eau des bâches de la vapeur à faible tension ; c'est alors cette vapeur qui est aspirée dans les cylindres, qu'elle lubrifie en partie, en réduisant d'autant le graissage habituellement nécessaire.

D'un autre côté, ces voitures ne doivent pas émettre de vapeur si elles sont convenablement conduites et entretenues.

Le condenseur est établi, en effet, pour condenser, pendant huit mois de l'année, toute la vapeur que peut fournir normalement la chaudière, sans être forcée. Mais si par un graissage inconsidéré des cylindres, on tapisse les éléments du condenseur d'une couche visqueuse peu conductrice ; si surtout, par l'emploi de suif pour ce graissage, on vient à boucher un certain nombre de ces éléments, il est certain que le condenseur pourra devenir insuffisant.

Il en sera de même si la dépense de vapeur est exagérée, soit que la machine se trouve en mauvais état d'entretien, soit que le machiniste n'utilise pas convenablement la détente ou veuille réaliser une vitesse de marche trop élevée, notamment dans les rampes.

Au point de vue de l'entretien, le régulateur de prise de vapeur, s'il n'est pas étanche, peut donner lieu à des pertes de vapeur importantes dans les stationnements et dans les parcours franchis à régulateur fermé.

Un manque d'étanchéité, encore, des pistons, tiroirs et garnitures ; un réglage défectueux de la distribution, des espaces nuisibles et des glissières ; un mauvais montage des coussinets et boîtes d'essieux et des bielles d'accouplement, etc., peuvent augmenter aussi, directement ou indirectement, la consommation de vapeur.

Enfin cette dépense peut varier beaucoup suivant l'habileté et l'attention du mécanicien.

Mais si le graissage des cylindres est réduit au minimum (à 1 gramme par kilomètre, par exemple, avec l'emploi d'huile de toute première qualité, ne distillant que vers 400 degrés) :

Si le condenseur, par des lessivages et nettoyages suffisamment rapprochés, est conservé propre intérieurement et extérieurement ;

Si le régulateur de prise de vapeur est maintenu constamment étanche ;

Si enfin le moteur est maintenu en bon état d'entretien et conduit économiquement, la voiture condensera entièrement sa vapeur d'échappement, et elle n'émettra pas d'autre part de mauvaise odeur par le fait de la volatilisation de l'huile de graissage des cylindres.

Pour éviter d'envoyer dans la chaudière de l'huile qui, en se déposant sur les surfaces de chauffe, pourrait occasionner un coup de feu, il est bon de faire passer l'eau descendant du condenseur sur un filtre d'éponges, avant de l'emmagasiner dans les bâches.

L'odeur parfois dégagée par les voitures Rowan provient surtout de ce que, dans la marche à condensation, la vapeur non condensée vient sous la grille et traverse le foyer pour s'échapper dans la cheminée. Cette vapeur est ainsi rendue invisible, mais l'huile qu'elle contient est alors volatilisée à une très haute température et l'odeur dégagée est très sensible quand le graissage est lui-même abondant.

Mais, si le condenseur est propre et la dépense de vapeur modérée, toute cette vapeur est condensée, et le fait ci-dessus ne peut se produire. En tout cas, lorsque le graissage des cylindres est limité au minimum nécessaire, la vapeur passant par le foyer n'en contient qu'une infime proportion, qui ne peut produire une odeur sensible.

Toutefois, cette vapeur est elle-même dissociée entre 900 et 1.000 degrés, en donnant lieu à une production d'hydrogène et d'oxygène ; il peut y avoir là matière à dégagement d'odeur. Il suffirait, pour supprimer cette cause éventuelle, de laisser échapper la vapeur non condensée sur la toiture de la voiture ou de l'amener directement dans la cheminée ; comme le condenseur n'est insuffisant qu'en été, cette vapeur deviendrait par cela même toujours invisible.

Pour diminuer la surface du condenseur, ou pour rendre son action plus efficace, on pourrait adopter une solution consistant à n'y envoyer que les $\frac{2}{3}$ ou les $\frac{3}{4}$ de la vapeur d'échappement ; le reste serait dirigé dans la cheminée, où cette vapeur activerait le tirage, ce qui dispenserait d'employer le souffleur pour cet usage. Cette faible quantité de vapeur s'échappant dans l'atmosphère deviendrait facilement invisible par son mélange avec les gaz de la combustion.

En résumé, en prenant dans l'entretien et la conduite des

voitures automotrices système Rowan les précautions élémentaires, et très faciles à réaliser, que nous venons d'indiquer, on en obtiendra un excellent service comparable, à presque tous les points de vue, aux systèmes à air comprimé et électriques, et très supérieur à eux sous le rapport des charges d'établissement et d'exploitation dans le cas de petites installations.

L'alimentation du générateur avec de l'eau à 80 ou 90 degrés augmente le rendement du moteur de plus de 20 0/0 comparativement à l'alimentation à l'eau froide.

En effet, 1 kilogramme de coke de four de bonne qualité renferme 7.500 calories et vaporise au plus, dans la chaudière Rowan, 6 kg. d'eau prise à 10° C. ; à la pression de 10 kilogrammes, la chaleur contenue dans ces 6 kg est seulement d'un peu plus de 3 900 calories, ce qui donne pour le rendement du générateur :

$$\frac{3900}{7500} = 0,52$$

D'autre part, l'eau à 90° renferme, proportionnellement à la vapeur à 10 kilogrammes de pression,

$$\frac{80}{663} = 12\ 0/0$$

de plus de chaleur que l'eau à 10° ; rapportée au rendement de 0,52 ci-dessus, cette proportion correspond à une économie réelle de :

$$\frac{12}{0,52} = 23\ 0/0$$

en faveur de l'alimentation avec de l'eau à 90°.

Le condenseur a cependant aussi un inconvénient, qui est d'échauffer fortement les voitures en été.

43. Roulement des mécaniciens et des machines. — Le matériel de la ligne de Tours à Vouvray comprend trois automotrices ayant coûté chacune 30.000 francs environ, et un moteur de rechange. En été, deux voitures seulement sont en service en semaine ; le dimanche, elles le sont toutes les trois, le moteur de rechange assurant la réserve.

En hiver, les départs n'ayant lieu que toutes les deux heures en semaine, une seule automotrice suffit pour assurer le service, sauf le dimanche, où en met deux en circulation. On procède alors à la réparation, à tour de rôle, de tous les moteurs, et le printemps venu, ils sont tous en parfait état et prêts à assurer un service plus chargé.

Les mécaniciens sont également au nombre de trois ; ils ont donc chacun leur machine, avec laquelle ils sont seuls à marcher.

En été, chaque automobile fait deux jours de service consécutifs, 100 kilomètres le premier jour et 140 le second ; le troisième, elle reste au dépôt avec son mécanicien, qui en profite pour faire le petit entretien : vérification des clavettes, goupilles, boulons ; serrage aux coussinets des bielles ou des paliers des balanciers, réfection des garnitures des tiges de pistons et de tiroirs ; rodage de la robinetterie, réglage des sabots de frein du moteur et du bogie d'arrière, visite du régulateur, etc.

Pendant ce temps, le nettoyeur du dépôt *épingle* les tubes à l'aide d'une tringle très mince en acier, pour en faire tomber les escarbilles et les cendres entraînées par le souffleur ou l'échappement, opération qui demande à être faite avec beaucoup de soin et nécessite un travail d'une heure environ ; puis il nettoie le mécanisme, la caisse et l'intérieur de la voiture.

Le parcours total fait journellement par les automobiles étant de 240 kilomètres, en semaine, et de 340, le dimanche, chacune d'elles effectue ainsi par mois 2.500 à 2.600 kilomètres.

Quand cela est nécessaire, les machines peuvent évidemment faire plus de deux jours de service sans arrêt ; en ramonant les tubes à la vapeur chaque soir, à la rentrée, on peut les laisser marcher dix à douze jours de suite et leur faire parcourir ainsi 1.200 à 1.500 kilomètres, soit autant qu'une locomotive de chemin de fer. Mais il est préférable, généralement, de les arrêter après 600 à 800 kilomètres, surtout si la voiture ne possède pas de condenseur.

La consommation moyenne des automobiles de la ligne de Tours à Vouvray, remorquant une voiture d'attelage de 70 places, est de 3,200 kg. de coke de four par kilomètre, allumage compris. Elle peut s'abaisser à 3 kg., et celle de l'huile, pour l'ensemble du mécanisme et des cylindres, à 30 grammes.

44. Entretien. — Le personnel du dépôt comprend seulement un ouvrier tourneur-robinettier et deux manœuvres. L'outillage se compose de :

Une machine fixe de huit chevaux, alimentée par la chaudière du moteur de réserve ;

Un tour parallèle, pour rafraîchir les bandages ;

Un petit tour à fileter ;

Une forge ;

Une machine à percer ;

Deux étaux.

Le tourneur prépare, pendant l'été, les pièces de rechange : axes, coussinets, segments de pistons, etc., nécessaires pour la réfection générale effectuée au service d'hiver ; ces pièces sont prises brutes chez des fondeurs ou forgerons de Tours.

A partir du mois de novembre, les machines entrent à tour de rôle en réparation. On remplace tous les axes et bagues qui ont pris du jeu, on visite le régulateur, les tiroirs et les segments de pistons, et on change ces derniers s'il y a lieu. En général, on rebat les segments après la première année et on les change l'année suivante ; quant aux tiroirs, ils font aussi une moyenne de deux années de service. Le tiroir du régulateur doit être dressé tous les mois environ.

Le condenseur est lessivé et réparé ; les bâches à eau sont nettoyées également et peintes au minium. La chaudière est mise à nu, parfaitement grattée puis passée au goudron ; pendant cette opération, on entretient un léger feu de bois sous les tubes, afin que les parois soient chaudes et que l'épaisseur de la couche de goudron soit très faible et sèche parfaitement.

Les bandages des roues de la machine doivent être rafraîchis une première fois sur le tour après un parcours d'environ 8.000 kilomètres ; ils effectuent ensuite 6.000 kilomètres, puis on les remet une deuxième fois sur le tour ; ils sont enfin réformés après un troisième parcours de 8.000 kilomètres. Ils fournissent donc au total une moyenne de 22.000 kilomètres, mais il en est qui font jusqu'à 24 et 25.000 kilomètres.

Pour diminuer l'usure de ces bandages, on a installé sur les voitures un petit appareil qui permet d'arroser la route et les rails lorsque le temps est bien sec ou qu'il fait du vent ; on diminue aussi de cette façon l'usure des pièces frottantes du mécanisme, en même temps que l'on préserve la caisse et les voyageurs de la poussière. On estime à 10 ou 15 0/0 l'augmentation de durée des bandages et des articulations du mécanisme obtenue de cette façon.

On doit profiter de chaque levage de la machine (lequel peut être fait simplement au moyen de deux crics d'une force de 3.000 kilogrammes et de plats-bords en nombre suffisant) pour vérifier les plaques de garde des boites à huile et rattraper le jeu qu'elles ont pu prendre, en ayant bien soin d'effectuer cette opération de manière que les essieux restent parallèles entre eux et perpendiculaires aux longerons. Les coussinets ne doivent être réajustés que s'ils ont chauffé ou grippé ; mais on doit agrandir le rayon de leurs congés de manière qu'ils ne puissent venir frotter dans le fond de ceux des fusées, et approfondir si c'est nécessaire les pattes d'araignée de graissage.

45. Installations particulières. — Il est nécessaire, lorsque les automobiles ne rentrent pas au dépôt à chaque tour, qu'une fosse de visite de 1 mètre de longueur environ, normalement recouverte par un plancher résistant, soit disposée à la station de départ pour permettre la visite des freins, des réservoirs etc., de manière à ne pas être obligé de faire rentrer la voiture au dépôt pour cette opération.

Cette fosse pourrait servir aussi, en été, à recueillir l'eau des réservoirs, au cas où elle tendrait à trop s'échauffer, et où il faudrait la renouveler en partie à chaque voyage. Cette eau pourrait être ensuite facilement reprise, soit au moyen de seaux, soit par une pompe, pour l'emplissage des bâches.

46. Résultats d'exploitation. — La ligne de Tours à Vouvray a coûté, au 1er janvier 1899, la somme de 654.668 francs. Les recettes totales pour 1898 se sont élevées à 85.465 francs et les dépenses à 43.354 francs, laissant un bénéfice de 42.111 francs. Le coefficient d'exploitation, c'est-à-dire la proportion des dépenses aux recettes, a été ainsi de 51 0/0, résultat qu'on peut considérer comme excellent. La recette kilométrique par jour s'est élevée à 23 francs. Le service s'est effectué, par tous les temps, avec une régularité remarquable, sans avaries d'aucune sorte.

Les dépenses de traction proprement dites, y compris les frais d'entretien du matériel roulant, peuvent être réduites à 25 centimes par *kilomètre de voiture automotrice*, le prix du coke étant de 45 francs la tonne en moyenne, et le salaire des machinistes et de l'ouvrier tourneur de 5 francs par jour. Ce prix serait évidemment moindre avec un service plus important.

A Paris, avec un salaire des ouvriers et machinistes de 7 à 8 fr. par jour, un prix du coke de 45 francs la tonne et un parcours moyen de 75 kilomètres par machiniste, le prix de revient par kilomètre et par train de deux voitures d'une contenance totale de près de 100 places est de 0 fr. 63 environ.

Voitures automotrices à impériale. — M. Rowan a aussi employé sur quelques lignes de chemins de fer d'intérêt local et de tramways des voitures automotrices *à impériale*, fonctionnant sans condensation.

Dans les villes, où les points d'arrêts sont nombreux et rapprochés, les impériales occasionnent des pertes de temps très sensibles pour la montée et la descente des voyageurs ; en outre, avec des moteurs à piston installés en dehors des longerons, la réaction produite par la vapeur (comme aussi par l'air comprimé) sur les fonds de cylindres se transmet au châssis et occasionne dans toutes les parties de la caisse des secousses qui sont surtout désagréables pour les voyageurs des plates-formes et de l'impériale. Ces secousses ne se produisent pas lorsque le moteur attaque l'essieu par l'intermédiaire de chaînes ; elles ne se manifestent pas non plus dans les voitures électriques, où le couple moteur est constant pour tout un tour de roues.

Les oscillations dues aux inégalités de la voie, principalement au passage des joints et des croisements, sont aussi très fatigantes pour les voyageurs d'impériale, dans les lourdes voitures actuelles, de quelque système qu'elles soient.

Les automotrices sans impériale nous paraissent préférables à tous égards pour un service urbain ; celles de la ligne « Charenton-Bastille » (voir ci-après) sont un modèle du genre, dont on peut conserver les principales dispositions en cas d'emploi d'un autre mode de traction.

Les voitures *de remorque* étant toujours relativement légères, il n'y a pas les mêmes inconvénients que pour les automotrices à les munir d'impériale pour un service suburbain. (L'emploi de voitures à deux étages est autorisé lorsque la largeur de la voie n'est pas inférieure à 1 mètre.)

§ 2. — VOITURE SYSTÈME SERPOLLET CHAUFFÉE AU COKE

17. Considérations générales. — Toutes les voitures automotrices système Rowan tant pour tramways urbains que pour tramways régionaux sont à adhérence partielle, seulement. Nous avons vu que la disposition employée permet, en disposant presque tout à fait à l'arrière l'essieu qui supporte une partie de la caisse, de réduire le porte-à-faux et d'obtenir ainsi une suspension très douce. Aucun essieu n'est en outre très chargé, la voie est donc ménagée et on peut l'établir avec une grande légèreté relative. La perte d'adhérence due à la charge distraite des essieux moteurs et portée par l'essieu d'arrière n'aurait d'inconvénient que si l'on voulait faire remorquer à l'automotrice deux ou trois voitures d'attelage sur un profil à fortes rampes.

Il est évident, cependant, que si l'on peut, dans un système à adhérence totale, disposer d'un moteur relativement puissant sous un faible poids, on bénéficiera d'une réduction assez sensible du poids mort, tant dans le cas de l'automotrice marchant isolément qu'en cas de remorque.

Mais si le moteur, ou plutôt le générateur, est relativement lourd pour la puissance à produire et ne peut être disposé de telle façon que la voiture se trouve naturellement équilibrée, celle-ci pourra fatiguer énormément la voie, qu'il faudra alors établir très solidement.

Dans l'étude que nous allons faire des voitures automotrices systèmes Serpollet et Purrey, nous aurons des exemples de ces deux cas particuliers.

18. Chaudière Serpollet. — La voiture automotrice système Serpollet est caractérisée par sa chaudière à vaporisation instantanée, que M. Serpollet a imaginée en 1887 et qu'il a constamment perfectionnée depuis.

Le premier modèle se composait élémentairement d'un tube en acier à parois de 5 à 12 mm. d'épaisseur, d'adord obtenu rond, puis aplati de façon à ne plus laisser entre ses faces intérieures qu'un intervalle de 1 mm. environ.

Ce tube était ensuite enroulé en spirale, puis assemblé avec un ou plusieurs tubes semblables, et l'ensemble disposé dans un foyer en maçonnerie. L'eau était injectée par une pompe dans le serpentin inférieur, et si celui-ci était à une température suffisante, elle se transformait instantanément en vapeur et se rendait plus ou moins surchauffée au moteur, par la partie supérieure de l'appareil.

Ce générateur fut appliqué dès **1888** à un tricycle sur routes à une place.

Dans la suite, **M.** Serpollet remplaça les serpentins ci-dessus par des tubes emboutis à section en ꓵ, étagés en nombre suffisant directement au-dessus de la grille pour donner la surface de chauffe désirée.

Les figures 1 à 3 montrent ces rangées de tubes, appelés ici *éléments*. Chaque élément est formé d'un tube en acier primitivement cylindrique, étiré dans sa partie médiane ainsi qu'à ses deux extrémités, et embouti dans ses parties intermédiaires à l'aide d'une matrice spéciale.

Le tube est ensuite recourbé dans sa partie médiane de manière à présenter la forme de deux branches parallèles ; puis les deux extrémités en sont filetées, de manière qu'il puisse se raccorder au précédent et au suivant par des raccords mobiles munis d'écrous (1).

Ces tubes sont essayés par le contrôle des mines à une pression de **100** kilogrammes par centimètre carré et timbrés à 94 kilogrammes. On conçoit qu'ils doivent être inexplosibles, dans toute l'acception du mot, et que si par suite d'usure et de diminution d'épaisseur des parois ils viennent à céder sous la pression et à se fissurer, ils ne puissent créer de danger ; l'ensemble des éléments ne contient en effet qu'une très petite quantité de vapeur ou d'eau : 18 litres environ, dont 5 litres seulement d'eau dans les chaudières les plus puissantes.

Ces tubes emboutis ont d'abord été appliqués à une voiture automobile sur route à quatre places et à des voitures de tramways de Paris, puis à des voitures automotrices des chemins de fer du Wurtemberg et du chemin de fer du Nord (France).

La disposition entièrement en hauteur et avec tubes horizon-

(1) Pierre Guédon. *Les Locomotives nouvelles*. Un volume de 536 pages. Fritsch, éditeur, Paris.

GÉNÉRATEUR HORIZONTAL
DES VOITURES AUTOMOTRICES DE LA Cie Gle DES OMNIBUS

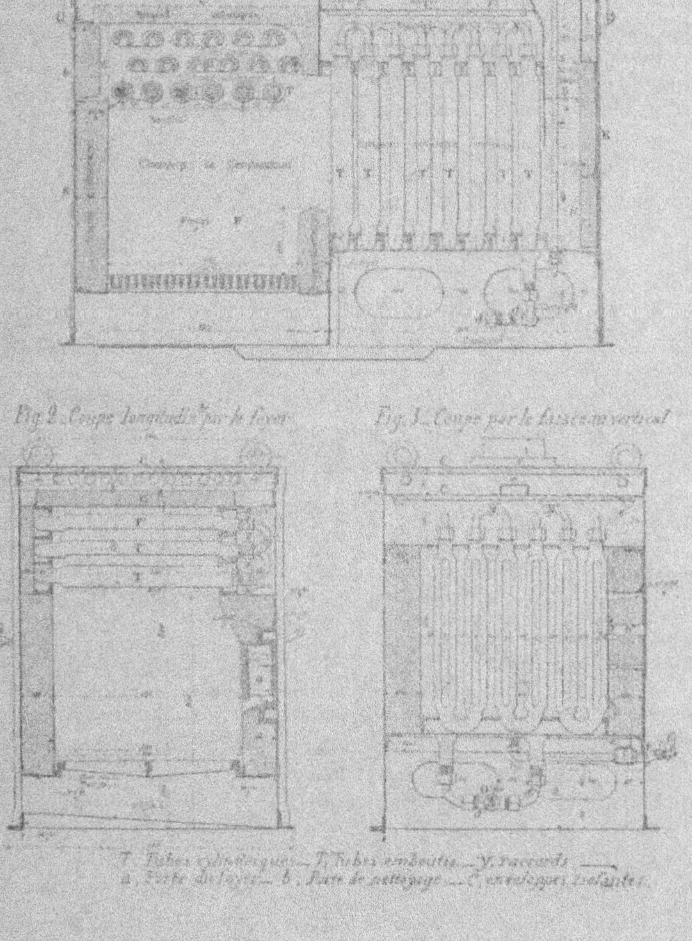

T. Tubes cylindriques — T' Tubes emboutis — Y. raccords
a. Porte du foyer — b. Porte de nettoyage — C. enveloppes isolantes.

taux est avantageuse pour le tirage ; mais dans les tramways, pour permettre au conducteur d'apercevoir le machiniste, la disposition *couchée* (fig. 1 à 3) avec tubes horizontaux au-dessus du foyer et tubes verticaux à la suite, est parfois exigée par le service du contrôle.

49. Description des voitures Serpollet de la Compagnie générale des Omnibus de Paris (1). — Les automotrices Serpollet sont caractérisées par leur chaudière et par leur mode d'alimentation, qui offrent tous deux des dispositions très ingénieuses et très pratiques, bien que paraissant être compliquées et devoir demander des soins particuliers au point de vue de la conduite et de l'entretien.

A. *Chaudière.* — Dans les dernières voitures de tramways construites, la *chaudière* se compose (fig. 1 à 3, n° 48) d'un faisceau tubulaire formé de deux groupes, l'un horizontal, commençant à 60 centimètres au-dessus de la grille, le second vertical, placé à droite à la suite du foyer.

Le faisceau horizontal comprend trois rangées de chacune trois éléments doubles. Les éléments de la rangée inférieure sont cylindriques et ont un diamètre extérieur de 73 mm. et une épaisseur de 12 mm. ; un mandrin intérieur en acier coulé de 41 mm. de diamètre y limite l'épaisseur de la lame d'eau à 4 mm. Ces tubes cylindriques sont surmontés de deux rangées de tubes à section en ∽, ayant la même épaisseur de métal, et présentant un espace de 3 mm. d'épaisseur pour la circulation de l'eau et de la vapeur.

Les deux rangées de tubes verticaux qui suivent le foyer sont cylindriques et à mandrin, comme la première rangée horizontale ; viennent ensuite cinq rangées de tubes en ∽, et finalement une rangée de tubes cylindriques à trois branches, formant réservoir de vapeur, et non munis de mandrins.

Les tubes cylindriques ou tubes ronds ont une longueur, au feu, de 550 mm. et pèsent 36 kg. avec le mandrin ; les tubes en ∽ (on les nomme aussi tubes en C) pèsent seulement 23 kg.

Les divers éléments sont tarandés à leurs deux extrémités et

(1) On trouvera ici, disposés parfois différemment, les organes des automotrices Serpollet pour chemins de fer.

réunis aux éléments voisins par des coudes creux en acier munis de collets et d'écrous-raccords. Une rondelle en cuivre rouge ou en acier doux recuit est intercalée entre chaque tube et le collet du coude, pour faire joint.

Les tubes sont disposés en quinconce dans les rangées horizontales comme dans le faisceau vertical, pour obliger les gaz du combustible à lécher entièrement leur surface.

En résumé, le générateur que nous décrivons comporte :

neuf tubes ronds doubles avec mandrin du poids total de		324 kg.
vingt et un tubes doubles emboutis	—	483 —
et deux tubes ronds triples	—	80 —

En ajoutant à ces chiffres le poids des coudes et des écrous on arrive à un total de 930 kg.

Quant à la surface de chauffe, elle est de 8 m² 35 et celle de grille de 46 décimètres carrés. Le volume d'eau et de vapeur est de 18 litres, avons-nous dit.

Dans les rangées horizontales, les raccords des tubes, disposés évidemment à l'avant pour faciliter la visite et le montage, reposent sur des tôles découpées, qui s'appuient elles-mêmes sur l'enveloppe ; le montage est fait de façon que le taraudage et les joints ne soient pas soumis à l'action du feu. L'autre extrémité des tubes repose librement sur des briques, ou sur des tôles également découpées, et la dilatation des tubes est ainsi facilitée.

Les tubes verticaux sont aussi supportés par des tôles découpées garnies d'amiante, isolant du foyer les raccords et les joints disposés à la partie supérieure de la chaudière.

Les tubes, sauf sur la paroi avant du faisceau horizontal, où se trouvent les raccords, sont renfermées entre des cloisons en briques qui descendent jusqu'à la plate-forme sur laquelle repose la chaudière ; ces briques sont pleines dans la partie qui constitue le foyer et creuses dans les autres parties. Un autel, formé d'une seule pièce réfractaire spéciale, limite le foyer du côté des tubes verticaux. Des portes en tôle garnie de briques sont disposées sur trois faces du générateur pour permettre la visite et le nettoyage des tubes.

Le faisceau vertical est fermé à sa partie supérieure par des portes en tôle amovibles, pour permettre la réfection des raccords et des joints.

Le poids total du générateur est de 2.600 à 2.700 kg.

B. *Alimentation.* — L'alimentation en eau de la chaudière est assurée par une pompe à main et par une pompe automatique puisant dans une bâche disposée verticalement entre la cloison de la caisse de la voiture et le générateur ; le refoulement se partage entre les deux tubes extrêmes de la rangée inférieure du faisceau horizontal.

Les tubes sont divisés en deux batteries pour la circulation de l'eau et de la vapeur ; le tube inférieur côté gauche du faisceau horizontal communique avec le tube situé au-dessus et ensuite avec toute la dernière rangée, de l'extrémité droite de laquelle elle se rend au deuxième tube de la rangée verticale qui fait suite à l'autel.

Du tube inférieur horizontal côté droit, l'eau injectée se rend dans le tube de gauche de la même rangée puis dans les deux tubes disposés au-dessus, et de là dans le tube antérieur de la première rangée verticale à partir du foyer.

Cette division de l'alimentation a pour but d'empêcher qu'une partie des tubes situés à proximité du foyer ne reçoive des tubes précédents que de la vapeur déjà sèche, qui les refroidirait insuffisamment contre l'énorme chaleur émise en ces points et ne les empêcherait pas de se brûler.

Déjà, avec la disposition ci-dessus, le tube du fond de la première rangée verticale rougissait encore, et on a dû le protéger contre le rayonnement direct du foyer par une pièce réfractaire liée à l'autel et se raccordant aux pièces supérieures.

Le schéma (fig. 7, n° 37) montre l'ensemble des appareils d'alimentation. La bâche d'alimentation a été figurée en B pour la commodité du dessin ; elle communique par le tuyau 1 avec la boîte A, où se fait l'aspiration des deux pompes à main et automatique, P et P' : cette dernière peut être commandée par un petit-cheval spécial ou par un excentrique monté sur l'essieu d'avant. Suivons le passage de l'eau dans la tuyauterie de cette pompe :

L'aspiration, comme nous l'avons déjà vu au n° 37, se fait alternativement, dans une course aller et retour du piston, par le tuyau 3 correspondant à la boîte à clapet *b* et par le tuyau 3' correspondant à la boîte à clapet *b'* ; le refoulement a lieu lui-même par le tuyau 5, qui aboutit au tube C du générateur et par le tuyau 5', qui aboutit au tube C'.

L'eau arrivant au tube C suit les tubes qui sont reliés à ce dernier et celle arrivant au tube C' circule dans la deuxième batterie, composée de tous les autres tubes.

Cette eau s'échauffe rapidement dans les premiers tubes parcourus, si le faisceau tubulaire est à une température suffisante ; elle se vaporise dans les suivants et se surchauffe dans les dernières rangées, à une température plus ou moins élevée, suivant celle du générateur lui-même et aussi suivant la quantité d'eau injectée.

Lorsque le feu et l'alimentation sont bien conduits, cette température se maintient vers 300 degrés, avec un minimum qui ne doit pas être inférieur à 225 degrés, pour avoir un rendement convenable de la vapeur, et un maximum qui ne doit pas dépasser 375 degrés, afin que l'huile de graissage des cylindres et des garnitures ne soit pas décomposée.

Dans le parcours des boîtes à clapet *b*, *b'*, à la chaudière, l'eau refoulée par les pompes vient par un branchement agir sous deux clapets K, K', qu'elle soulève alternativement ; ces clapets ont pour but d'empêcher qu'une batterie reçoive toute l'eau refoulée aux dépens de l'autre et d'assurer leur alimentation régulière et indépendante.

La partie supérieure de la chambre de ces clapets correspond par le tuyau 9 avec une soupape d'équilibre S, sous le clapet de laquelle l'eau refoulée vient agir ainsi d'une façon constante.

Le clapet *s* est chargé d'un certain poids à l'aide d'un levier circulaire L sur lequel vient appuyer le curseur R, articulé d'autre part en O. Le curseur peut glisser sur le levier, de sorte que la charge du clapet varie suivant la position du curseur, augmentant évidemment lorsqu'on éloigne celui-ci de l'articulation du levier L.

Quand la pression exercée ainsi sur la soupape est supérieure à celle qui existe dans la chaudière, cette soupape reste appuyée sur son siège et toute l'eau refoulée par la pompe va à la chaudière. La production de vapeur de celle-ci est alors maximum, sa pression pouvant atteindre celle correspondant à la charge de la soupape *s*. Mais, si la pression par centimètre carré dans la chaudière devient un peu supérieure à celle dont est chargée la soupape, celle-ci se soulève et une partie de l'eau refoulée ou même toute cette eau retourne à la bâche par le tuyau 10 ; la pression dans la chaudière ne peut ainsi dépasser le chiffre fixé par le mécanicien au moyen de la position du curseur B sur le levier L.

D'un autre côté, la longueur de ce levier et la tension du ressort du curseur sont réglées de façon que cette pression ne puisse dépasser le chiffre pour lequel la résistance du mécanisme a été calculée et qui est habituellement fixé à 15 ou 20 kg.

On voit qu'on pourrait marcher avec une pression constante au générateur, soit 12 kg. par exemple ; mais la facilité de faire varier instantanément la pression permet de limiter cette dernière au chiffre minimum nécessaire, suivant la charge, le profil, l'état de la voie et la vitesse, de manière à réduire au minimum la fatigue de la tuyauterie et des joints. C'est ainsi que, les démarrages effectués, une pression de 5 à 6 kg. suffit généralement, avec une admission de 30 0/0, dans les parcours en palier ; et une pression de 10 à 12 kg., avec une admission de 45 0/0, dans les plus fortes rampes.

Des derniers tubes du générateur la vapeur produite se rend au régulateur d'admission, puis dans les boites à tiroirs, d'où elle est distribuée alternativement sur chaque face des pistons. Ces derniers transmettent leur mouvement de va-et-vient à deux manivelles d'un arbre intermédiaire, relié par deux chaines Galle à l'essieu d'avant ; la proportion des tours de l'arbre à ceux de l'essieu est de 3. Enfin, l'essieu d'arrière est accouplé à l'essieu d'avant par une autre chaine pour faire profiter le moteur de l'adhérence totale de la voiture.

Ce mode de transmission par chaine permet d'avoir un moteur plus léger, et de le loger avec assez de facilité intérieurement aux longerons et entre les deux essieux ou à l'avant du premier ; mais il présente des inconvénients. Ainsi le moteur doit tourner à une très grande vitesse, ce qui diminue son rendement et augmente l'entretien ; placé entre les longerons, il est en outre assez difficilement accessible, et il en résulte une gêne pour le graissage, la visite et les réparations. Enfin, les chaines prennent rapidement de l'usure, sont très onéreuses d'entretien et font aussi beaucoup de bruit (1). Cependant les chaines *carrieur*

(1) Les conditions de résistance des chaines fabriquées par Fives-Lille sont les suivantes :

Fer de la chaine ; Résistance 35 kg., allongement 20 0/0, mesuré sur éprou-

sont tout à fait silencieuses et, bien graissées, se conservent très longtemps en bon état.

Il est généralement préférable d'employer un moteur à transmission directe du mouvement des bielles à l'essieu, avec accouplement des essieux entre eux par d'autres bielles. Ce moteur, placé extérieurement aux longerons, est exactement alors semblable à celui des locomotives ; sa construction est simple, son rendement très bon, et le graissage, la visite et les réparations se font avec la plus grande commodité.

Ce moteur à action directe est employé dans la voiture postale du chemin de fer du Nord français, dans les voitures automotrices du chemin de fer de Wurtemberg, dans les voitures de tramways de Cherbourg, Gérardmer, etc.

50. Préparation des voitures au dépôt. — Deux causes essentielles influent sur le fonctionnement de ces voitures.

1° La préparation du feu au dépôt avant la sortie le matin et la conduite par le machiniste en cours de route ;

2° L'entretien au dépôt, comprenant les petites réparations ou visites faites aux voitures en service ; le lavage et l'entretien hebdomadaire ; enfin les grandes réparations nécessitées par les changements de roues ou qu'on effectue pendant le temps d'arrêt correspondant à ces changements.

La préparation de la machine au dépôt, avant le premier départ du matin, est le travail principal dont dépend le bon fonctionnement des automotrices, si l'on admet qu'elles sont en bon état d'entretien et que les mécaniciens sont suffisamment soigneux et exercés.

Pour que cette préparation soit complète et efficace, il faut d'abord qu'on ait noté la veille, soit dans le courant de la journée, soit le soir à la rentrée, les parties de la machine dont le fonctionnement était défectueux, ainsi que les fuites qui existaient aux raccords ou aux tubes. La réfection de ces raccords ou le remplacement des tubes et la réparation des parties du

vette de 0,200 de longueur.

Chaîne fabriquée. Un échantillon par chaîne, soumis à l'essai, devait donner : Résistance élastique 14 kg., résistance à la rupture 25 kg.

La chaîne entière était enfin essayée sous une charge de 14 kg. par mm² de section des maillons.

mécanisme dont le fonctionnement laisse à désirer doivent être faits évidemment au moment opportun, avant la sortie de la voiture ; les nouvelles conditions de fonctionnement de l'organe réparé doivent être vérifiées avant cette sortie, également, afin qu'il ne se produise pas de chauffage en cours de route du fait d'un serrage exagéré d'une articulation, et qu'on ne laisse pas, d'un autre côté, la machine partir avec une pompe ou un autre organe de l'alimentation dont le fonctionnement ne serait pas parfait.

La préparation du générateur, avant l'allumage, a aussi une très grande importance. La grille, si le feu a été jeté le soir à la rentrée, doit être soigneusement battue afin d'être dégagée des escarbilles et du mâchefer qui a pu couler entre les barreaux ; si ce mâchefer n'est pas enlevé, les barreaux brûleront, car ils ne seront pas suffisamment rafraîchis par l'air en ces points, et d'un autre côté ils ne laisseront pas entrer dans le foyer la quantité d'air suffisante pour produire une bonne combustion.

Les barreaux de grille en mauvais état doivent être remplacés en s'assurant que les nouveaux ne sont pas trop longs et qu'ils peuvent se dilater librement. Ces barreaux atteignent parfois la température du rouge cerise, soit environ 1000 degrés ; si leur longueur primitive est de 600 millimètres, ils s'allongeront ainsi de 10 millimètres.

Le mâchefer peut couler aussi entre les extrémités des barreaux et les briques du foyer ; en se refroidissant, le feu jeté, il cale les barreaux qui ne peuvent plus s'allonger librement et sont obligés de se cintrer ; ce mâchefer doit donc être enlevé soigneusement au marteau à piquer, les barreaux ayant été préalablement retirés.

Lorsque la grille est trop près du fond du cendrier, les barreaux s'échauffent beaucoup, rougissent, et le mâchefer coule entre leurs interstices ; il ne se solidifie qu'à leur partie inférieure, bouchant en partie le passage de l'air et empêchant par conséquent d'obtenir une bonne combustion. Le générateur se refroidit et, dans une rampe, la voiture peut rester en panne ; en outre, les barreaux de grille se brûlent, le nettoyage de la grille s'opère difficilement, et pour tout le reste de la journée le fonctionnement de la machine est défectueux.

Pour éviter ces inconvénients, il suffit de disposer dans le cendrier un bassin en fonte légère ou en forte tôle zinguée, divisé par des cloisons et qu'on emplit d'eau à chaque terminus. Par la chaleur traversant la grille cette eau s'évapore, elle rafraîchit les barreaux, et, en même temps qu'elle les empêche de se brûler, elle empêche aussi le mâchefer de couler entre eux (1). Le décrassage se fait sans difficulté, et la conduite du feu s'opère avec la plus grande aisance.

Les tubes doivent être brossés avec soin sur toutes leurs faces, avant l'allumage, et les cendres complètement enlevées ; ce travail de nettoyage peut être fait également au moyen d'un jet de vapeur pris sur la voiture de réserve disposée à cet effet, notamment si le feu n'est pas jeté à la rentrée. Les portes de visite et de nettoyage sont ensuite fermées hermétiquement et bien assujetties, afin qu'elles ne puissent s'ouvrir ni *bailler* en cours de route. Le fonctionnement du registre et de la porte du cendrier doit être vérifié également.

Il faut allumer le feu au moins une heure et quart avant la sortie de la machine du dépôt et le surveiller fréquemment ensuite. On ne doit pas employer pour cet allumage plus d'un godet de vieux coke, lequel, généralement mouillé, s'allume plus difficilement, dégage moins de chaleur et produit plus de cendre, tendant ainsi à encrasser la grille. Les chiffons et le bois produisent également cet encrassement ; aussi, lorsque le feu est bien pris, faut-il gratter la grille avec soin pour faire tomber les cendres produites.

Au bout d'une demi-heure ou de quarante minutes, on se rend compte de la température des tubes en y injectant un peu d'eau au moyen de la pompe à main. Suivant que cette eau se transforme plus ou moins rapidement en vapeur, on règle l'ouverture du cendrier de manière à augmenter ou à diminuer l'intensité de la combustion. On se rend aussi facilement compte de la température des tubes par leur couleur.

Lorsque la machine sort du dépôt (après réchauffage des cylindres sur place), la pression doit monter rapidement aux premiers coups de la pompe à main.

La visite du mécanisme doit porter sur les garnitures, dont on vérifie l'étanchéité en envoyant un peu de vapeur dans les

(1) Cette disposition augmente toutefois la consommation de combustible.

cylindres, sur les glissières, les clavettes des tiges de pistons et de tiroirs, etc. Le machiniste doit faire le graissage des articulations et pièces frottantes avec méthode, pour n'en oublier aucune, et avec lenteur, pour ne pas faire déborder l'huile des réservoirs ou trous de graissage et pouvoir examiner en même temps les écrous, goupilles, etc. La dépense d'huile de mouvement ne doit pas excéder 30 grammes par kilomètre parcouru ; l'huile employée doit être de très bonne qualité, les pièces du mécanisme prenant normalement une température très-élevée.

L'emplissage du réservoir et du corps de pompe du graisseur Mollerup ou Bourdon des cylindres doit être fait avec le même soin ; le débit de ce graisseur étant peu élevé (3 à 6 grammes par kilomètre d'huile ne distillant pas au-dessous de 400 degrés C) il importe que la garniture du piston et les raccords de la tuyauterie soient bien étanches, afin que toute l'huile refoulée pénètre bien dans la boîte de l'obturateur.

Enfin, les sabots du frein ayant été réglés, il faut s'assurer que, dans leur position de desserrage, ils ne viennent pas frotter contre les bandages, car ils opposeraient alors de la résistance à la marche.

En résumé, une surveillance étroite doit être exercée par le chef de service ou le chef d'entretien sur les divers points suivants : nettoyage du foyer, allumage, mise en pression, visite du mécanisme et des appareils d'alimentation (clapets des pompes, clapets d'équilibre et soupape régulatrice, qui doivent bien *tenir* la pression ; garnitures des pompes et raccords des tuyauteries qui doivent être étanches ; tige de pression de la soupape régulatrice, devant être libre dans sa garniture, quitte à *perdre* un peu) ; on doit aussi s'assurer que la caisse à eau a été remplie, le frein réglé et les sablières garnies et vérifiées.

Si les précautions ci-dessus ont été observées, l'automotrice sortira dans de bonnes conditions du dépôt ; et, si elle est conduite par un mécanicien soigneux et suffisamment exercé, elle accomplira son voyage dans d'excellentes conditions de fonctionnement.

51. Conduite. — Un pyromètre est très utile pour la conduite, même s'il ne donne pas des indications rigoureusement exactes. Si le machiniste a remarqué, par exemple, que la température doit être maintenue vers 250 degrés pour que le fonctionnement de la machine soit économique, au double point de vue de la consommation d'eau et de combustible, il règlera le chargement du feu et l'ouverture du cendrier ou du registre pour se rapprocher de cette température, qui pourra être un peu plus élevée au moment d'aborder les rampes et un peu plus faible sur les paliers et les pentes.

Le machiniste doit ramener le levier de changement de marche au deuxième cran du secteur denté (correspondant à une admission de 50 0/0), *aussitôt* la machine démarrée : le travail sera presque aussi élevé qu'avec une marche à 80 0/0 d'admission et la dépense de vapeur sera très sensiblement moindre ; la durée de la compression se trouvant plus élevée que dans la marche à fond de course, les coussinets des bielles et des paliers de l'arbre de relevage tendront aussi moins à coguer aux changements de direction des pistons.

Cette marche au deuxième cran s'emploie avantageusement à la montée des rampes, en maintenant la pression dans la chaudière vers 6 ou 8 kilogrammes, par une charge modérée de la soupape régulatrice ; on en fait aussi usage dans la marche un peu rapide en palier (12 à 15 kilomètres), en fermant un peu l'obturateur de prise de vapeur ou en marchant avec une pression moindre à la chaudière.

La marche au premier cran (donnant une admission de 30 p. 100) étant encore plus économique, on doit l'employer en palier ou en rampe lorsque la vitesse est faible ; mais aux grandes allures on ne peut en faire usage, car la compression devient trop élevée et fait battre fortement les chaînes.

Lorsqu'un machiniste est sur le point d'atteindre une pente un peu longue qui sera franchie à régulateur fermé, il doit, si le générateur est suffisamment *chaud*, fermer le cendrier et au besoin le registre de la cheminée, pour que les tubes ne puissent atteindre une température trop élevée. Il ne doit pas oublier d'ouvrir l'un et l'autre avant la fin du parcours en pente, et il ne faut même pas qu'il les ferme si le faisceau tubulaire est un peu refroidi.

Il est nécessaire de s'assurer de l'état du feu à certains points convenablement choisis du parcours ; le machiniste saura ainsi s'il doit fermer ou ouvrir le cendrier et le registre, ou s'il faut charger le foyer avant l'arrivée au terminus.

L'attention du machiniste doit aussi se porter fréquemment sur le graisseur des cylindres, pour s'assurer que le cliquet d'entraînement fonctionne bien et que le piston n'arrive pas au bas de sa course. Le matin, à la sortie, et au départ qui suit les repas, il fait faire à la main un tour à la vis de commande du piston pour lubrifier un peu plus abondamment les cylindres et les tiroirs ; mais en cours de route le graissage doit être régulier et aussi réduit que possible, afin d'éviter l'odeur que répandent dans l'atmosphère quelques grammes d'huile chauffés à une température élevée par leur mélange avec les gaz de la combustion.

Au terminus, il faut examiner le niveau de l'eau dans le réservoir et s'assurer que la quantité restante suffit pour le retour.

Enfin, à chaque entrée au dépôt ou au garage de la tête de ligne le feu doit être décrassé et rechargé, le mécanisme graissé et visité à nouveau, et les garnitures et raccords qui donnaient lieu à des fuites, resserrés. Si le fonctionnement des pompes ou de la soupape équilibrée était défectueux, il serait préférable d'arrêter la machine et de faire partir celle de réserve à sa place.

Chaque fois qu'il est nécessaire de mettre la machine de réserve en service, elle doit être examinée par le chef ou le sous-chef de dépôt, qui s'assure qu'elle est bien graissée, que le générateur est suffisamment chaud, etc. ; on fait au besoin aider le machiniste dans son travail, afin qu'il ne se produise pas de retard dans les départs.

La visite du mécanisme de cette machine et le remplissage des réservoirs d'eau et des sablières doivent être faits le matin à la première heure.

Lorsqu'on fait usage, pour l'alimentation des générateurs, d'eau épurée au moyen de chaux et de soude, il faut éviter avec soin que ce dernier réactif soit en excès dans l'eau, car il provoquerait une détérioration rapide des tiroirs et de la robinetterie. Il est préférable d'arrêter l'épuration vers huit ou dix degrés hydrotimétriques, le peu de tartre qui se déposera sur les tubes pouvant être facilement expulsé au moyen de quelques retours énergiques à la bâche, ou mieux par l'ouverture brusque du robinet de vidange des chaudières à la rentrée des voitures au dépôt ou au garage.

Si le feu est bien surveillé au moment de l'allumage, ainsi que dans les stationnements d'un peu de durée (comme lors des repas des machinistes), il sera très facile d'empêcher les tubes de rougir, et ils fourniront alors un très long service.

Lorsqu'on laisse les tubes arriver à la température du rouge sombre et que dans cet état on y injecte de l'eau, la vapeur formée se dissocie immédiatement et l'oxygène mis en liberté (1) attaque le métal en formant une quantité importante d'oxyde, ce qui diminue d'abord l'épaisseur des tubes. Les particules d'oxyde entraînées avec la vapeur rayent en outre les cylindres, et l'huile de graissage est décomposée elle-même et volatilisée par cette vapeur à très haute température.

Dans un brusque retour de la vapeur du générateur à la bâche produit par une élévation de la pression au-dessus de 20 kilogrammes, ou par le soulèvement du curseur de la soupape régulatrice, ces particules d'oxyde peuvent aussi s'interposer entre la soupape régulatrice et son siège et venir également aux pompes avec l'eau d'alimentation, gênant alors le fonctionnement de ces divers organes.

Les tubes portés au rouge s'oxydent aussi extérieurement; leur épaisseur doit donc diminuer rapidement, si ce fait se renouvelle à plusieurs reprises (fig. 4). Enfin, si lorsqu'un tube est dans cet état, on fait monter la pression dans la chaudière à un chiffre élevé, le tube, insuffisamment résistant de par sa diminution d'épaisseur et sa malléabilité, se gonfle sous cette tension et l'intervalle entre ses parois peut atteindre 8 ou 10 millimètres; l'eau peut alors prendre l'état sphéroïdal dans ces tubes (2).

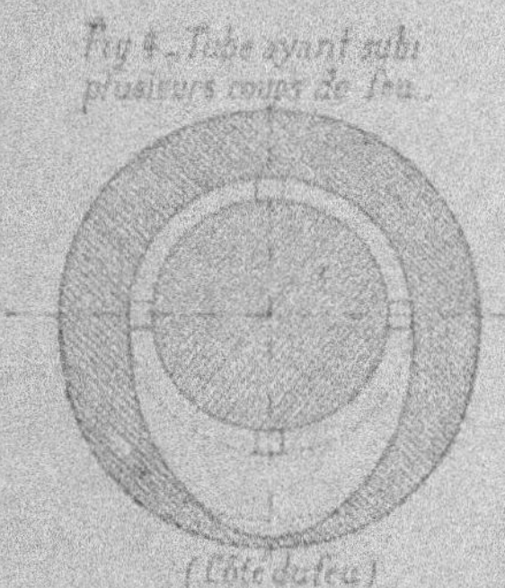

Fig 4. – Tube ayant subi plusieurs coups de feu.

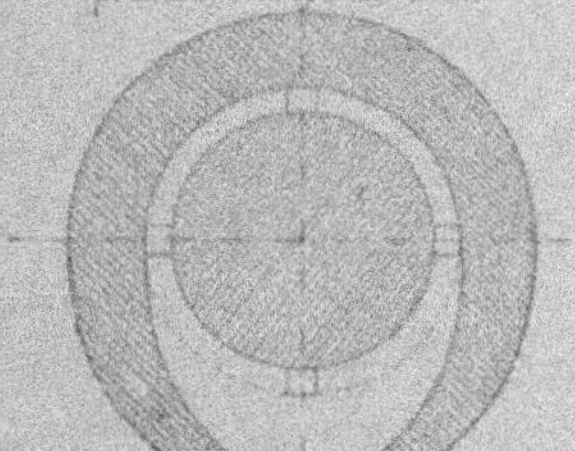

(Côté du feu)

Lorsque plusieurs tubes d'une

(1) En démontant un raccord du collecteur de vapeur, si l'on y présente une allumette enflammée, l'hydrogène prend feu.

(2) Le faible intervalle laissé entre les parois a précisément pour but d'empêcher cet état sphéroïdal de se produire.

même batterie sont gonflés de cette façon, une partie de l'eau qui y est injectée par la pompe peut ne pas se vaporiser et elle arrive dans le cylindre à l'état liquide, malgré une température élevée du générateur.

On conçoit qu'une chaudière dans cet état ne puisse fournir un bon service ; il faut la démonter complètement, remplacer les tubes par trop brûlés et redresser et recalibrer les autres.

Lorsque les tubes rougissent, les rondelles des joints et raccords s'écrasent sous l'action de la dilatation et de la chaleur, et lors du refroidissement qui suit, elles donnent lieu à des fuites d'eau et de vapeur ; ces fuites doivent être étanchées immédiatement, elles risqueraient sans cela de provoquer la détresse de l'automotrice.

Il importe donc absolument d'empêcher les tubes de rougir, ce qui est très facile avec une surveillance exercée en temps utile et principalement dans les stationnements d'un peu de durée. Si ce fait se produit dans un stationnement, on peut lui ôter sa gravité en ouvrant immédiatement la porte du foyer, de manière que le courant d'air produit puisse refroidir les tubes avant qu'on ait besoin d'y injecter de l'eau.

Fig. 5 et 6. — Voiture automotrice.
Système Serpollet de la Cie Gle des Omnibus de Paris

En résumé, si le foyer des automotrices a été bien préparé et allumé à temps, si les pompes d'alimentation et la soupape régulatrice fonctionnent bien, enfin si le graisseur des cylindres a un débit suffisant sans pertes par les joints ou raccords (toutes conditions très faciles à réaliser), ces voitures feront un bon service, même si elles sont conduites par des mécaniciens médiocres.

Une machine mal préparée, allumée trop tard ou ayant ses organes d'alimentation défectueux, pourra encore faire un service passable avec un mécanicien exercé, mais elle prendra du retard ou restera en détresse avec un mécanicien médiocre ou même ordinaire.

52. Incidents d'exploitation. — Les incidents qui peuvent survenir se bornent à quelques détresses provenant des trois causes suivantes :

1° Manque d'habileté ou de soins des machinistes ;

2° Préparation insuffisante ou tardive du foyer au départ ;

3° Fonctionnement défectueux des pompes d'alimentation ou de la soupape régulatrice.

La première cause entre pour une certaine proportion dans les détresses ; car, bien que la conduite du feu et de la marche soit très simple, on conçoit qu'il faille à des cochers et à des manœuvres n'ayant aucune notion de mécanique et de machines un certain temps pour se familiariser avec un travail entièrement nouveau pour eux. Au bout d'un mois, toutefois, ils peuvent conduire dans de bonnes conditions une machine en bon état s'ils sont soigneux et moyennement intelligents, et s'ils suivent les conseils ou indications qui leur ont été donnés. Les détresses provenant de leur manque d'habileté sont dues à une grille mal nettoyée au départ, à un feu insuffisamment chargé soit au terminus soit en cours de route, au cendrier et au registre précédemment fermés et non rouverts à temps, puis à un refroidissement du générateur occasionné par une dépense de vapeur élevée, due elle-même à une vitesse trop grande ou à un emploi insuffisant de la détente.

La préparation insuffisante ou tardive du foyer produit les détresses qui ont lieu presque immédiatement au départ du dépôt ou de la station de tête.

Enfin, le mauvais fonctionnement des pompes et de la soupape régulatrice, lorsque ces appareils ne sont pas entretenus en parfait état, peut occasionner environ la moitié des pannes totales.

Les pompes peuvent présenter des soufflures mettant la chambre d'aspiration en communication avec celle de refoulement ; la levée des clapets des pompes peut être trop grande, et les clapets échapper alors de leur guidage et se renverser dans la boîte ; si la tige de la soupape régulatrice est en métal oxydable, fer ou acier, elle se coince facilement dans la garniture et empêche la fermeture complète de la soupape ; l'eau refoulée retourne alors en grande partie à la bâche et la pression dans le générateur ne peut excéder quelques kilogrammes. La mortaise pratiquée dans le guide du curseur de la soupape peut encore n'être pas assez profonde, ce qui empêche le curseur d'appuyer sur la tige, de sorte que la pression, comme dans le cas ci-dessus, ne peut dépasser 2 ou 3 kilogrammes.

Ce n'est généralement qu'au dépôt, en visitant la soupape et les pompes, qu'on peut se rendre compte de la cause qui empêche la pression de monter, qu'on attribue parfois à tort à un mauvais état de la chaudière : batterie bouchée, tubes entartrés, grille encrassée, etc.

On attribue aussi parfois les détresses à une charge exagérée de la soupape régulatrice par le mécanicien, qui *noierait* ainsi la chaudière. Le raisonnement montre que cette manière de procéder ne peut, seule, provoquer de détresse, car la dépense d'eau et de vapeur ne dépend pas beaucoup de la pression, mais de la vitesse de la voiture, du cran de marche et du degré de surchauffe.

Si au départ le mécanicien, laissant la soupape régulatrice chargée au maximum et produisant ainsi la vapeur à une pression élevée, dépensait toute cette vapeur produite par une marche à grande vitesse et à grande admission, il est certain que la grande quantité d'eau envoyée dans le générateur tendrait à le refroidir.

Mais si, la soupape étant chargée à son maximum, la dépense de vapeur reste faible, voici ce qui se produit. L'eau injectée dans le générateur, supposé à une température suffisante, fait monter rapidement la pression, qui atteint son maximum, soit 20 kilogrammes. Si, après le démarrage, le mécanicien ramène son changement de marche au 2e cran et s'il marche à une allure moyenne, la dépense de vapeur sera relativement peu élevée. La pompe automatique ne devra refouler elle-même dans la chaudière qu'une faible quantité d'eau, correspondant exactement à cette dépense, et il ne pourra pas ainsi se produire de refroidissement, si le foyer est suffisamment garni et la grille propre.

Mais on risque avec une pareille pression de faire patiner les roues, notamment dans les démarrages si l'on ouvre brusquement le régulateur de prise de vapeur en grand ; de plus une pression constamment élevée au générateur peut faire boursoufler les tubes, si on laisse ceux-ci atteindre une température trop élevée. Aussi est-il préférable de ne marcher qu'avec une pression plus faible, en faisant en sorte cependant qu'elle soit un peu plus élevée au générateur qu'aux cylindres, ce qu'on obtient en n'ouvrant le régulateur que partiellement ; on a alors en réserve une certaine puissance latente qu'on peut utiliser à tout moment pour produire un effort plus grand.

53. Entretien. — La visite hebdomadaire, lorsqu'on arrête l'automotrice pour le lavage de la chaudière, doit porter principalement sur les pompes d'alimentation et sur la soupape régulatrice.

Mais, d'abord, la voiture doit être examinée minutieusement la veille, afin de noter les organes qui seront à visiter ou à réparer ; il n'est pas nécessaire pour cela de l'accompagner sur la ligne.

En surveillant la rentrée de la machine, on peut se rendre compte s'il y a des fuites aux joints ou aux garnitures du moteur, puis si les bielles, excentriques, paliers de l'arbre, emmanchement des tiges de pistons dans les crosses, ont du jeu. Il suffit aussi de monter sur la plate-forme du mécanicien pour examiner le fonctionnement du pyromètre, des pompes et de la soupape régulatrice, et pour se rendre compte si les garnitures des pompes et les raccords de la tuyauterie et des tubes sont étanches.

Enfin, l'examen minutieux de la machine sur la fosse, le jour du lavage, fera reconnaître les autres points défectueux : desserrage de boulons et rivets, perte de goupilles ou de clavettes, manque de graissage des articulations du mouvement des pompes, etc.

Le lavage s'effectue au moyen d'eau acidulée (à $\frac{1}{10}$ lorsqu'on se sert d'eaux calcaires pour l'alimentation et à $\frac{1}{30}$ quand on emploie de l'eau épurée) qu'on laisse 15 minutes environ dans les tubes. On lave ensuite très énergiquement et à grande eau.

Il y a lieu de changer, à chaque arrêt, la garniture en coton de la tige de la soupape régulatrice, pour éviter qu'elle durcisse et puisse venir gêner le fonctionnement de la soupape. La crépine placée sur l'alimentation doit être nettoyée à chaque lavage également, et le réservoir d'eau lavé soigneusement.

Si le fonctionnement des pompes laisse à désirer, on doit les visiter pour roder au besoin les clapets, vérifier leur course et s'assurer de l'état des garnitures en ébonite des pistons. On refait les garnitures des tiges et les joints de tubes qui perdaient, on répare le foyer et la grille ; les barreaux du foyer sont retirés, et on pique avec soin le mâchefer collé aux parois en briques à l'endroit de la grille.

Enfin, on donne du serrage aux articulations qui ont trop de jeu, on recharge ou on fait totalement à neuf les garnitures des tiges de pistons, de tiroirs et celle de l'obturateur, on remplace les goupilles ou les flasques qui manquaient aux chaînes, etc.

Les visites à faire lors d'un changement de roues doivent porter sur tout l'ensemble du moteur : chaudière, mécanisme et châssis.

On retire les *tubes* qui sont cintrés ou gondolés, pour les redresser ; pour les tubes en bon état, il suffit de les visiter à chaque deuxième levage, soit après six mois de service environ.

On mesure l'épaisseur du métal ou l'on pèse les tubes pour savoir si l'on doit retourner les tubes cylindriques (en présentant au feu la face précédemment tournée vers la partie supérieure du foyer), et même les retirer du service au cas où l'épaisseur en quelque point serait descendue en dessous de 5 millimètres.

Tous les tubes sont passés au feu, plongés dans un bain d'eau acidulée, où on les laisse séjourner plusieurs heures, puis battus soigneusement pour faire tomber le tartre et l'oxyde, enfin séchés à petit feu. Si les filets sont légèrement abîmés on les passe à la filière, et, s'ils sont usés, on les refait à neuf en diminuant leur diamètre ; on change alors les écrous.

Pour le *mécanisme*, il faut surtout remettre en parfait état les pistons moteurs et les tiroirs, vérifier et régler le jeu existant entre les pistons à fond de course et les plateaux de cylindres, supprimer le jeu des coussinets de paliers de l'arbre-manivelle, visiter les chaînes et remplacer les maillons et axes usés ainsi que les goupilles manquantes ou en mauvais état.

L'ajustage des coussinets de boîtes d'essieux doit être fait avec le plus grand soin pour éviter tout chauffage, surtout pour les coussinets de l'essieu d'avant, qui sont chargés parfois à plus de 5.000 kilog. chacun. On ne doit pas leur donner de *dépouille* ; le mieux est de les tourner au diamètre exact de la fusée et de les monter ainsi, en dégageant les congés et en donnant le jeu latéral nécessaire.

Le montage doit être fait de telle sorte que les essieux se placent bien normalement à l'axe longitudinal du châssis et aux longerons ; l'usure des glissières de plaque de garde et des boîtes doit être rattrapée en conséquence par des cales en bronze de l'épaisseur voulue.

La charge élevée portée par les roues d'avant produit une usure beaucoup plus rapide de leurs bandages que de ceux des roues d'arrière, et oblige à les mettre sur le tour après un parcours de 7.000 à 8.000 kilomètres, correspondant à 75 jours de service environ.

Quand les machines viennent de subir des réparations importantes, et notamment après un changement de roues, il est bon de leur faire effectuer un voyage d'essai avant de les remettre en service, ou tout au moins de les faire accompagner pendant le premier tour par le contremaître de la réparation ou par le chef mécanicien, afin que le machiniste n'ait à s'occuper que de la conduite.

Les *appareils d'alimentation* doivent être construits et montés avec le plus grand soin. La soupape régulatrice et son siège doivent être fabriqués en acier doux et être ensuite cémentés et trempés ; sans cela, ils s'usent et se rayent rapidement sous l'action du courant de vapeur qui se produit entre le générateur et la bâche, et ils ne conservent plus leur étanchéité.

La tige de cette soupape doit être en acier recouvert de cuivre ou de bronze, pour qu'elle ne s'oxyde pas dans la garniture ; le coton de cette dernière doit être renouvelé tous les huit jours environ : dans ces conditions, la tige reste très libre et ne gêne pas le fonctionnement de la soupape.

La levée des clapets des pompes doit être réglée avec précision, de manière que l'écoulement de l'eau s'opère sans trop de résistance et que les clapets ne puissent d'autre part sortir de leur guidage et se renverser dans leur boîte, ce qui aurait pour effet d'arrêter immédiatement le fonctionnement des deux pompes.

Les segments des pistons des pompes doivent être en ébonite, et la coupure doit être normale à la surface et inclinée par rapport aux génératrices. Cette disposition donne une bonne étanchéité.

La *tuyauterie* demande à être bien assujettie pour éviter tout ébranlement et les ruptures de raccords qui s'ensuivraient ; les écrous à collet doivent être en fer ou en acier et non en bronze.

On ne doit pas omettre de munir le tuyau du manomètre du générateur d'un coude de condensation, afin que la pression agisse sur le tube par l'intermédiaire d'une colonne d'eau à basse température ; sans cela, la soudure en étain de ce tube fondrait rapidement, en même temps que le tube se détériorerait lui-même.

L'*obturateur* ou papillon de prise de vapeur doit être dressé, ainsi que la table, à chaque changement de roues ; le tuyau de refoulement du graisseur des cylindres débouchant dans la boîte de cet organe, il se trouve très bien lubrifié et sa manœuvre est généralement ainsi très douce ; cependant il faut éviter de laisser durcir la garniture de la tige, qu'on refait à chaque arrêt de la voiture pour le lavage du générateur.

Le *graisseur des cylindres* doit être du type dit *mécanique*, de manière à opérer la lubrification des organes d'une façon régulière et proportionnelle à la vitesse du véhicule. Dans le graisseur Mollerupt, il importe que la garniture du piston ainsi que les divers raccords de la tuyauterie ou du robinet d'emplissage soient bien étanches, afin qu'il n'y ait pas de perte d'huile au dehors. Les détails du graisseur : cliquet, ressort, rochet, doivent aussi être très soignés, sans cela leur entretien deviendra onéreux et compromettra souvent le fonctionnement du graisseur et par suite la lubrification des cylindres, ce qu'il faut absolument éviter.

Le graisseur Bourdon dit *le multiple* convient très bien aussi ;

son prix est plus élevé, mais son fonctionnement est plus sûr et il peut y avoir avantage, finalement, à l'employer à la place du Mollerupt.

Il importe absolument de réduire le plus possible, dans les *chaînes*, l'usure et le bruit. Si les chaînes ne s'usent pas, on pourra les faire relativement légères ; elles devront pour cela être bien façonnées, cémentées et trempées avec soin, puis renfermées dans un carter tout à fait étanche maintenu plein d'huile propre.

La chaîne dite « varietur » (fig. 1, 2), avec ses roues, est

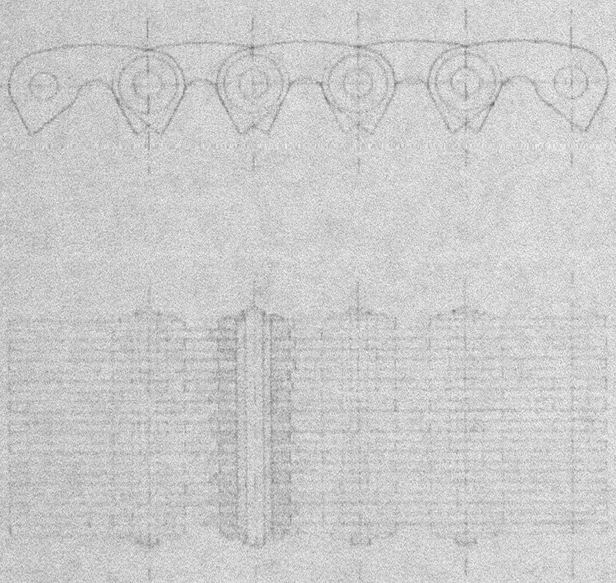

Fig. 1. — Chaîne « Varietur » silencieuse.

excellente au point de vue de l'absence de bruit ; bien construite, elle ne s'use pas non plus, et comme elle est relativement légère, elle convient particulièrement pour les tramways.

Les tramways, dans les villes, doivent être munis d'un *frein automatique continu* permettant le freinage des véhicules moteur et remorqué par le machiniste et par les conducteurs. Les

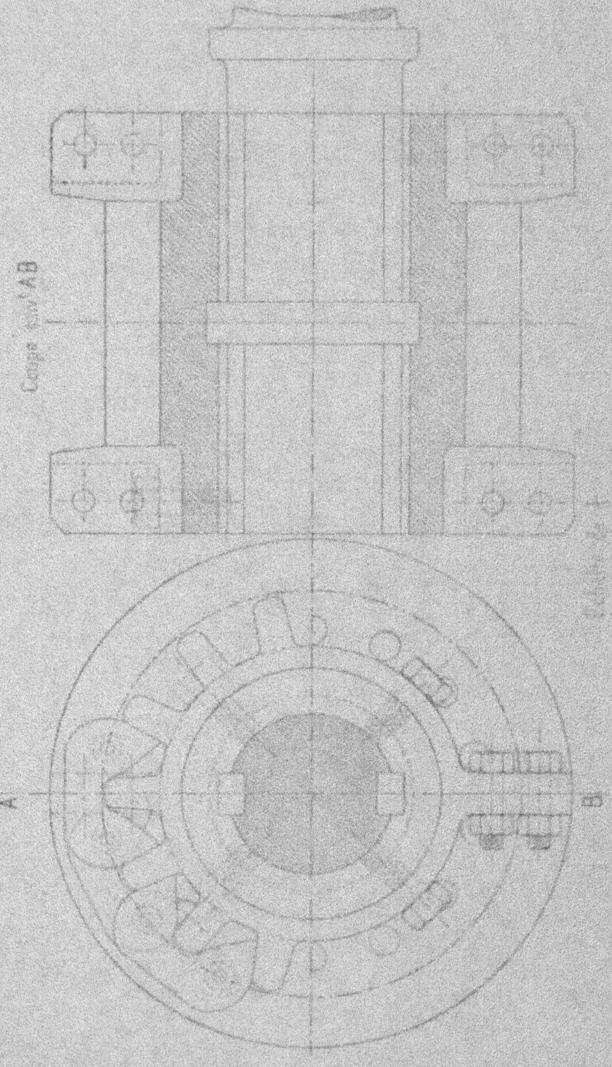

Fig. 2. — Pignon de 14 dents pour chaîne « Varietur » de 6.000 kg.

freins à air comprimé répondent surtout à ces diverses conditions ; le plus employé est actuellement le frein Soulerin à fonctionnement automatique et non automatique à la fois.

Le compresseur d'air est actionné par un excentrique monté sur l'un des essieux, celui d'arrière de préférence parce que cette partie du châssis est généralement dégagée et que le montage de la pompe et des réservoirs en ce point tend à équilibrer la charge sur les essieux. Le cylindre du compresseur peut être muni d'ailettes pour éviter son échauffement.

La pression nécessaire pour opérer un freinage énergique est de 4 kilogrammes environ ; on dispose sur le tuyau de refoulement au réservoir principal une soupape de sûreté chargée à 5 ou 6 kilogrammes pour éviter une fatigue inutile aux organes par une compression au-dessus de ces chiffres.

Les joints de la tuyauterie doivent être maintenus bien étanches : le débit de la pompe serait sans cela insuffisant, et le réservoir principal se viderait rapidement dans les stationnements, de sorte que le frein ne pourrait fonctionner immédiatement au départ suivant.

Cependant, malgré une étanchéité à peu près complète des divers organes et tuyauteries, la perte d'air dans la nuit est telle que la pression le matin à la sortie serait à peu près nulle si l'on ne disposait dans le dépôt d'un réservoir de grande capacité, rempli la veille à une pression de 10 à 12 kilogrammes par une pompe actionnée au moyen du moteur de l'atelier, et qui sert à recharger le réservoir principal des automotrices.

Chaque voiture doit être munie aussi d'un *frein à main* énergique, pouvant remplacer le frein à air en cours de route, et servant à freiner les roues dans les stationnements. La commande de ce frein peut se faire au moyen d'une chaîne, mais il est préférable d'employer une commande à vis, qui augmente la puissance de serrage et n'exige pas un effort aussi élevé du machiniste.

Il est bon de munir les patins de frein de ressorts système Lachaud (voir en appendice), qui donnent un serrage très doux et permettent une usure aussi complète que possible des patins, ce qui procure finalement une économie importante en matières et main-d'œuvre.

Dans l'entretien du *châssis*, il faut remplacer soigneusement les rivets d'assemblage rompus ou ébranlés; resserrer ou remplacer en les munissant de rondelles coupées, système Grower, les boulons desserrés; redresser les tôles et barres ou tringles faussées, etc.; enfin refaire les filets de peinture effacés et repeindre les tôles qui ont été planées ou passées au feu.

54. Avantages de la vapeur surchauffée. — On sait qu'une vapeur est dite surchauffée lorsqu'on continue à la soumettre à l'action d'une source de chaleur après qu'elle a cessé d'être en contact avec son liquide générateur; sa température devient alors supérieure à celle qui correspond à son état de saturation.

La surchauffe produit un accroissement du volume de la vapeur; elle a aussi pour effet de diminuer les condensations de cette vapeur à son entrée dans les cylindres, lesquelles donnent lieu à une perte souvent considérable : la vapeur surchauffée ne se condense, en effet, que lorsque sa température est redevenue égale à celle correspondant à sa saturation. D'après ces deux considérations, la surchauffe doit augmenter beaucoup le travail de la vapeur, et c'est ce qui a lieu en effet avec une surchauffe importante.

D'après M. Dwelshauvers-Dery (1), « la marche la plus économique d'une machine à vapeur est obtenue lorsqu'on est parvenu à faire en sorte que le métal des parois du cylindre soit absolument sec sur la face interne dès le commencement de l'échappement; en d'autres termes, que la vapeur évoluante soit, au commencement de l'échappement, exactement sèche ou légèrement surchauffée, et qu'aucune partie n'en soit répandue en rosée sur le métal. Une surchauffe de 200 degrés est nécessaire pour réaliser cette condition de fonctionnement. »

Les premiers essais de surchauffe ayant donné des résultats pratiques sont dus à Hirn, qui a relevé des économies de vapeur de 20, 31 et 47 0/0, avec des températures respectives de 210, 221 et 245 degrés, et une pression de 3 atm. 75.

Dans des essais récents effectués en Allemagne, sur une machine compound système Schmidt à enveloppe de vapeur sur le grand cylindre et d'une force de 60 chevaux seulement,

(1) *Revue de Mécanique*, n° de mars 1897.

la consommation de vapeur est descendue à 4 kg. 55 par cheval indiqué et par heure, la machine fonctionnant à la pression absolue de 13 atmosphères et la température de la vapeur à son entrée dans le cylindre étant de 344 degrés, ce qui donne une surchauffe de 154 degrés.

La surchauffe n'a reçu que peu d'applications jusqu'à ce jour, parce qu'une haute température de la vapeur tend à décomposer les huiles de graissage, et par suite à produire le grippement des cylindres et des tiroirs. En outre, lorsqu'on veut obtenir un degré élevé de surchauffe, les serpentins ou tuyaux formant le surchauffeur se brûlent et sont mis rapidement hors de service.

Cependant, l'industrie fournit aujourd'hui des huiles minérales résistant à de très hautes températures; d'un autre côté, le générateur Serpollet permet d'obtenir les 200 degrés de surchauffe reconnus nécessaires par M. Dwelshauvers-Dery pour réaliser le maximum de rendement. La dépense des machines ordinaires descend alors à 7 ou 8 kilogrammes de vapeur par cheval pour les forces de 15 à 20 chevaux, et à 10 kilogrammes pour celles de 6 à 10 chevaux.

Ce résultat, dans les voitures de tramways, permet de réduire les dimensions du générateur et d'alléger en même temps les voitures, deux conditions qui ont une très grande importance dans les questions de traction. En outre une surchauffe élevée rend la vapeur d'échappement complètement invisible.

55 Dépense de vapeur des automotrices Serpollet. — Nous avons mesuré cette dépense sur une partie de ligne de 2.600 mètres de longueur présentant une rampe moyenne continue de 11 mm. 1/2 par mètre.

La résistance de ces voitures en palier, à la vitesse de 10 à 12 kilomètres à l'heure et en tenant compte des arrêts et des courbes dans les conditions ordinaires du service, est de 13,5 kilogrammes, à très peu de chose près, par tonne. Sur rampe de 11,5 mm., dans les mêmes conditions de marche, cette résistance devient ainsi :

$$13,5 + 11,5 = 25 \text{ kilogrammes par tonne.}$$

Le poids de ces voitures en charge moyenne peut être estimé à 16 tonnes ; leur résistance sur le parcours ci-dessus est donc de :

$$16 \times 25 = 400 \text{ kilogrammes.}$$

D'autre part, la vitesse moyenne de marche, arrêts déduits, est de 10 à 12 kilomètres à l'heure, soit de 3 mètres par seconde environ ; le travail effectif moyen développé par le moteur des véhicules est alors de :

$$400 \text{ kg.} \times 3 \text{ m.} = 1.200 \text{ kilogrammètres,}$$

soit

$$\frac{1200}{75} = 16 \text{ chevaux-vapeur.}$$

La dépense d'eau dans ce trajet, mesurée sur une même voiture aux admissions de 31,50 et 66 0/0 de la course des pistons, a été respectivement de 27,30 et 33 litres, ce qui porte la dépense par cheval à :

$$\frac{27}{16} = 1 \text{ lit. } 69.$$

$$\frac{30}{16} = 1 \text{ lit. } 87.$$

$$\frac{33}{16} = 2 \text{ lit. } 06.$$

Le trajet était effectué chaque fois en 17 ou 18 minutes, dans lesquelles les arrêts entraient en moyenne pour 2 ou 3 minutes ; le temps réel de marche était donc assez exactement de 15 minutes ou un quart d'heure ; par suite, la dépense de vapeur par cheval-heure ressort à :

$1,69 \times 4 = 6,76$ kg. pour la marche à 31 0/0 d'admission,
$1,87 \times 4 = 7,48$ kg. pour la marche à 50 0/0 et
$2,06 \times 4 = 8,24$ kg. pour la marche à 66 0/0.

La température de la vapeur était, dans les trois cas, de 280 degrés environ et la surchauffe de 100 degrés.

Lorsque la vapeur n'a que quelques degrés de surchauffe, la dépense ci-dessus peut tripler ; mais il est très facile aux mécaniciens, si leur générateur est muni d'un thermomètre, de maintenir la surchauffe au chiffre reconnu le plus avantageux au double point de vue de la dépense d'eau et de la conservation du mécanisme et d'obtenir ainsi un excellent service de leur moteur.

56. Consommation de combustible et dépenses de traction par kilomètre. — Sur une ligne à profil moyennement accidenté, la dépense de combustible des voitures Serpollet peut être estimée à 2,5 kg. par kilomètre pour une automotrice seule, et à 3,5 kg. environ pour une automotrice remorquant une voiture d'attelage de même contenance (30 à 32 places). Ces chiffres ne sont pas sensiblement dépassés sur la ligne Cimetière de Saint-Ouen-Bastille, qui est cependant très encombrée et d'un profil assez dur (fig. 1).

Les voitures y circulent aussi presque toujours à charge complète ; pour l'année 1898, les recettes et les bénéfices ont atteint respectivement, sur cette ligne, 2.490.498 fr. et 602.972 fr. pour 30 automotrices et 10 attelages en service, malgré des réparations coûteuses faites au matériel et dues à un entretien insuffisant.

Les frais de traction d'une ligne desservie par des voitures Serpollet ne sont pas plus élevés qu'avec tout autre système à vapeur, et ils peuvent être réduits à moins de 0 fr. 30 par voiture de 30 places et par kilomètre ; à Paris, ils dépassent sensiblement ce chiffre en raison de la cherté de la main-d'œuvre, de la capacité plus grande des voitures, du prix élevé du combustible et de la faible vitesse relative des trains, qui ne permet pas de faire effectuer aux mécaniciens un parcours journalier supérieur à 75 kilomètres, etc. Mais ce système permet aisément la remorque de une ou de deux voitures, ce qui réduit alors à un chiffre très bas le prix de revient de la voiture-kilomètre.

Le stationnement nécessaire à la tête de ligne pour le décrassage du feu, le remplissage des caisses à eau et le graissage est, avec ce système, de 15 minutes environ ; en y ajoutant 10 minutes pour les manœuvres et le stationnement des voitures avant le départ, on arrive à un total de 25 minutes pour le battement à chaque voyage.

Au terminus, le stationnement est réduit à 8 ou 10 minutes pour les manœuvres et la montée des voyageurs ; en cas de retard, il est possible de gagner 5 minutes au terminus et 10 minutes à la tête de ligne, en faisant aider le mécanicien dans le décrassage et le graissage.

Un triangle est installé à l'entrée du dépôt de Saint-Ouen pour permettre de faire sortir les voitures machine en avant ; le classement dans la remise, qui a une forme rectangulaire très allongée, se fait sur des voies parallèles, séparées en leur milieu par

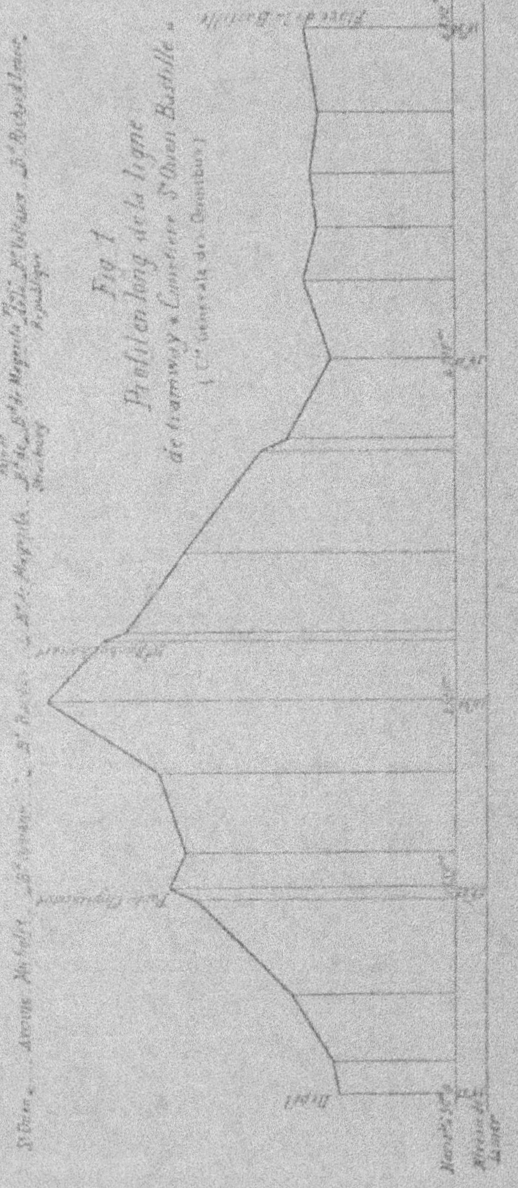
Fig 1
Profil en long de la ligne
de tramway « Cimetière St Ouen Bastille »
(Cie Générale des Omnibus)

une fosse qui est desservie au moyen d'un transbordeur électrique, d'une grande rapidité de manœuvre. Une plaque tournante, avec voies rayonnantes, sert à remiser les voitures d'attelage.

Toutes les voitures rentrent le soir au dépôt ; mais, dans la journée, les deux tiers d'entre elles s'arrêtent à la Porte Clignancourt, où un garage, comprenant 3 voies parallèles, est installé sur un terre-plein pour permettre le décrassage des feux et l'approvisionnement de l'eau d'alimentation.

Ce garage est raccordé avec la station au moyen d'un triangle américain ; une plaque a été aussi installée comme secours, en cas d'obstruction d'une partie du triangle.

57. Modifications à apporter aux automotrices Serpollet pour en améliorer le fonctionnement. — Une modification importante à apporter au générateur consisterait à l'alléger le plus possible pour rendre sa mise en pression plus rapide, décharger l'avant du véhicule et mieux équilibrer ce dernier sur ses essieux. Actuellement, le poids sur l'essieu d'avant atteint parfois 10.000 kilogrammes, ce qui fatigue beaucoup la voie.

Le générateur de ces voitures pèse 2.700 kilogrammes environ, et l'ensemble des tubes et raccords traversés par l'eau 930 kilogrammes. La mise en pression de ce générateur, au premier départ le matin, demande environ une heure, et s'il vient à se refroidir en cours de route il faut quelquefois plus d'une demi-heure pour relever suffisamment sa température (1).

On pourrait se contenter de donner aux tubes une épaisseur de 8 millimètres, ce qui en diminuerait beaucoup le poids, un peu aussi l'encombrement, et par suite les dimensions de l'enveloppe ; en réduisant également le poids des accessoires et en employant un plus grand nombre de briques creuses, on arriverait très facilement à réduire le poids total à 2.000 kilogrammes.

Un pareil générateur serait en pression 45 minutes environ après l'allumage, et s'il survenait un refroidissement en cours de route la température serait plus vite relevée.

(1) Pour l'allumage du foyer, il faut brûler environ 20 kg. de coke représentant 80.000 à 100.000 calories emmagasinées dans le métal des tubes et le briquetage, et dont le quart peut être utilisé immédiatement ou est conservé en réserve tant que la dépense de la machine n'est pas supérieure à la production au même moment.

DONNÉES GÉNÉRALES

Course du piston	150mm
Longueur de la boîte extérieure	255 »
Largeur des orifices d'introduction	12 »
Largeur de l'orifice d'échappement	25 »
Distance extérieure des orifices d'introduction	73 »
Course des excentriques	40 »
Angle d'avance	30°
Course des tiroirs	40mm
Recouvrement extérieur	8 »
Recouvrement intérieur	1 »
Diamètre du cylindre	180 »

58 Régulation de la machine

SERPOLLET N° 1 (Fives)

(Distribution de Stephenson).

DÉSIGNATION	MARCHE ARRIÈRE										MARCHE AVANT							
	DIVISIONS DE LA RÈGLE																	
	4		3		2		1		0		1		2		3		4	
	AR	AV	AR	AV	AR	AV	AR	AV	AR	AV	AR	AV	AR	AV	AR	AV	AR	AV
Avance linéaire en 1/100e de course — Admission	1	0,5	1,66	1,16	2,66	1,83	3	1,5	3,16	2,32	3	2,32	2,66	2	1,83	1,16	1	0,33
Avance linéaire en 1/100e de course — Émission	99	99,5	98,34	98,84	97,34	98,17	97	98,5	96,84	97,68	97	97,68	97,34	98	98,17	98,84	99	99,67
Ouverture maxima des lumières exprimée en mm	11,5	9,5	9,5	7,25	7	5,5	5,25	4	4,75	3,5	5,25	4	7	5,5	9,25	7,25	11,75	9,5
Moyennes	10,5		8,375		6,25		4,625		4,125		4,625		6,25		8,25		10,625	

Course = 100 centièmes	Admission	Chemin parcouru par le piston pendant l'admission, exprimé en 1/100 de la course	76,33	79,33	64	69,33	49,33	33	31,33	34	16,66	18	34,33	31,33	49,33	50,33	64,66	68	76	79
		Moyenne	77,83		66,66		31,16		32,66		17,34		31,33		49,66		69,33		77,50	
	Détente	Chemin parcouru par le piston pendant la détente, exprimé en 1/100 de la course	18	16	24,66	21,66	30,66	31,66	36,66	38	32,66	32	36	37,66	30	33	23,33	22,66	17,33	15,66
		Moyenne	17		23,16		31,16		37,33		32,33		36,83		31,50		22,99		16,49	
	Avance à l'échappement	Chemin restant à parcourir par le piston lorsque l'échappement commence, exprimé en 1/100 de la course																		
		Moyenne	8,67		10,48		17,68		30,01		50,33		31,84		18,84		10,68		9,1	
Course = 100 centièmes	Échappement	Chemin parcouru par le piston lorsque l'échappement cesse, exprimé en 1/100 de la course	93,33	92	89	85,33	80	75,33	67,33	61,33	56,66	43,33	66	61,33	79,33	75,33	88	84,66	92,66	91,33
		Moyenne	92,66		87,16		77,66		64,33		47,99		63,66		77,33		86,33		92	
	Compression	Chemin parcouru par le piston pendant la compression, exprimé en 1/100 de la course	6,33	7,83	10,50	14,16	17,66	22,50	26,66	32	37,33	38,33	27,33	31,33	18	22,33	11,33	14,50	7	8,50
		Moyenne	7,08		12,33		20,08		29,33		37,66		29,33		20,16		12,91		7,75	
	Contre-vapeur	Chemin parcouru par le piston pendant le refoulement, exprimé en 1/100 de la course																		
		Moyenne	0,26		0,51		2,26		6,34		14,33		7,04		2,54		0,76		0,25	
		Course du tiroir exprimée en millim.	39,5		34		30		27,5		26,5		27,5		30		33		30,5	

Le calorique emmagasiné serait moindre ; mais il est actuellement exagéré, car lorsque le générateur est bien chauffé, on peut faire parcourir aux automotrices environ 2 kilomètres en palier après que le feu a été jeté.

Le foyer a des dimensions suffisantes pour permettre aux voitures de franchir les rampes de 25 millimètres avec la seule production *actuelle* ; le calorique précédemment emmagasiné dans le faisceau tubulaire n'est donc mis à contribution que lorsque les rampes à gravir sont supérieures à ce chiffre ; or, ces rampes sont en très petit nombre, et ont généralement peu de longueur dans les villes.

Une autre amélioration de même sens consisterait à placer le mécanisme entre les essieux, ainsi que cela s'est déjà fait pour les voitures de la Cie des Tramways-Nord. On répartirait son poids à peu près également entre ces essieux, et on déchargerait par conséquent beaucoup celui d'avant.

En disposant enfin la pompe de compression et son réservoir, ainsi que le réservoir d'eau auxiliaire, à l'arrière (en ne laissant à l'avant, entre la chaudière et la caisse, qu'un réservoir d'une contenance égale à la dépense moyenne d'un voyage simple), on arriverait à égaliser sensiblement la charge totale entre les essieux, ou du moins à ne faire porter par celui d'avant qu'un poids susceptible de ne pas endommager les voies. Il en résulterait un roulement plus doux des voitures et une économie importante dans l'entretien des voies.

Ces diverses modifications amélioreraient le fonctionnement des automotrices Serpollet, lequel est déjà très satisfaisant sur les lignes de la Compagnie des Omnibus. Certains pourront s'étonner de cette appréciation ; c'est la seule cependant qui soit exacte puisque, pour 135,000 kilomètres d'automotrices (dont 40,000 avec voiture d'attelage) effectués par mois sur les deux lignes « Cimetière de St-Ouen, Porte Clignancourt-Bastille » et « Porte d'Ivry-les Halles », le nombre des *pannes* est seulement de quatre ou cinq.

Nous ne croyons pas qu'il existe aucun système (en dehors de l'air comprimé) qui puisse donner de meilleurs résultats ; sur les chemins de fer même, avec un personnel de choix et un entretien très suivi, les détresses sont proportionnellement plus nombreuses.

Le système Serpollet a donné et donne encore des résultats médiocres sur plusieurs lignes de tramways ; mais c'est certainement que les machinistes n'y sont pas suffisamment exercés ni assez surveillés, et que l'entretien est lui-même défectueux.

On confie, sur ces lignes, la conduite des automotrices à des manœuvres ayant fait seulement 15 jours et quelquefois moins encore d'apprentissage avec des machinistes mal dressés eux-mêmes ; il n'y a rien d'étonnant qu'ils restent en panne dans les premiers jours de marche et qu'ils donnent des coups de feu aux générateurs, si l'on songe qu'il faut plusieurs années pour former un bon mécanicien de chemin de fer.

L'apprentissage des machinistes devrait durer au moins un mois, ceux qui ne possèdent pas les qualités nécessaires pour la conduite étant éliminés après un essai de 8 à 10 jours ; ensuite, pendant 15 jours, les nouveaux machinistes devraient être accompagnés par un chef mécanicien ou un autre agent exercé et sûr et n'être enfin livrés à eux-mêmes que lorsqu'on se serait assuré qu'ils peuvent conduire dans d'excellentes conditions. Si l'entretien au dépôt était fait par un personnel suffisamment habile, enfin si la surveillance était bien établie aux terminus, le service, dès le début, serait aussi satisfaisant qu'avec tout autre système de traction et les pannes presque totalement évitées.

59. Puissance des automotrices Serpollet de la Compagnie générale des Omnibus. — Le tableau ci-dessous, établi par la Compagnie de Fives-Lille, contient le résumé du travail de la vapeur dans les 2 moteurs de l'automotrice, avec des admissions et des vitesses différentes ; il donne également les efforts de traction correspondant aux différents cas et les rampes qui peuvent être gravies par l'automotrice seule ou par l'automotrice et la remorque. Les calculs sont établis en comptant sur un poids total roulant de 16 t. pour l'automotrice en charge et un effort de traction de 15 k. par tonne ; un poids de 8 t. pour la remorque en charge et un effort de traction de 12 k. par tonne.

Les rendements de la vapeur dans les moteurs et des transmissions sont indiqués dans les colonnes du tableau.

Données principales :

Diamètre du piston à vapeur : 180 m/m. Course : 150 m/m.

Pression de la vapeur dans les cylindres : 15 k. Contrepression : 0 k. 5. Nombre de cylindres par automobiles : 2.

Durée de l'admission	Vitesse de l'automotrice à l'heure	Rendement des moteurs	Travail effectif de la vapeur aux moteurs	Rendement des transmissions	Travail effectif aux roues	Vitesse de l'automotrice par seconde	Effort de traction	Rampe que peut gravir l'automotrice seule	Rampe que peuvent gravir l'automotrice et la remorque
1	2	3	4	5	6	7	8	9	10
la course	kil.		chx		chx	m.	kil	mm.	mm.
70 0/0	8	60 0/0	36,6	90 0/0	33,0	2,22	1.120	55,0	32,6
—	10	58 »	44,2	88 »	38,9	2,77	1.055	51,0	30,0
—	12	56 »	51,0	86 »	44,0	3,33	990	46,8	27,2
—	15	52 »	61,6	83 »	54,2	4,16	920	42,3	24,4
60 0/0	8	60 »	35,0	90 »	31,5	2,22	1.070	51,9	30,5
—	10	58 »	43,3	88 »	37,2	2,77	1.000	47,5	27,7
—	12	56 »	48,8	86 »	41,7	3,33	933	43,4	24,0
—	15	52 »	56,6	83 »	48,0	4,16	848	38,0	21,3
50 0/0	8	60 »	32,6	90 »	29,4	2,22	995	47,2	27,4
—	10	58 »	39,5	88 »	34,8	2,77	942	44,0	25,2
—	12	56 »	45,2	86 »	38,9	3,33	875	39,6	22,5
—	15	52 »	53,0	83 »	44,0	4,16	792	34,5	19,0
40 0/0	8	60 »	29,4	90 »	26,5	2,22	900	41,2	23,5
—	10	58 »	35,5	88 »	31,2	2,77	850	37,5	21,0
—	12	56 »	41,0	86 »	35,3	3,33	795	34,7	19,1
—	15	52 »	47,6	83 »	39,5	4,16	710	32,4	15,6

NOTA. — Les calculs sont établis dans l'hypothèse que la chaudière fournira la vapeur suffisante (1).

§ 3. VOITURE SYSTÈME SERPOLLET A GÉNÉRATEUR CHAUFFÉ AUX HUILES LOURDES.

60. Générateur. — Il n'a été construit qu'une voiture de tramway de ce genre, laquelle a été longtemps en essai sur la ligne « St-Ouen-Bastille » de la Compagnie générale des Omni-

(1) **Puissance du générateur**. Surface de grille 40 dmq.

Combustion par heure $\frac{400 \times 40}{100} = 160$ k. et par kilomètre $\frac{160}{16} = 10$ kg. donnant $10 \times 4 = 40$ kg. de vapeur à 300°.

Dépense par cheval et par heure. 8 kg. d'eau

— — — km. . $\frac{8}{16} = 0$ k. 500.

Les 40 kg. de vapeur produits par heure correspondent donc à une puissance de

$$\frac{40}{0,5} = 80 \text{ chevaux.}$$

bus de Paris. Cependant, comme ce système est très intéressant et qu'il peut recevoir des applications ultérieures, nous croyons utile de le décrire.

Le générateur diffère de celui des voitures chauffées au coke que nous avons décrit au paragraphe précédent. Il est formé (fig. 1) de dix éléments torses et de dix éléments emboutis à

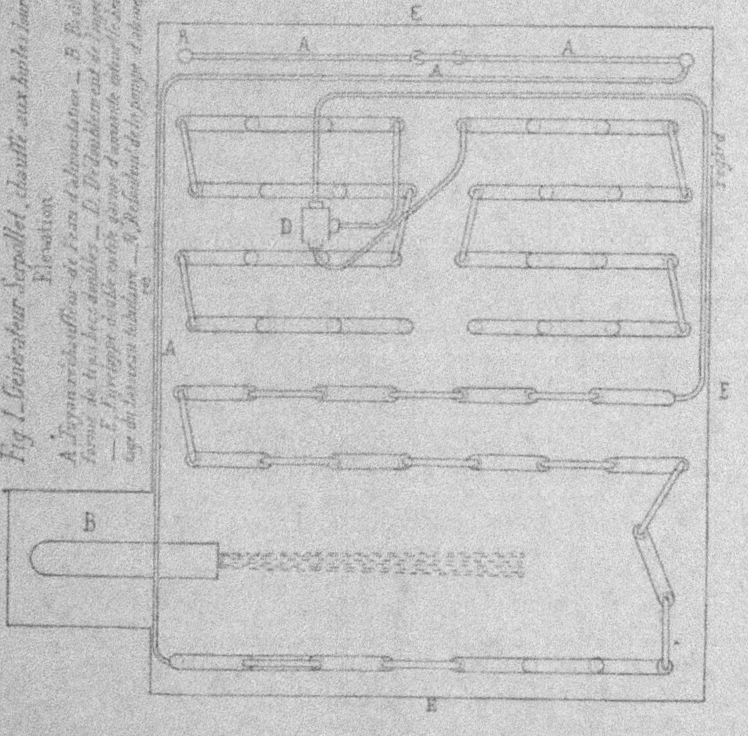

Fig 1_Générateur Serpollet, chauffé aux huiles lourdes
Elevation
A Tuyau réchauffeur de l'eau d'alimentation _ B. Brûleur formé de trois becs doubles _ D. Dédoublement de l'injection — E. Enveloppe double entre garnie d'amiante [illegible] tuyautage du faisceau tubulaire _ R. Refoulement de la pompe d'alimentn

quatre branches, disposés dans le sens longitudinal de la voiture; plus d'un élément double, à mandrin, placé en face du brûleur et incliné de façon à bien présenter ses deux branches à la flamme.

La surface de chauffe est de 8,75 m², et le poids total, avec la fumisterie, de 1.800 kilogrammes.

Le générateur est placé au milieu de la plateforme du machiniste, sur laquelle il n'occupe que peu de place ; il est également moins haut que les générateurs chauffés au coke. La cheminée se trouve dans l'axe de la voiture.

Le chauffage s'opère au moyen d'huiles lourdes d'une densité sensiblement égale ou un peu supérieure à 1, dont la combustion s'opère à la sortie d'un brûleur à six becs dirigeant la flamme horizontalement et perpendiculairement aux tubes, entre la première et la deuxième rangées inférieures.

Cette huile circule d'abord dans une chambre enveloppant le brûleur, où elle se vaporise ; et c'est à l'état de vapeur qu'elle sort du brûleur.

Le combustible est emmagasiné dans un réservoir d'une contenance de 150 litres placé à l'arrière de la voiture, sous le plancher de la caisse ; on fait le plein de ce réservoir en y versant le contenu de bidons de 20 litres, au moyen d'un entonnoir et d'un tuyau à raccord que l'on visse sur le réservoir, après avoir eu soin de vider l'air comprimé contenu dans ce dernier.

Un serpentin en cuivre disposé dans ce réservoir peut être alimenté de vapeur prise au générateur, de façon à élever la température de l'huile au degré le plus favorable (30 degrés environ) ; une garniture en amiante soigneusement établie protège le réservoir contre le refroidissement extérieur.

Pour l'allumage, on réchauffe d'abord le brûleur avec un appareil spécial dans lequel on consomme environ 1 kilogramme de pétrole ordinaire ; ce pétrole est contenu dans un petit récipient placé sur la plateforme du mécanicien, et où l'on crée une pression de 500 grammes d'air au moyen d'une pompe à main.

Au bout d'un quart d'heure, le brûleur est assez chaud, et on peut l'alimenter avec l'huile lourde du réservoir (dans lequel on refoule de l'air à la pression de 200 à 300 grammes avec la petite pompe ci-dessus également) pour chauffer le générateur. Cette préparation dure environ 40 minutes, pendant lesquelles on a brûlé 10 kilogrammes d'huile ; la machine est alors prête à sortir, si l'on a en même temps graissé le mécanisme et les essieux, réglé les freins, etc.

Un kilogramme d'huile lourde renferme 12.000 calories, et on peut compter que dans ce nombre 7.000 pénètrent le métal des tubes et le briquetage placé au coup de feu ; la chaleur emmagasinée dans le générateur au moment de la sortie est donc de 70.000 calories, lesquelles ont porté la température des tubes à 500 ou 600 degrés, et celle du briquetage à 1.000 ou 1.200 degrés.

En cours de route, la température des tubes qui reçoivent directement l'eau d'alimentation s'abaisse entre 300 et 400 degrés; les tubes suivants, qui reçoivent cette eau à l'état de vapeur, continuent au contraire à s'échauffer, et les derniers arrivent jusqu'à la température du rouge sombre (environ 700 degrés), qu'ils conservent sans grande variation si le chauffage est bien conduit.

A cette température, les tubes ne risquent pas de se déformer, même sous la pression de 20 kilogrammes, s'ils ont leur épaisseur normale : il faut qu'ils arrivent au rouge cerise (1.000 degrés) pour commencer à se déformer sous la pression ci-dessus.

En raison de la vitesse considérable de la vapeur dans les tubes, une température de 500 à 700 degrés est nécessaire pour la surchauffer au point voulu (300 à 400 degrés) et en obtenir le maximum de rendement. Avec une bonne huile de graissage, les cylindres, les tiroirs et les garnitures ne souffrent nullement de cette température élevée.

L'alimentation s'effectue à l'aide d'un petit-cheval : l'eau refoulée pénètre d'abord dans un tube réchauffeur *a*, disposé à l'intérieur de l'enveloppe du générateur, puis descend à la rangée de tubes située en dessous du brûleur (voir fig. 1). Il est facile de suivre le trajet de l'eau et de la vapeur sur le dessin.

L'injection dans le tube réchauffeur se fait par un débouché unique ; le courant de vapeur se partage en deux branchements lorsqu'il arrive à la deuxième rangée des tubes torses. Cette vapeur s'élève ensuite à la rangée supérieure, puis redescend jusqu'à la troisième rangée au-dessus du brûleur. Cette circulation à l'inverse du courant des gaz de la combustion est rationnelle, et elle a pour effet de porter la vapeur à une très haute température, le branchement qui conduit cette vapeur aux cylindres s'amorçant très près des brûleurs. Ce branchement est soigneusement enveloppé de corde d'amiante pour réduire le refroidissement par l'air extérieur.

Le réservoir d'alimentation est situé près du générateur; il est maintenu constamment plein, en cours de route, au moyen d'une pompe mue par un excentrique calé sur l'essieu accouplé et puisant dans le réservoir principal situé sous la plate-forme des voyageurs.

Une fois mis en route le petit-cheval ne s'arrête plus qu'au repas du machiniste et après le remisage de la voiture au dépôt, à la fin du service. Sa vitesse, et par suite son débit, se règle de deux façons ; automatiquement d'abord, et alors proportionnellement à l'ouverture même du régulateur d'admission et par suite à la dépense de vapeur de la machine, de façon que l'alimentation compense toujours exactement cette dépense ; puis au moyen d'une petite vanne située sur le tuyau de prise de vapeur, et qui sert aussi à arrêter totalement l'alimentation dans les arrêts prolongés pendant lesquels le brûleur est mis en veilleuse. Une soupape disposée sur la tuyauterie d'alimentation et chargée à 20 kg. permet le retour de l'eau à la bâche d'alimentation lorsque la pression dans la chaudière dépasse ce chiffre.

L'intensité de la combustion se règle en faisant varier entre 100 grammes et 1 kilogramme la pression d'air créée sur l'huile du réservoir ; cet air est pris dans le réservoir principal du frein, alimenté de son côté par un compresseur actionné au moyen d'un excentrique calé sur l'essieu d'avant.

L'huile est vaporisée dans le brûleur et elle s'écoule dans le foyer par six trous de 1 millimètre de diamètre débouchant dans des becs Bunsen ; le mécanicien est approvisionné d'épinglettes qui lui servent à déboucher ces trous quand ils viennent à s'obstruer par les impuretés contenues dans l'huile.

Lorsque l'ensemble du générateur est bien chaud, le débit de l'huile peut être très élevé sans qu'il y ait production de fumée ; mais celle-ci a tendance à se former dès que la température s'abaisse ; il faut alors diminuer la pression d'air dans le réservoir à huile pour réduire l'écoulement de cette dernière, et ralentir en même temps l'allure de la voiture puisque la production de vapeur est diminuée elle-même. On risquerait sans cela de provoquer une détresse par manque de pression.

La fermeture du régulateur de prise de vapeur de la machine ne produit pas l'arrêt du petit-cheval d'alimentation, si l'on ne ferme pas en même temps la vanne située sur le tuyau de ce petit-cheval ; ce régulateur laisse ouvert un petit passage qui débite assez de vapeur pour maintenir une allure de quinze coups environ par minute, ce qui suffit d'autre part pour créer une circulation d'eau continue dans le générateur et empêcher les tubes de prendre une température trop élevée.

On opère la mise en veilleuse du brûleur en l'écartant, au moyen d'un levier, de dix centimètres environ du générateur, et en l'alimentant à l'aide d'un petit réservoir spécial d'une capacité de 25 litres placé sur l'avant, et dont l'écoulement s'effectue à une pression constante de 200 grammes. On n'a pas alors à craindre que le brûleur s'éteigne ni que, d'autre part, il fasse rougir les tubes. Il conserve au générateur une température modérée, et il suffit de rétablir son fonctionnement normal un quart d'heure avant le départ de la voiture.

La production du générateur et la dépense de vapeur nécessaire à la marche de la voiture peuvent être calculées comme suit.

La consommation d'huile de chauffage par kilomètre peut atteindre 3 kilogrammes, lesquels vaporisent ensemble 21 litres d'eau à 12 kilogrammes de pression et 400 degrés de température ; si la vitesse de l'automotrice est de 3 mètres par seconde (10,8 km. par heure), la vaporisation par minute est de 3 litres et demi d'eau environ.

Sur rampe de 30 millimètres par mètre, l'automotrice remorquant une voiture d'attelage à la vitesse de 3 mètres par seconde dépense 7 kilogrammes de vapeur par cheval indiqué et par heure, avec une pression de 12 kilogrammes et une admission de 35 0/0 ; pour produire les 40 chevaux nécessaires à la remorque du train sur la rampe ci-dessus, la dépense par heure doit s'élever ainsi à 280 kilogrammes, soit à 4,666 kg. par minute.

La combustion *actuelle* du brûleur ne peut donc fournir une assez grande quantité de calorique pour suffire à cette dépense, et c'est le calorique précédemment emmagasiné dans les tubes qui doit parfaire le surplus.

Voyons sur quelle longueur de parcours ce nouveau régime pourra fonctionner.

Au moment où la machine attaquera la rampe, la température moyenne des tubes pourra être de 600 degrés (entre le rouge naissant et le rouge sombre) ; or il suffit que cette température soit de 150 degrés pour donner encore une bonne surchauffe. La chaleur renfermée dans les tubes et immédiatement disponible sera donc de :

500 kg. (poids des tubes et raccords) $\times$ 150° (température disponible) $\times$ 0,114 (chaleur spécifique du fer) = 8.550 calories.

Le briquetage exposé immédiatement au feu, et qui est à la température de 1.200 à 1.400 degrés lorsque la machine attaque la rampe, pourra céder aussi 150 degrés dans l'intervalle de quelques minutes, soit :

80 kg. (poids des briques) $\times$ 150° $\times$ 0,2 (capacité calorique des briques) = 3.000 calories.

Le calorique total du générateur disponible dans un court espace de temps sera donc ainsi de 8.550 + 3.000 = 11.550 calories, permettant de vaporiser, à 10 kg. de pression et 400 degrés de température, 16 litres d'eau environ.

L'appoint à fournir au générateur étant seulement de $1\frac{1}{3}$ l. par minute, cette quantité permettra de soutenir l'allure ci-dessus pendant $16 : \frac{4}{3} = 12$ minutes, soit sur une distance de $3 \times 60 \times 12 = 2.160$ mètres.

Peu de lignes urbaines présentent des rampes aussi longues.

61. Moteur. — Il se compose de deux machines à distribution Walschaerts disposées extérieurement aux longerons et renfermées dans des caissons ; les cylindres sont placés à l'avant, pour réduire la longueur du tuyautage de vapeur, et les pistons attaquent l'essieu moteur par le moyen de bielles et de manivelles. Pour l'adhérence, l'essieu arrière est accouplé à l'essieu moteur au moyen de bielles.

Le changement de marche permet d'obtenir une admission de 82 0/0, qui assure les démarrages sur les plus fortes rampes et dans la position la plus désavantageuse des manivelles. L'admission minimum peut descendre à 20 0/0 ; l'utilisation de la vapeur est excellente à cette admission, mais le cran suivant du secteur denté donne une admission de 40 0/0 ; il serait avantageux de disposer dans ces conditions d'un appareil mixte comme celui que nous décrivons en appendice et qui permet en conservant le levier, très utile pour la rapidité de la manœuvre, d'obtenir tous les degrés d'admission entre 10 et 40 0/0.

62. Condenseur. — La vapeur ayant produit son action sur les pistons s'échappe dans un condenseur formé de tuyaux en cuivre rouge placés sur la couverture de l'impériale ; elle s'y condense plus ou moins complètement suivant la dépense de vapeur elle-même et l'état du temps. Cette condensation est généralement complète dans toutes les parties du parcours situées en palier ou en faible rampe ; un dégagement à l'air libre est ménagé à l'avant du condenseur pour éviter une trop forte contre-pression sur les rampes un peu longues et d'inclinaison supérieure à 2 0/0, où cette condensation est incomplète.

Un manomètre placé à la vue du mécanicien indique le chiffre de cette contre-pression ; il est construit pour marquer aussi un certain vide lorsque la condensation s'effectue facilement.

L'eau provenant de cette condensation descend dans un filtre formé de fibres de bois et de feutre, ou mieux d'éponges (filtre Normand employé dans la Marine), où elle se débarrasse en grande partie de l'huile que contenait la vapeur ; elle se rend ensuite au réservoir d'alimentation placé à l'arrière de la voiture.

Il est nécessaire que l'épuration de l'eau s'effectue d'une façon à peu près complète, car l'huile déposée sur une surface métallique l'empêche d'être mouillée par l'eau et les tubes du générateur pourraient ainsi rougir en quelques points.

Pour une raison du même ordre, le condenseur doit être lessivé assez fréquemment afin que le pouvoir réfrigérant des tubes reste élevé ; le graissage des cylindres doit également être réduit au strict nécessaire.

Il est bon aussi de renouveler partiellement l'eau du réservoir d'alimentation à la fin de chaque voyage, pour éviter une élévation trop grande de température qui pourrait faire désamorcer le petit-cheval. Ce petit-cheval doit lui-même être disposé en charge, pour que ce désamorçage ne soit à craindre qu'avec les très hautes températures : 90 à 95 degrés.

63. Résultats. — Cette voiture a parcouru environ 8.000 kilomètres sur la ligne Saint-Ouen-Bastille de la Compagnie

Générale des Omnibus. On a remarqué que sa conduite était facile, bien que nécessitant un apprentissage d'au moins un mois, son fonctionnement très bon lorsque les becs brûleurs n'étaient pas encrassés, et son entretien à peu près nul en dehors de ces becs. Ceux-ci s'encrassent plus ou moins rapidement suivant la nature du combustible (huile anthracénique ou huile de goudron de houille); il faut les changer après 3 ou 4 jours de marche ; cette opération se fait en moins d'une heure.

Le générateur est suffisant pour la vaporisation qui lui est demandée, et il permet de marcher à une vitesse de 20 kilomètres en palier et de 10 kilomètres en rampe, avec une voiture d'attelage. La dépense de combustible paraît être de 2 kilogrammes par kilomètre, avec voiture d'attelage, allumage non compris.

Malgré ces résultats, la Cie des Omnibus n'a pas fait d'application de ce système à ses lignes à traction mécanique, par suite de la difficulté qu'elle aurait eue à s'approvisionner d'huile de chauffage de bonne qualité à bas prix, et à en opérer la manutention et la distribution sans risque d'incendie grave.

§ 4. — VOITURE AUTOMOTRICE SYSTÈME V. PURREY

Des voitures de ce système sont en service à Paris sur les lignes « Louvres-Sèvres », « Gare de Lyon-Place de l'Alma » et « Bastille-Porte Rapp » de la Cie des Omnibus ; elles sont caractérisées par leur générateur, qui est du système à petits éléments, genre du Temple, et par l'alimentation qui se fait d'une façon automatique ; puis par un moteur léger, enfin par une conduite excessivement facile.

84. Générateur. — Le générateur est formé (fig. 1) de deux collecteurs réunis entre eux par 41 tubes de 18 mm. de diamètre extérieur recourbés 7 fois dans leur longueur, et par deux tubes de 35 mm. de diamètre disposés en dehors du foyer et formant retour d'eau. La surface de chauffe est de 9,274 m^2 et celle de grille de 40 dm^2.

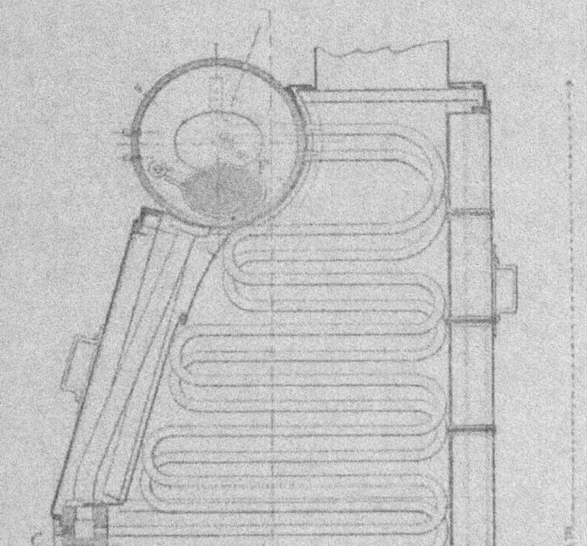

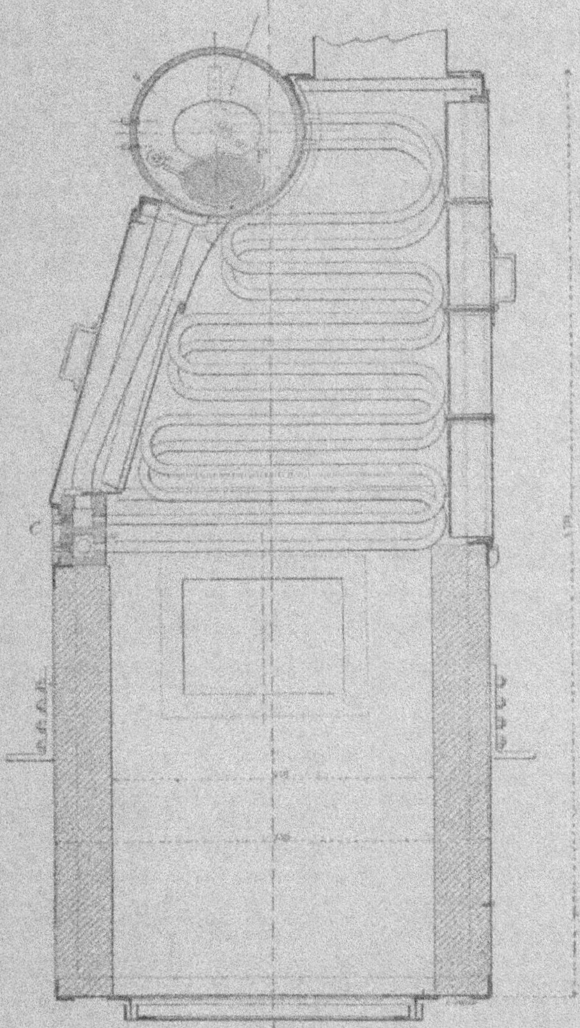

Fig. 1. — Coupe d'ensemble du générateur.

Les appareils d'alimentation consistent en une pompe mue par un excentrique calé sur l'essieu d'avant, et qui fonctionne ainsi d'une façon continue, et en un petit-cheval qui sert principalement à alimenter la chaudière dans les stationnements ; mais il peut être utilisé aussi pour suppléer à une insuffisance de débit éventuelle de la pompe automatique, et il est encore employé pour emplir la chaudière avant l'allumage : il est alors manœuvré à la main par un levier, qu'on retire cette opération terminée.

L'allumage s'effectue une demi-heure environ avant la sortie de la voiture du dépôt ; la contenance de la chaudière au niveau normal n'étant que de 30 litres, la plus grande partie de la chaleur dégagée dans cette préparation sert à chauffer la maçonnerie du foyer.

L'alimentation en eau de la chaudière s'effectue dans le collecteur inférieur C, lequel est en fonte ; lorsque le niveau tend à s'élever au-dessus de sa hauteur normale, un robinet disposé sur un branchement du tuyau de refoulement de la pompe automatique produit un retour plus ou moins complet de l'eau foulée à la bâche. Ce robinet est commandé automatiquement par un flotteur F (formé de morceaux de charbon de bois enfermés dans une enveloppe en tôle) placé dans le collecteur supérieur ; ce flotteur a presque la longueur du réservoir de vapeur et il est monté sur une tige qui sort du réservoir dans un presse-étoupe ; enfin sur cette tige est calé un levier qui donne le mouvement à la tringle commandant le retour d'eau (fig. 2). Cet ensemble étant plus dense que l'eau, le poids en est partiellement équilibré par la tension d'un ressort à boudin fixé à l'extrémité du levier ci-dessus et qui tend à soulever le flotteur. Quand le niveau est en dessous de son point normal, le robinet ci-dessus est entièrement

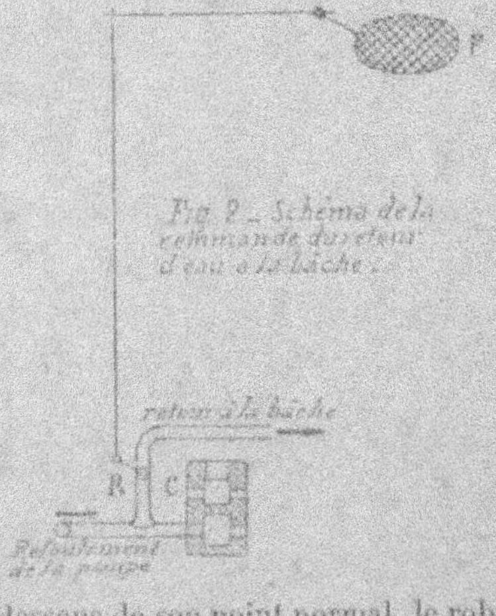

Fig. 2. – Schéma de la commande du retour d'eau à la bâche.

fermé ; au fur et à mesure que le niveau monte, le robinet s'ouvre progressivement, de manière à arrêter totalement l'alimentation lorsque l'eau arrive un peu en dessous de l'axe du réservoir.

Ces dispositions ont été jugées suffisamment efficaces par le contrôle des mines pour dispenser des appareils d'indication de niveau d'eau habituels.

Le faisceau tubulaire est partagé en tubes vaporisateurs et en tubes surchauffeurs ; les premiers, situés à chaque extrémité des collecteurs, débouchent d'un côté dans la partie supérieure du collecteur d'alimentation, lequel est partagé en deux par une cloison horizontale, et de l'autre vers la partie supérieure du réservoir de vapeur. Les tubes surchauffeurs, disposés au nombre de onze au milieu du faisceau, prennent la vapeur au moyen de pipettes tout à fait à la partie supérieure du réservoir de vapeur et la conduisent dans la partie inférieure du collecteur d'eau, où se fait la prise de vapeur de la machine. Cette vapeur est ainsi surchauffée d'une manière très efficace, la dépense de la machine en est sensiblement diminuée, et l'échappement, qui se fait dans la cheminée, devient complètement invisible par temps ordinaire.

Lorsque la dépense de vapeur cesse, dans les stationnements de quelques minutes et dans les parcours effectués à régulateur fermé, la température des tubes surchauffeurs s'élève rapidement parce qu'ils ne se trouvent plus rafraîchis par la vapeur humide ; ils tendent ainsi à se brûler quand le foyer reste en pleine activité, et pour l'éviter, le machiniste doit faire en sorte que l'intensité de la combustion diminue rapidement dès que la dépense de vapeur cesse ; il y est poussé d'ailleurs par cette circonstance que, en raison du peu d'eau contenue dans la chaudière, la pression y remonte presque instantanément, et elle dépasserait bien vite le chiffre du timbre (la vapeur s'échappant abondamment alors par les soupapes de sûreté), si le machiniste ne fermait aussitôt le cendrier.

L'emploi, comme combustible, de coke, qui s'éteint et se rallume très vite, est favorable à un abaissement et à un relèvement rapide de l'intensité de la combustion et réduit beaucoup les inconvénients ci-dessus.

Le foyer est constitué par des briques réfractaires ; un ensemble de tôles garnies d'amiante protège la chaudière contre le refroidissement extérieur.

La combustion est activée, dans la marche à régulateur ouvert, par l'échappement de la machine, qui se fait dans la cheminée. L'ouverture du cendrier commence à se produire automatiquement dès que la pression dans la chaudière descend au-dessous de 10 kilogrammes, et elle augmente au fur et à mesure que cette baisse continue. Le feu devient alors très vif et si l'on ferme le régulateur à ce moment, la pression monte très rapidement jusqu'à 10 kilogrammes et fait fermer le cendrier ; le feu s'étouffe presque aussitôt et la pression ne dépasse généralement pas 12 à 15 kilogrammes. La chaudière étant timbrée à 20 kilogrammes, les soupapes de sûreté peuvent être réglées à 18 kilogrammes, et, si elles sont étanches, elles laissent généralement échapper peu de vapeur.

Cette commande automatique de la porte du cendrier a un inconvénient, c'est de provoquer un panache de vapeur à chaque démarrage, la porte étant alors fermée par suite de l'élévation de la pression au-dessus de 10 kilogrammes. En mettant la manœuvre de la porte à la main du mécanicien, celui-ci peut fermer cette porte en même temps que le régulateur, de manière à empêcher plus sûrement la pression de monter jusqu'au chiffre du timbre, et à empêcher également les tubes surchauffeurs de se brûler ; en l'ouvrant ensuite avant chaque démarrage, le mécanicien évite le panache qui se produirait sans cette précaution, et il peut aussi, après un très faible stationnement, repartir avec une pression de 16 ou 17 kilogrammes qui n'aurait pas été atteinte si le cendrier s'était fermé à 10 kilogrammes.

Notons enfin que la prise de vapeur du petit-cheval se trouve exactement à la hauteur du niveau d'eau maximum que l'on désire ne pas dépasser dans le réservoir supérieur ; de la sorte, lorsqu'on alimente avec ce petit-cheval, il s'arrête quand ce niveau est atteint, son tuyau de prise s'emplissant alors d'eau.

Ce dispositif d'alimentation a été imaginé en 1855.

65. Mécanisme. — La vapeur provenant des tubes surchauffeurs se rend directement au régulateur d'admission, et de là à la boîte commune aux tiroirs (fig. 3 à 5) pour être ensuite distribuée aux cylindres. Ceux-ci ont 175 mm. de diamètre et 160 mm. de course de pistons.

La distribution était, au début, d'un système à deux tiroirs, des genres Meyer et Farcot combinés, les tiroirs principaux étant commandés par des excentriques dont le calage des poulies sur l'arbre pouvait varier de 180 degrés pour produire le changement de marche.

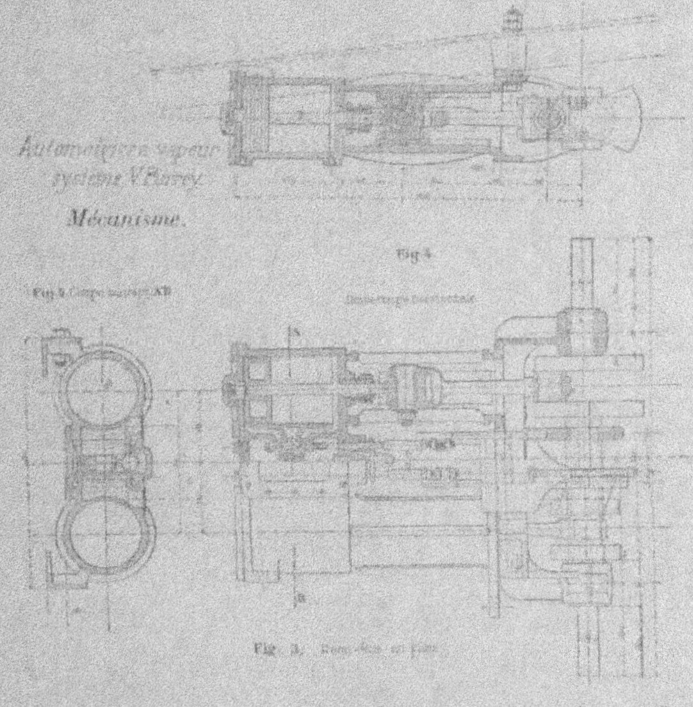

La détente s'obtenait au moyen de deux plaques placées sur le dos de chaque tiroir ; le réglage de la course, déterminant les périodes d'admission, était produit par la manœuvre du levier même commandant l'obturateur d'admission. Ce levier commandait à la fois l'admission et la détente et cette disposition réalisait une simplification dans la manœuvre des appareils ; mais le fonctionnement de la détente s'opérait mal, et l'on a supprimé les plaques ci-dessus. La machine marche toujours alors à pleine admission ; l'augmentation de dépense de vapeur qui en résulte, réduite d'ailleurs, par rapport aux moteurs ordinaires, par l'emploi de vapeur surchauffée, est rachetée en partie par la simplicité des mécanismes.

Les cylindres et les mouvements sont renfermés dans un carter étanche, maintenu à moitié plein d'huile ; les bielles attaquent un arbre coudé qui sort du carter et est muni, à ses extrémités, de deux pignons engrenant au moyen de chaînes avec deux roues dentées calées sur les essieux. Le rapport du nombre des dents des pignons à celui des dents des roues est :: 3 : 1. Les chaînes, qui sont établies très légèrement (fig. 6) — elles ne pèsent chacune que 20 kg. —, sont enfermées deux à deux dans une enveloppe également garnie d'huile, supportée en son milieu par des tringles et reposant par l'intermédiaire de demi-coussinets en bois sur les essieux.

Fig. 6. — Chaîne Parrey.

Les cylindres sont lubrifiés au moyen d'un graisseur à condensation disposé sur la plate-forme du mécanicien et se raccordant au tuyau de prise de vapeur.

66. Conduite. — L'allumage du foyer s'effectue avec un fagot de bois bien sec de 4 ou 5 kilogrammes ; le coke s'introduit dans une trémie accolée latéralement au générateur et tombe par son poids sur la grille, qui est inclinée. Les trépidations produites par la marche tendent à égaliser la couche de coke sur la grille ; aux terminus, le machiniste, au moyen de son ringard, comble les trous qui ont pu se produire et gratte les barreaux pour en faire tomber la cendre.

Le tuyau d'échappement des cylindres est muni d'un tuyau de purge qui envoie dans le cendrier l'eau qui se trouve mêlée à cette vapeur, ce qui a pour effet de rafraîchir la grille. Le résultat est incomplet, et lorsque le feu est très vif le mâchefer colle aux barreaux ; on ne peut le retirer qu'avec difficulté, à moins de laisser baisser le feu, ce qui n'est pas toujours possible, par exemple en cas d'un stationnement insuffisant aux terminus. Il est alors préférable de placer dans le cendrier une bassine remplie d'eau dont l'évaporation rafraîchira la grille et solidifiera le mâchefer.

67. Effort de traction. Poids de l'automotrice. — L'effort de traction pratique du moteur est, pour une pression de 10 kilogrammes à la chaudière, de 1.100 kilogrammes ; le poids de l'automotrice en charge étant de 12.620 kilogrammes, cet effort permettrait à l'automotrice d'effectuer le démarrage d'une voiture d'attelage sur rampe de 40 mm.

Le poids de l'automotrice se répartit comme suit sur les essieux :

A vide : essieu AV... 6.040 kg. ; essieu AR... 3.200 kg.

En charge : essieu AV... 6.530 kg. ; essieu AR... 6.090 kg.

68. Calcul du travail. Dépense d'eau et de combustible. — Pour soutenir une vitesse de 3 mètres à la seconde sur une rampe de 30 millimètres en remorquant une voiture d'attelage, l'automotrice doit effectuer un travail moyen de 36 chevaux indiqués.

La dépense du moteur par cheval-heure n'est pas inférieure à 20 litres ; voici comment elle peut être établie.

Le travail effectué dans un tour complet, sur la ligne « Porte Clignancourt-Bastille », sur laquelle les premières voitures de ce système ont été longtemps en essai, et dont le profil est donné figure 1, n° 56, est de :

20t (poids du train) × 11,5 km (longueur du trajet) × 15 kg. (résistance moyenne par tonne) = 3.450 tonnes mètres,

chiffre auquel il faut ajouter le travail absorbé par les freins dans la descente des pentes d'une inclinaison supérieure à 15 millimètres et celui qui correspond à l'annihilation de la vitesse aux arrêts.

Totalisées, ces pentes représentent une longueur d'environ 1 kilomètre avec une inclinaison de 25 millimètres ; la force à amortir pour y conserver au train une vitesse de 12 à 15 kilomètres à l'heure est alors de 200 tonnes mètres environ ; quant à celle amortie dans les arrêts, qui sont au nombre de 25, elle est au total de 400 tonnes mètres, en estimant à 3 mètres par seconde la vitesse du train au moment de l'application du frein.

Le travail total effectué ressort alors à 4000 tonnes mètres en nombre rond. Si l'on compte d'autre part 1 heure pour la durée du trajet, arrêts déduits, le travail total (et aussi le travail moyen dans le cas présent) sera de $\frac{4000}{270}$ = 15 chevaux heures environ.

La dépense d'eau, dans ce parcours, est de 280 litres en moyenne, ce qui donne 19 litres par cheval indiqué et par heure ; en effectuant un travail de 36 chevaux pendant une heure, la machine dépenserait donc 684 litres, soit 11, 14 par minute. Par kilomètre, la dépense serait elle-même de 24 litres. Ces chiffres doivent servir à déterminer la puissance qu'il convient de donner au générateur.

Celui-ci n'a pas, en effet, de réservoir d'énergie, et sa production *actuelle* doit suffire à la plus forte dépense de la machine, cette dépense dût-elle être de courte durée. Le mécanicien a, il est vrai, la ressource de ralentir l'allure de l'automotrice dans un pareil moment ; il est à remarquer que si un arrêt se produisait par manque de pression, celle-ci remonterait instantanément en raison du peu d'eau contenue dans le générateur.

69 Conclusions. — En résumé, ces automotrices sont légères, comparées aux autres voitures à vapeur et aux voitures à accumulateurs : électriques ou à air comprimé, ce qui a une très grande importance au point de vue de l'établissement et de l'entretien des voies ; leur conduite est facile et ne demande qu'un apprentissage de courte durée : 12 à 15 jours environ. Si le moteur est bien entretenu et le flotteur maintenu en bon état, il est possible d'assurer avec ces voitures un service sur des lignes peu accidentées dans d'excellentes conditions, et nous en conseillerons l'emploi pour des lignes de niveau à trafic assez faible.

La dépense d'eau est élevée, en raison du fonctionnement peu économique du moteur, qui a lieu presque sans détente ; l'absence à peu près complète de compression tend aussi à faire cogner les bielles à chaque changement de direction des pistons, et leurs coussinets doivent être maintenus constamment sans jeu.

La disposition du moteur entre les essieux est favorable à l'absence de tout mouvement de tangage et de lacet, mais il n'est accessible que sur fosse, et tout chauffage tend à y provoquer des avaries graves. Si les garnitures des tiges de tiroirs et de pistons ne sont pas étanches, l'eau de condensation à laquelle ces fuites donne naissance ne tarde pas à emplir le carter et à en chasser l'huile ; ces fuites augmentant en outre la température des pièces, les chauffages et les grippages deviennent alors très à craindre.

La vaporisation de la chaudière atteint environ 6 kilogrammes d'eau par kilogramme de coke, ce qui porte la consommation de coke à 3 kg. 1/2 environ par kilomètre de train. Celle d'huile est très réduite elle-même ; mais l'entretien, qui demande à être soigneusement fait et ne peut être entrepris que de nuit, est assez onéreux ; en définitive, cependant, la dépense totale de traction pour une ligne de banlieue peut ne pas être supérieure à 35 centimes par kilomètre de voiture automotrice, intérêt et amortissement compris.

D'autre part, le moteur pourrait être établi à la façon de celui des locomotives, c'est-à-dire extérieurement aux longerons, les bielles attaquant alors directement les essieux. Il serait un peu plus lourd, mais son fonctionnement et son entretien seraient beaucoup plus économiques. Les voitures automotrices Purrey pourraient être utilisées, munies de cette disposition et d'un mécanisme de distribution Stephenson, pour un service de voyageurs sur les lignes de chemins de fer d'intérêt local ou de tramways vicinaux peu accidentées. Un autre point à leur avantage, c'est leur prix peu élevé ; les automotrices de la Compagnie des Omnibus n'ont coûté en effet que 23.000 francs.

CHAPITRE IV

TRACTION A VAPEUR SANS FEU

§ 1. — LOCOMOTIVES A VAPEUR SANS FOYER, SYSTÈME LAMM ET FRANCQ

70. Considérations générales. — On peut reprocher aux locomotives ordinaires et aux voitures automotrices à foyer l'odeur et la fumée, produites par la combustion du coke, la projection de cendres et d'escarbilles chaudes sur la voie publique et sur les impériales des voitures, la chaleur communiquée au compartiment des voyageurs par la chaudière dans les voitures automotrices, enfin le faible rendement de cette chaudière et les réparations importantes et de longue durée auxquelles elle peut donner lieu.

Si l'on peut disposer, lors de l'installation d'une ligne de tramway, d'un capital assez élevé, sans être excessif, il peut être préférable pour éviter les inconvénients ci-dessus de faire usage de locomotives sans foyer.

Dans ce système, les chaudières de l'usine ne demandent que peu de réparations et elles ont un très bon rendement ; elles vaporisent aisément, en effet, 8 kg. d'eau par kg. de charbon de moyenne qualité et elles peuvent aussi brûler, si l'on y trouve avantage, des combustibles de qualité inférieure. Alimentées avec des eaux épurées, elles ne nécessitent en outre que des arrêts espacés et de peu de durée.

Les locomotives elles-mêmes peuvent condenser leur vapeur d'échappement ; leur conduite est simple et économique, et on les remplace à moitié du parcours, quand la ligne est longue, sans que les voyageurs soient obligées de descendre de voiture.

La chaleur émise par le réservoir d'eau chaude est très faible, en raison de son bon enveloppement, et ne peut incommoder les voyageurs, même en été.

Un seul agent suffit sur la machine ; son attention n'est détournée par aucun soin à donner au générateur et elle peut ainsi se porter entièrement sur la voie. Les appareils de manœuvre, établis en double d'une façon très simple, évitent de retourner la locomotive aux terminus et dispensent de plaques tournantes et d'agents pour les manœuvrer.

Indépendantes du moteur, les voitures sont plus douces au roulement que les automotrices et, suivant la saison, elles peuvent être, plus facilement que ces dernières, ouvertes ou fermées ; enfin, il est facile d'augmenter ou de diminuer leur nombre dans une large mesure et suivant l'affluence des voyageurs, de manière à satisfaire, aux heures et jours de forte charge, aux conditions d'une exploitation intensive et à réduire, dans les moments de plus faible trafic, le nombre des véhicules remorqués au strict nécessaire.

Au point de vue des frais de premier établissement, le prix d'une locomotive sans foyer est à peu près le même que celui d'une locomotive ordinaire ou d'une automotrice de même poids : 2,25 à 2,75 le kilogramme, soit 25.000 fr. environ pour une machine de 10 tonnes. Mais le nombre de machines de réserve nécessaire est inférieur de moitié, environ, dans le cas d'emploi de locomotives sans foyer. Ces dernières peuvent en effet marcher pendant tout l'intervalle d'un changement de roues à un autre (quatre-vingts à cent jours) sans un seul jour d'arrêt, la réfection des joints, garnitures, etc., étant faite le soir à la rentrée ou le matin avant la sortie. D'un autre côté, le temps de chargement des machines sans foyer (20 à 25 minutes) n'est pas plus élevé que celui que demandent les locomotives ordinaires pour le décrassage des feux, la vidange des cendres, l'emplissage des caisses à eau, et elles peuvent effectuer ainsi le même parcours journalier que ces dernières, avec une même vitesse de marche.

Une locomotive à foyer doit être arrêtée au contraire après 6 à 8 jours de service pour le lavage de la chaudière ; le remplacement de tubes, d'entretoises, les réparations au foyer l'immobilisent souvent plus longtemps encore.

Le système Francq nécessite d'autre part un matériel de chargement : chaudières fixes, tuyauterie, robinetterie, qui entre en ligne de compte à raison de 12.000 francs pour un train d'une

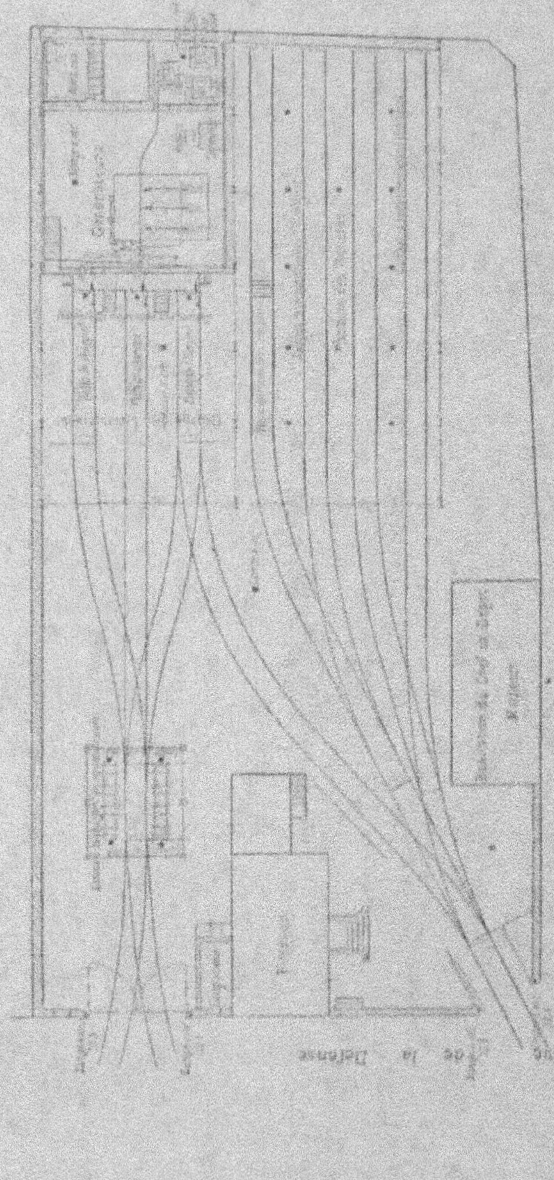

Fig. 1. — Dépôt de la ligne « Étoile-Courbevoie ».

locomotive et trois voitures (4.500 fr. par locomotive et 2.500 fr. par voiture) dans un service à départs espacés d'une heure environ ; ce chiffre peut descendre à 4.000 francs avec des départs plus rapprochés.

Les autres dépenses pour l'installation du dépôt étant les mêmes dans les deux cas (et plutôt moindres pour le système Francq), on voit que le prix final sera un peu plus élevé dans le cas de traction par locomotives sans foyer ; mais cette différence sera vite regagnée par un plus grand nombre de voyageurs transportés (l'odeur, la fumée et les escarbilles des locomotives ordinaires en éloignant certaines personnes) et par une diminution dans les frais d'entretien.

C'est ainsi que sur la ligne de Lille à Roubaix, exploitée par la Compagnie des tramways du département du Nord, les dépenses totales d'exploitation, qui étaient de 1.122 fr. (1) par kilomètre-train en 1883, avec un parcours de 159.472 km. fait par des machines à foyer et un parcours de 139.973 km. fait par des locomotive sans foyer, sont tombées en 1884 à 0 fr. 886, la traction étant faite uniquement par des locomotives sans foyer. Cette diminution de dépenses de plus de 20 0/0 a coïncidé elle-même avec une augmentation de recettes de 10 0/0.

Les locomotives à eau chaude devront être employées ainsi de préférence aux locomotives à feu sur les lignes de tramway urbaines ou de banlieue n'ayant pas une longueur supérieure à 12 ou 15 kilom. et où les trains n'auront pas besoin d'être composés, suivant le profil, de plus de 2 à 4 voitures ou fourgons.

Comparativement aux systèmes à air comprimé et électriques, qui nécessitent des installations de force motrice importantes, l'économie réalisée par le système Francq est très sensible également, sous le point de vue de l'installation comme sous celui de l'exploitation (2).

71. Fonctionnement de la locomotive sans foyer. — La machine sans feu ou sans foyer, comme on l'a appelée au début, a été essayée en 1872 par le docteur Lamm, aux États-Unis. M. Francq, séduit par les qualités de ce nouveau moteur dans

(1) La même année, la dépense correspondante sur les tramways à vapeur de St-Étienne, où l'on faisait usage de locomotives à foyer, s'élevait à 1 fr. 096.

(2) Il est vrai que le système à trolet offre de grands avantages sous le rapport de la vitesse lorsqu'il y a des rampes raides.

son application possible à la traction des tramways, le perfectionna de 1873 à 1875, et fut autorisé dès l'année suivante à en faire l'essai sur la ligne de tramway de Saint-Augustin (Paris) à Neuilly.

Cet essai fut jugé satisfaisant par la commission nommée pour examiner ce mode de traction, et, en 1877, M. Francq obtenait la fourniture de locomotives pour le tramway de Rueil à Marly-le-Roi, qui était exploité à l'époque par des machines à feu.

On sait que le principe des locomotives sans foyer consiste à faire pénétrer dans la masse d'eau contenue dans un réservoir porté par la locomotive un courant de vapeur à haute pression, empruntée à une chaudière fixe (1), et qui lui cède toute la chaleur qu'elle renferme. La chaleur emmagasinée par l'eau est ainsi considérable, et elle peut être restituée sous forme de vapeur et employée à produire la marche de la locomotive.

La prise de vapeur de la machine se fait à la partie supérieure du récipient : dès qu'elle est ouverte et que le moteur se met en marche, la pression baisse dans le récipient, et l'eau s'y trouvant à une température supérieure à celle de la vapeur, émet, au fur et à mesure, de nouvelles quantités de vapeur qui assurent la marche régulière de la machine.

Le récipient d'eau et de vapeur, dans les locomotives de Courbevoie qui pèsent 6 t. 6 à vide, a une longueur de 2 m. 740, un diamètre de 0 m. 996 et un volume de 2.380 litres ; le volume d'eau emmagasiné normalement est de 1.900 litres.

72. Chargement. — Ce réservoir porte sur sa face arrière un robinet G (fig. 2) muni d'une partie filetée sur laquelle vient s'accoupler, pour la charge, au moyen d'un raccord à volant *a*, un tuyau en col de cygne d'une certaine flexibilité, monté à l'extrémité du tuyau d'arrivée de vapeur du générateur (fig. 4).

D'autre part, le robinet G ci-dessus est relié intérieurement à un tuyau *b*, disposé horizontalement à la partie inférieure du récipient et fermé à ses extrémités, et qui distribue la vapeur venant de la chaudière au milieu de l'eau à réchauffer par des orifices percés sur toute sa longueur.

Le tuyau de chargement partant du générateur est muni d'un

(1) Dans le procédé Lamm, le réservoir était directement rempli d'eau chaude à la température d'emploi.

régulateur spécial qui règle automatiquement l'écoulement de la vapeur, de manière que le réchauffement de l'eau du réservoir

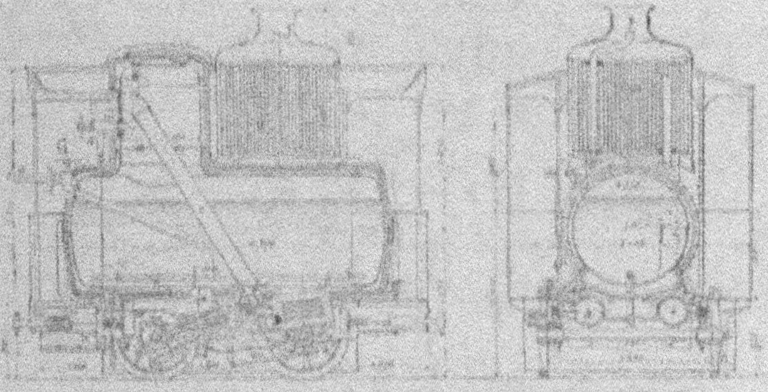

Fig. 3 et 5. Locomotive sans foyer type N° 1 de la ligne de Rueil à Marly faisant le service entre l'Étoile et Courbevoie. — Coupes.

de la locomotive se fasse progressivement et sans entraînement d'eau.

La vapeur de la chaudière pénètre dans ce régulateur par le

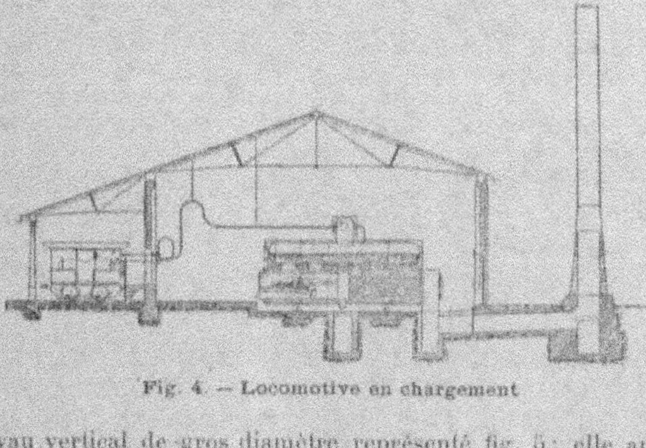

Fig. 4. — Locomotive en chargement

tuyau vertical de gros diamètre représenté fig. 5 ; elle arrive aussitôt au robinet A et, si celui-ci est ouvert, elle pénètre entre les deux soupapes équilibrées B, qui sont de même diamètre, montées sur une même tige et reliées au piston C, sur lequel vient agir un ressort à boudin D.

Ce piston reçoit, d'autre part, la pression de la vapeur du récipient de la machine, qui le soulève graduellement, au fur et à mesure qu'elle augmente ; les soupapes B participent à ce mouvement et leur section d'écoulement s'accroît ainsi en même temps que la charge s'avance. Cette section devient égale à celle des tuyaux à la fin de l'opération, quand les pressions s'équilibrent dans le générateur et dans le récipient (sauf une petite perte de charge due à la longueur de la tuyauterie, et dont on tient compte en timbrant les chaudières à 16 kg. pour charger les locomotives à 15 kg.) (1).

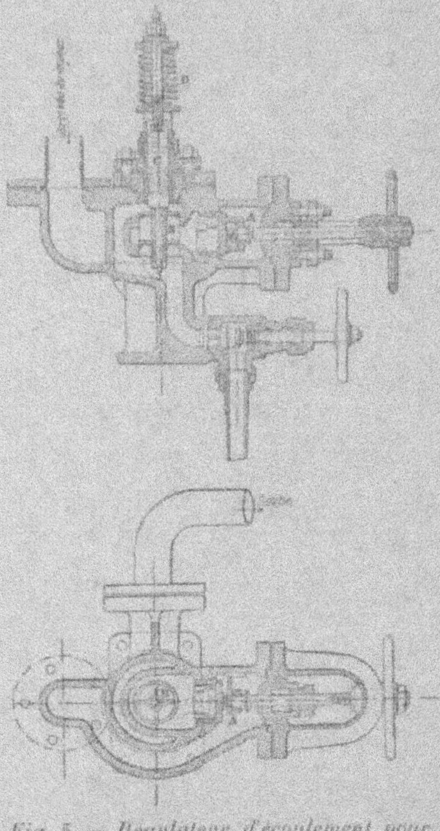

Fig. 5. — Régulateur d'écoulement pour le chargement des récipients des locomotives.

Le robinet représenté à la partie inférieure de la fig. 5 sert à évacuer la vapeur emplissant la tuyauterie à la fin de la charge et avant qu'on ne découple le

(1) On n'a pas intérêt à aller au delà, parce que, pour obtenir quelques degrés de température de plus, on devrait faire usage de pressions beaucoup plus élevées, ce qui augmenterait les difficultés de fonctionnement de l'ensemble du système.

raccord qui sert à établir la liaison des générateurs avec la locomotive.

Deux robinets de jauge placés sur la face arrière du récipient servent d'indication pour son remplissage. Lorsque l'eau qu'il contient est froide, elle ne doit pas dépasser le robinet inférieur qui est placé à mi-hauteur du réservoir ; le deuxième robinet doit commencer à donner de l'eau quand la pression dans le réservoir atteint 10 kilogrammes.

73 Conduite de la locomotive. — La vapeur du réservoir est envoyée aux cylindres au moyen du régulateur détendeur (fig. 6 et 7) qui sert à abaisser sa pression au chiffre reconnu nécessaire par le mécanicien, et qui doit être tel que le train prenne la vitesse voulue avec le changement de marche fixé d'autre part au cran 3, qui donne une introduction de 30 0/0 dans les cylindres. Dans les moteurs de tramways, cette introduction est celle qui est reconnue la plus favorable à une bonne utilisation de la vapeur ; elle ne crée pas, en effet, de laminage à l'admission et procure une détente convenable (de trois volumes) sans échappement anticipé ni compression trop élevés.

Voici le mode de fonctionnement de ce détendeur :

La vapeur du récipient pénètre dans le tube *c*, qui débouche vers la partie supérieure du dôme ; ce tuyau se raccorde extérieurement avec une boîte qui comprend deux soupapes B, B (fig. 6) d'égal diamètre, bien guidées et reliées par leur tige pour qu'elles se fassent équilibre à tout moment ; la vapeur du récipient arrive dans cet appareil par le conduit X. La tige des soupapes se termine à l'extérieur par un piston D, rendu étanche au moyen du diaphragme en caoutchouc E ; sur la chape F de la tige est articulé un levier P, qui pivote autour du point O (fig. 7) et dont l'autre extrémité H est réunie à une balance à ressort K.

Pour modifier la pression de la vapeur dans les cylindres, le mécanicien fait varier l'action de la balance sur le levier H, au moyen du levier articulé M, U, V (fig. 7) qu'il actionne par l'intermédiaire de la tringle W. Il peut envoyer ainsi dans les cylindres de la vapeur à toutes les pressions comprises entre 0 et 8 kg., à condition, bien entendu, que la pression dans le réservoir atteigne elle-même ce dernier chiffre.

La pression de marche que l'on désire étant obtenue ainsi, elle est ensuite rendue constante par le dispositif suivant. La balance K est suspendue par le point d'oscillation M et elle

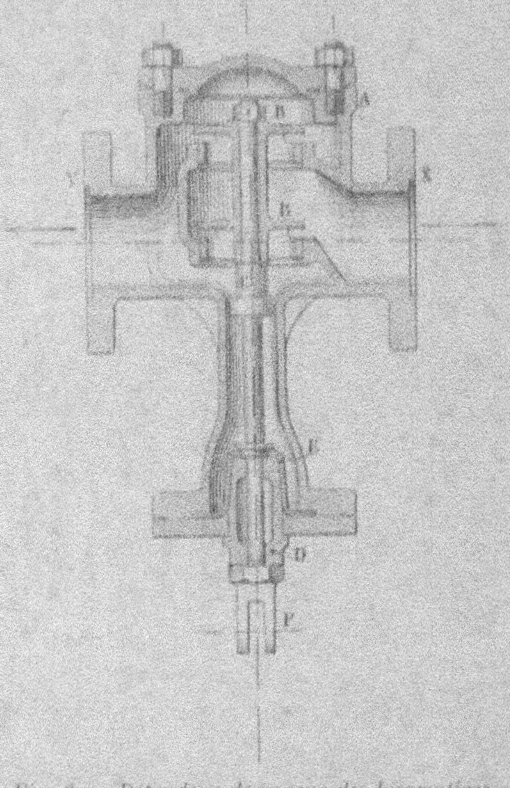

Fig. 6. — Détendeur de vapeur des locomotives.

actionne, suivant le déplacement du galet L fixé à sa partie inférieure, les soupapes B, B par l'intermédiaire du levier H, relié comme nous l'avonsvistonu au p D par le point F.

Le déplacement du galet L est produit par le levier coudé R, articulé en Q, dont l'une des branches est reliée au levier H par la bielle S et l'autre au galet L par la bielle T. Enfin, les bras du levier R sont combinés de façon à compenser les différences de tension de la balance et faire que l'action produite

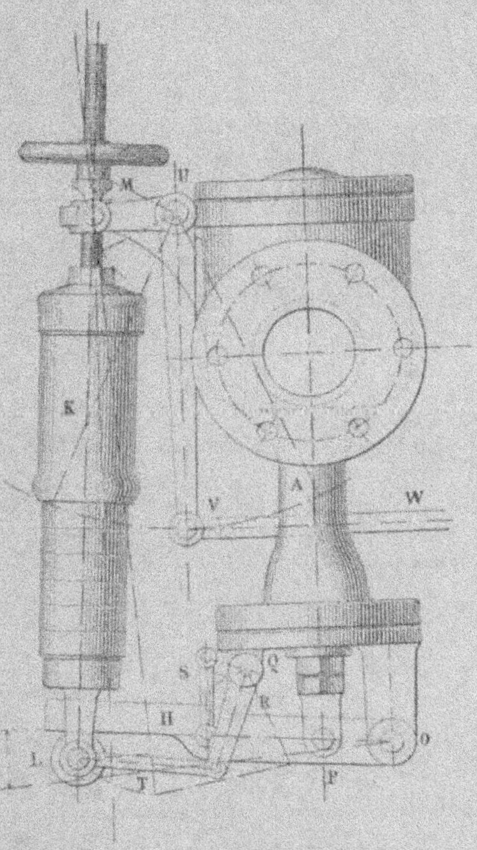

Fig. 7. — Vue en élévation du détendeur.

en P sur le piston soit constamment la même pour les diverses ouvertures des soupapes B, B : celles-ci règlent alors l'écoulement de la vapeur du récipient à une pression constante.

La vapeur ainsi détendue s'écoule par la tubulure *k*, et, avant de se rendre aux cylindres du moteur, elle passe encore dans le réchauffeur-tubulaire *e* (fig. 2) qui est à une température sensiblement supérieure à la sienne; elle se sèche complètement ainsi et peut même se surchauffer un peu si la dépense de vapeur est faible.

74. Mécanisme. — Ce mécanisme est semblable à celui des locomotives ordinaires et comprend, dans les machines de Courbevoie, deux cylindres intérieurs aux longerons, de 230 mm. de diamètre et 250 mm. de course de piston; les tiroirs sont inclinés sur les cylindres et ils sont commandés par des coulisses Stephenson, actionnées par des excentriques montés sur l'essieu d'arrière. Les essieux, écartés de 1 m. 300, sont reliés par des bielles d'accouplement; le diamètre des roues au roulement est de 750 mm.

Dans les locomotives plus récentes, les cylindres sont extérieurs aux longerons pour faciliter la visite, le graissage et l'entretien.

75. Condenseur. — A sa sortie des cylindres, la vapeur se rend dans un condenseur clos *y* (fig. 2) formé d'un grand nombre de tubes minces en laiton réunis à deux plaques de tête; ces tubes sont ouverts à leurs deux extrémités et traversés par l'air extérieur, qui les refroidit et condense une partie de la vapeur d'échappement. L'eau qui en résulte est dirigée dans une caisse *h*, placée sous la plate-forme du châssis. La vapeur non condensée s'échappe à l'extérieur, totalement dépouillée d'eau, par le tuyau plongeant *I*.

La condensation partielle de la vapeur d'échappement a été obtenue dans diverses exploitations par des condenseurs tubulaires à air d'une grande surface de refroidissement : jusqu'à 80 mètres carrés. D'autres machines Francq font de la condensation complète par l'eau dans certaines parties du parcours ; cette condensation complète a été aussi opérée par la lessive de soude, mais on a renoncé à ce procédé en raison des dépenses d'entretien et des difficultés dans le service qu'il occasionnait.

76. Surchauffeur. — Les locomotives de la ligne de Poissy à Saint-Germain sont munies d'un surchauffeur à foyer qui a été établi dans un double but :

1° Surchauffer la vapeur du récipient avant son emploi dans les cylindres moteurs pour augmenter son rendement ;

2° Surchauffer la vapeur d'échappement afin de la rendre invisible.

Ces résultats ne pourraient être obtenus dans des conditions déterminées que sur une ligne à résistance à peu près constante, où la dépense de vapeur serait régulière, comme la chaleur produite elle-même ; mais ils ne peuvent être réalisés que très incomplètement sur des lignes à profil variable, comme l'est celle de Poissy. Dans les pentes parcourues sans dépense de vapeur, les serpentins tendent, en effet, à prendre une température trop élevée, et, lorsque le mécanicien vient à ouvrir le régulateur, la première vapeur débitée est trop surchauffée et tend à gripper les cylindres ; dans les rampes, au contraire, le foyer devient insuffisant, ses dimensions n'ayant pas été calculées pour une aussi grande dépense de vapeur ; celle-ci est bien encore un peu séchée à l'admission, mais elle ne se trouve nullement surchauffée à l'échappement.

Cependant, tel qu'il est installé sur les locomotives de Poissy, ce surchauffeur donne, paraît-il, de bons résultats, et il a réduit notamment d'une façon appréciable la consommation de vapeur des locomotives, et par suite celle de charbon à l'usine.

Ce résultat permettrait de faire effectuer un plus long parcours aux locomotives sans rechargement ; mais, dans les villes, l'odeur, la fumée et les escarbilles dues au foyer diminuent les avantages inhérents au système Francq, et nous ne sommes pas partisan de l'emploi de cet appareil (qui augmente aussi les difficultés de fabrication des récipients).

Voici quelle est sa disposition sur les moteurs de la ligne de Poissy.

Vers l'une de ses extrémités, le récipient d'eau est traversé par un gros tube vertical rivé F, qui reçoit un foyer conique *f* (fig. 8 et 9). Celui-ci est surmonté d'un tube H, qu'on emplit de coke de gaz par sa partie supérieure, et qu'on ferme ensuite à l'aide du couvercle *h*. Le combustible descend sur la grille au fur et à mesure de sa combustion ; le mécanicien régularise l'épaisseur de la couche en imprimant un mouvement de rotation continu ou alternatif à la grille au moyen d'un levier : ce mouvement a aussi pour effet de faire tomber les cendres et de briser le mâchefer. Deux trappes I et I' permettent au mécanicien de régler l'arrivée d'air dans le foyer suivant le sens de la marche de la machine et selon l'intensité de combustion qu'il désire.

Le tube central H est entouré d'un premier serpentin J, dans lequel circule la vapeur du récipient se rendant au moteur ; le

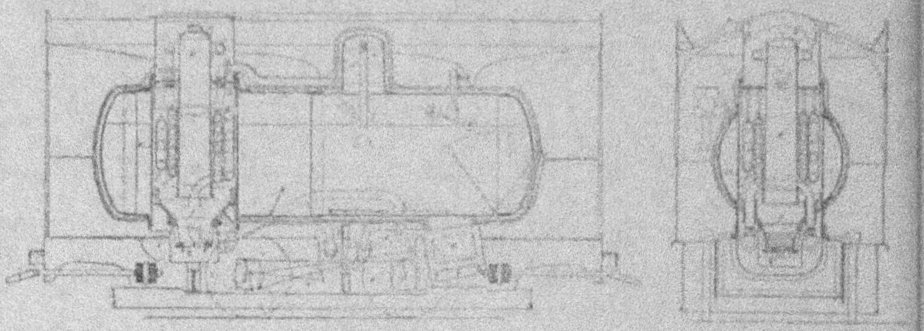

Fig. 8 et 9. — Locomotive à surchauffeur du tramway de St Germain à Poissy

parcours de cette vapeur s'effectue en sens inverse de celui des gaz, ce qui donne le maximum d'efficacité à l'appareil. Un second serpentin entoure le premier et reçoit la vapeur d'échappement de la machine ; cette vapeur se mélange encore aux gaz de la combustion à la partie supérieure de l'appareil.

La vapeur d'admission, qui est déjà sèche à son arrivée dans le premier serpentin, peut être efficacement surchauffée ainsi avec une dépense modérée ; mais la vapeur d'échappement, refroidie pendant la détente et chargée d'eau, ne pourrait être rendue complètement invisible qu'au moyen d'un foyer puissant, dont la conduite et l'entretien exigeraient des soins constants et une assez grande dépense d'anthracite (c'est le combustible brûlé dans le foyer).

Les principales conditions d'établissement des locomotives de Poissy sont les suivantes :

Diamètre intérieur du récipient	1,200 m.	Diamètre des cylindres........	0,330 m.
Longueur du récipient........	4,200 —	Course des pistons........	0,300 —
Volume d'eau................	3.600 l.	Diamètre des roues..........	0,830 —
Pression maximum..........	15 k.	Poids des locomotives en charge	13,6 t.

La ligne a une longueur de 5.400 mètres ; elle est établie à voie unique, en accotement sur la route. Les rails sont du type Vignole, excepté dans la traversée de Poissy et de Saint-Germain, où ils sont du système Marsillon ; un peu avant l'entrée dans Poissy, il existe une rampe de 53 mm. d'inclinaison sur 500 m. de longueur : sur le reste du parcours, la déclivité moyenne est de 8 mm. Les courbes, d'un rayon variant de 25 à 500 m., existent sur 1/6 du trajet. Les locomotives remorquent deux grandes voitures à bogie et un fourgon formant un poids de 44 tonnes avec la locomotive. La dépense de combustible par kilomètre-train est de 7.778 kg.

77. Puissance des locomotives. — Il importe absolument que le récipient d'eau chaude des locomotives Francq soit parfaitement enveloppé, pour empêcher la déperdition de chaleur par les parois. Il est entouré à cet effet d'une tôle mince sur laquelle est appliquée une épaisseur de calorifuge de 33 mm. ; la tôle est elle-même écartée des parois du récipient de cette même quantité. On sait que l'air est très mauvais conducteur de la chaleur ; l'action de cette couche d'air, jointe à celle du calorifuge, est alors très efficace : lorsque la température de l'atmosphère est de zéro degré, la perte de pression moyenne du récipient est seulement, en effet, de 1 kg. en 4 heures, soit une chute de température moyenne de 5 degrés.

Le travail emmagasiné dans l'eau chaude des récipients peut se calculer très simplement de la façon suivante :

D'après M. de Mondésir, ingénieur en chef des Ponts et chaussées et membre, en 1895, de la Commission ministérielle d'examen des moteurs mécaniques proposés pour la traction des tramways, chaque kilogramme d'eau, entre les limites de 3 et 13 atmosphères, produit un travail de 1.600 kilogrammètres ; d'autre part, 9 kg. d'eau donnent naissance à 1 kg. de vapeur, dont le travail, dans les cylindres du moteur, est ainsi de 1.600 $\times$ 9 = 14.400 kgm.

En pratique, une locomotive pesant 15 tonnes en charge et remorquant 3 voitures du poids de 7 tonnes chacune, dépense environ 44 kg. de vapeur par kilomètre-train, soit par kilomètre-voiture 15 kg. correspondant à une consommation de 2 kg. de combustible de moyenne qualité.

Pour les locomotives de 8, 5 t. faisant le service sur Courbevoie-l'Etoile et remorquant une moyenne de deux voitures, la dépense de vapeur par kilomètre-train serait seulement de 20 kg., correspondant à une consommation de combustible de moins de 3 kg., soit moins de 1,5 kg. par kilomètre-voiture.

C'est ce chiffre qu'il faut considérer dans toute installation de tramways, en faisant entrer aussi en ligne de compte les dépenses de conduite et d'entretien des locomotives et des usines, ainsi que l'intérêt des frais de premier établissement et d'amortissement, qui sont certainement très sensiblement plus faibles ici que dans tout autre système (hors les locomotives et automotrices à foyer).

Le système Francq est en outre très sûr, simple de conduite et d'entretien, peu sujet aux avaries, et les gens du métier conseilleront certainement son adoption dans la plupart des exploitations de tramways où les municipalités n'imposeront pas un autre mode absolu de traction.

La capacité des récipients des locomotives devra seulement être bien calculée dans chaque cas, les postes de chargement établis en conséquence et le mécanisme bien entretenu pour réduire au minimum la dépense de vapeur ; avec de bons machinistes, les trains ne risqueront pas alors de rester en détresse par manque de pression.

78. Résultats d'exploitation. — Les résultats d'exploitation des lignes de tramways sur lesquelles il est ou a été fait usage de locomotives sans foyer pour la traction, sont résumés dans le tableau (1) des pages 206 et 207.

Parmi les constatations faites par les directeurs ou administrateurs de ces Compagnies sur la facilité de conduite et d'entretien des locomotives et installations fixes du système Francq, sur les avantages que ce système présente sur les locomotives à foyer ordinaire et les meilleurs résultats économiques qu'il donne, nous citerons les témoignages suivants.

M. Brière, administrateur du chemin de fer de Rueil à Marly adressait à M. Francq le 21 octobre 1881, à l'appui d'une nouvelle commande de locomotives sans foyer une lettre dont nous extrayons les passages suivants :

« .... Quand nous avons succédé à la Cie des tramways de Paris-Sèvres-Versailles, puis au séquestre établi provisoirement, nous

(1) Dressé par M. Francq (Une brochure de 30 pages. Imprimerie Bataille, 18 et 20, rue de Chabrol, Paris).

avons songé à remplacer vos machines, vis-à-vis desquelles nous étions peu favorablement disposés.

« Mais, après quelque temps d'expérience, nous avons bientôt reconnu, comme nos prédécesseurs, que votre système présente les avantages les plus sérieux au point de vue de l'exploitation, ainsi que pour le public.

« Depuis près de trois ans que nous exploitons la ligne, les locomotives sans foyer, en effet, n'ont donné lieu à aucun accident, et elles marchent avec une régularité parfaite. Le poids du train remorqué atteint parfois 30 tonnes sur un parcours de 15 kilomètres, avec une machine de 6 tonnes 1/2 à vide ; les démarrages et les arrêts se font promptement et toujours sans secousse.

« Sur la rampe de Marly, longue de près de 2.000 mètres avec des déclivités de 60 mm. par mètre, la traction se fait vivement et avec une grande souplesse d'action, même dans les parties de voie qui sont à la fois en courbe et en rampe.

« Le prix de revient kilométrique de la traction varie peu et ne s'écarte pas sensiblement de 0 fr. 45. L'entretien est de peu d'importance ; les machines peuvent être conduites par un seul homme sans aptitudes spéciales, elles circulent parfois pendant 40 jours sans rentrer à l'atelier... »

A la fin de 1882, M. Marsillon, ingénieur-directeur de la construction à la Cie des tramways du département du Nord, écrivait à M. Francq :

« Je me plais à reconnaître que la Cie des tramways du département du Nord a définitivement adopté les locomotives sans foyer de votre système après avoir reconnu tous leurs avantages sur les nombreuses machines qu'elle a employées depuis juillet 1880 (locomotives Hughes, Carels, etc.).

« Les locomotives sans foyer se distinguent des autres par les résultats suivants :

« Elles sont les seules qui se conforment aux prescriptions du règlement du 6 août 1881 (c'est-à-dire qu'elles ne répandent sur la voie publique ni odeur, ni fumée, ni flammèches, ni suie, ni cendres, ni escarbilles, ni eau et ne font non plus aucun bruit). Le public s'en montre très satisfait. Depuis leur mise en service à Lille, malgré les nombreuses difficultés de notre exploitation sur Roubaix, elles ont été conduites facilement par un seul homme ; les avaries sont peu nombreuses et les réparations peu élevées ; en raison du système de la centralisation de production de vapeur, il résulte de leur emploi des avantages économiques certains. Le prix de revient de la traction kilométrique a beaucoup diminué quand on a employé quatre machines sans foyer au lieu de deux.

« Je suis conduit à espérer que, lorsque les quinze machines seront en activité, le prix de revient de la traction kilométrique (matières, salaires, entretien et renouvellement) pourra être inférieur à 0 fr. 40, peut-être même à 0 fr. 35. (Le prix de revient kilométrique d'exploitation pour l'année 1884 est donné page 206).

« Pour constater le travail maximum qui peut être fourni par les locomotives sans foyer, j'ai fait des expériences qui m'ont permis de constater qu'avec 2.200 kilogrammes d'eau chaude à 200° centigrades, il a été possible d'accomplir un parcours de 18 kilomètres avec une voiture à 40 places sur une voie comprenant une montée cumulée de 96 mètres environ et placée tantôt en accotement, tantôt en chaussée, sur un sol glaiseux. Avec deux voitures, le parcours a été limité à 16 kilomètres, avec une pression finale de 2 1/2 kilogrammes au lieu de 2 kilogrammes... »

Le rapport du conseil d'administration de la Cie des tramways de Paris et du département de la Seine donne les chiffres suivants pour les dépenses spéciales à la traction à vapeur par les locomotives sans foyer sur la ligne de tramway de l'Étoile à Courbevoie, pour les exercices 1892 et 1893.

ÉNUMÉRATION DES CHAPITRES	ANNÉE 1892 Kilomètres parcourus : [illegible]		ANNÉE 1893 Kilomètres parcourus : [illegible]	
	fr.	fr.	fr.	fr.
Frais généraux	14.052,60	0,0232	30.221,12	0,0458
Production et transmission de la vapeur	77.805,01	0,1289	83.252,31	0,1262
Roulement : mécaniciens, manœuvres, etc.	48.001,02	0,0762	52.077,21	0,0790
Petit entretien et nettoyage, outillage	24.294,32	0,0402	23.690,16	0,0360
Gros entretien des machines et générateurs	39.875,35	0,0661	38.257,13	0,0580
Dépenses diverses, chauffage, éclairage	3.078,23	0,0051	4.234,66	0,0065
	207.106,53	0,3398	231.732,59	0,3515

Ainsi, en 1892, la dépense totale pour 603.601 kilomètres parcourus s'est élevée à 205.106 fr. 63, et en 1893, pour 659.286 kilomètres, à 231.752 fr. 39, soit à 33,98 et à 35,15 centimes respectivement, par train-kilomètre de *deux* ou *trois* caisses de voiture.

Dans cette dernière année, la dépense correspondante pour la traction électrique par accumulateurs s'est élevée à 54,2 centimes par train-kilomètre de *une* voiture, et la traction par chevaux à 55,7 centimes.

Voici enfin les conclusions formulées par M. de Marchena dans son mémoire sur la traction mécanique des tramways inséré au Bulletin de juillet 1894 de la Société des Ingénieurs civils.

« Les locomotives sans foyer présentent pour la traction des tramways une supériorité incontestable sur les machines à foyer ordinaires, car elles possèdent tous les avantages de l'emploi direct de la vapeur sans les nombreux inconvénients qu'occasionne la présence d'un foyer.

« Sous le rapport économique, elles donnent lieu à des frais de premier établissement analogues et à des frais de traction sensiblement moindres. Enfin, en ce qui concerne la commodité et les facilités de l'exploitation, elles possèdent plus de souplesse et d'élasticité, évitent la fumée, la chaleur, les mauvaises odeurs, etc. En un mot, ce moteur se prête très bien à l'exploitation économique des lignes vicinales, de banlieue et de certaines petites lignes d'intérêt local. Le rayon d'action peut facilement atteindre 12 à 13 kilomètres, ce qui est généralement suffisant ; sur la ligne de Lyon à St-Fons et à Venissieux les machines ont encore une pression de 2 1/2 kilogrammes en entrant au dépôt après un parcours de 18 kilomètres. »

79. Voitures à vapeur sans foyer. — Des applications de voitures automotrices à vapeur sans foyer ont été réalisées en Angleterre, en Belgique et aux Etats-Unis ; si, jusqu'à présent, M. Francq n'en a pas fait usage en France, c'est qu'il considère que la voiture automotrice fait une exploitation moins rémunératrice et que, au point de vue financier, un service par formation de trains est plus avantageuse qu'un service par voitures isolées (1).

(1) *Bulletin de la Société des Ingénieurs civils*, N° de mars 1900.

80. Lignes exploitées [illegible] motives sans foyer

Numéros d'ordre	Désignation des lignes	Longueur [illegible] de la ligne	[illegible]	[illegible]	[illegible]	[illegible]	[illegible]	Nombre de [illegible] en service	total	[illegible]	[illegible]	[illegible]	[illegible]	[illegible]	Recettes d'exploitation par train-kilom.	par voiture-kilom.	Dépenses d'exploitation par train-kilom.	par voiture-kilom.	Coefficient d'exploitation	Prix de la traction (1) par train-kilom.	par voiture-kilom.	Observations
[illegible]	[illegible]	[illegible]	[illegible]	[illegible]	[illegible]	[illegible]	[illegible]	[illegible]	[illegible]	[illegible]	[illegible]	[illegible]	[illegible]	[illegible]	[illegible]	[illegible]	[illegible]	[illegible]	[illegible]	[illegible]	[illegible]	[illegible]
[illegible]	[illegible]	[illegible]	[illegible]	[illegible]	[illegible]	[illegible]	[illegible]	[illegible]	[illegible]	[illegible]	[illegible]	[illegible]	[illegible]	[illegible]	[illegible]	[illegible]	[illegible]	[illegible]	[illegible]	[illegible]	[illegible]	[illegible]
[illegible]	[illegible]	[illegible]	[illegible]	[illegible]	[illegible]	[illegible]	[illegible]	[illegible]	[illegible]	[illegible]	[illegible]	[illegible]	[illegible]	[illegible]	[illegible]	[illegible]	[illegible]	[illegible]	[illegible]	[illegible]	[illegible]	[illegible]

(1) [illegible]

TROISIÈME PARTIE

TRACTION A AIR COMPRIMÉ

81. Considérations générales. — Nous avons montré dans les chapitres précédents les excellents résultats qu'on pouvait obtenir des divers systèmes à vapeur : Rowan, Serpollet, Purrey, et Francq, pour la traction des tramways dans les villes, lorsque ces systèmes étaient bien établis et que la direction du service était confiée à des agents expérimentés.

Il devrait être superflu de dire que toute exploitation de tramway doit avoir comme but, pour le concessionnaire, une rémunération avantageuse des capitaux engagés dans l'entreprise (1) ; par suite, les recettes de la ligne à construire ou à transformer ayant été évaluées aussi exactement que possible, le mode de traction à employer doit être tel que l'amortissement du capital d'établissement joint aux frais d'exploitation laisse un revenu suffisamment rémunérateur de ce capital.

Pour des lignes à très grand trafic, on peut faire usage des systèmes les plus coûteux : traction électrique avec accumulateurs ou à caniveau et traction à air comprimé et établir les usines, qui demandent des soins continuels, et les voitures automotrices avec tous les perfectionnements pouvant pallier les défectuosités de fonctionnement inhérentes à leur principe même ; mais, pour les lignes à faible et même à moyen trafic, il convient le plus souvent de s'en tenir à l'un des systèmes à vapeur énumérés ci-dessus, ou encore à la traction à gaz pour quelques cas particuliers que nous énumérerons dans la suite.

Toutefois, lorsque la traction électrique par trôlet sera tolérée et que la ligne à exploiter (ou un ensemble de lignes bien grou-

(1) Tel n'est pas le cas cependant pour des lignes électriques installées à grands frais dans certaines banlieues insuffisamment denses de grandes villes.

pées) comportera un service développé et intensif, ce système sera généralement le plus économique d'exploitation, en même temps que le plus productif. Les voitures à trôlet sont aussi très légères, elles ne fatiguent pas les voies et conservent constamment ainsi un roulement très doux.

En principe, le système Diatto présente, quoique à un degré un peu moindre, les avantages du système à fil aérien, aux points de vue du coût d'établissement, des dépenses d'exploitation et de la légèreté des automotrices; il est, en outre, toléré dans les villes où le trôlet n'est pas admis. Mais il ne fonctionne encore que sur une ligne de tramway de peu de parcours ne présentant aucune des difficultés que l'on rencontre dans les quartiers à circulation intensive des grandes villes. S'il se comportait aussi bien sur les lignes de la Compagnie de l'Est parisien, où on l'applique actuellement sur une grande échelle, que sur celle de Tours à St-Avertin, il deviendrait le seul système à employer dans les villes populeuses, et l'air comprimé lui-même (Mékarski et variantes américaines) devrait lui céder la place, jusqu'à ce qu'on l'ait suffisamment perfectionné pour le rendre économique d'exploitation et pour permettre l'emploi de voitures légères, capables d'effectuer sans rechargement un parcours d'au moins 20 kilomètres.

C'est à ce dernier point de vue que nous croyons utile de mettre à la disposition des chercheurs des données précises sur les résultats que, dès aujourd'hui, on peut attendre de l'air comprimé.

En dehors de son coût d'établissement élevé et des sujétions résultant de l'installation d'appareils de chargement sur la voie publique, lorsque les lignes à desservir ont plus de 7 à 8 kilomètres et qu'on veut y faire un service de remorque, l'air comprimé ne présente aucun inconvénient sous les divers points de vue de l'odeur, du bruit et de l'émission de vapeur ou de fumée par les voitures. Pour des installations entièrement urbaines situées dans des quartiers élégants, on peut alors préférer ce mode de traction aux systèmes à vapeur, et il devient plus économique que les systèmes électriques (pour des lignes accidentées principalement) lorsque l'emploi du trôlet n'est pas autorisé.

C'est ainsi que la Compagnie générale des Omnibus de Paris,

après un essai de longue durée sur ses lignes de St-Augustin, St-Cloud et Versailles, vient d'appliquer la traction à air comprimé sur quatre lignes de tramways qu'elle a transformées en vue de l'Exposition

82. Historique. — On sait que l'air comprimé — c'est-à-dire l'air porté à une pression supérieure à la pression atmosphérique — a été employé pour la première fois pour actionner les véhicules par deux ingénieurs français, Andraud et Tessié du Motay ; en 1838, ils construisirent une voiture marchant au moyen d'air comprimé renfermé dans des réservoirs portés par le châssis.

Ces inventeurs songèrent aussi à employer l'air comprimé à la traction des trains de chemins de fer. Dans leur projet, l'air obtenu à la pression de 60 atmosphères par une compression par étages, dans des usines centrales établies sur des cours d'eau, était amené par des conduites dans des réservoirs établis aux stations. Les locomotives portaient elles-mêmes des récipients qui devaient être chargés à une certaine pression au passage de ces stations, lesquelles devaient se trouver assez rapprochées pour permettre une marche régulière des trains.

Andraud partageait les réservoirs de la locomotive en deux groupes, dont le plus petit était réservé pour la fin du parcours, de façon à conserver toujours une pression suffisante pour donner un coup de collier quand cela pouvait devenir nécessaire. La pression de l'air des réservoirs était abaissée avant son entrée dans les cylindres du moteur à trois atmosphères environ (chiffre auquel étaient timbrées les chaudières des locomotives, à l'époque), et Andraud songeait encore à réchauffer cet air détendu pour augmenter son volume et par suite son travail.

Avec son associé, Tessié du Motay, il construisit d'après ces principes une voiture automobile pouvant contenir huit personnes. Les réservoirs étaient disposés sous le plancher de la caisse et ils contenaient 500 litres d'air à la pression de 17 atmosphères. Cette voiture fonctionna en 1840 sur une voie ferrée établie pour ces essais à Chaillot (1).

Vers la fin de 1855, le constructeur-mécanicien Julienne fit

(1) *L'air comprimé appliqué à la traction des tramways*, par Barbet-Baudry, éditeur.

aussi fonctionner sur la route de la Révolte, à Saint-Denis, une voiture à air comprimé, pesant 1.100 kilogrammes en charge et portant trois personnes. Les réservoirs d'air avaient une contenance de 740 litres, et ils étaient chargés au départ à la pression de 25 atmosphères (1).

En 1858, M. Sommeiller construisit une petite locomotive à air comprimé qui circula quelque temps sur un embranchement de niveau, établi entre la ligne du chemin de fer de Gênes et une usine voisine.

En 1874, l'entrepreneur du tunnel du Saint-Gothard fit faire avec un succès complet le transport des déblais par des locomotives ordinaires dans les cylindres desquelles il faisait agir de l'air comprimé, porté par un réservoir attelé derrière la machine.

En 1875, M. Ribourt, l'ingénieur des machines de la même entreprise, fit breveter une machine locomotive à air comprimé à 14 atmosphères, qui fonctionna parfaitement (2).

83. Principe de fonctionnement du système Mékarski. — Dans ce système de traction, des compresseurs, actionnés par des moteurs à vapeur fixes ou hydrauliques, aspirent de l'air dans l'atmosphère et le refoulent à une pression déterminée dans des accumulateurs disposés dans la salle des machines ou à proximité.

Les voitures automotrices portent également des réservoirs qu'on charge à la pression du régime, au moyen des accumulateurs ci-dessus, soit à l'usine même, soit en un point choisi de la ligne.

Avant de se rendre aux cylindres du moteur, cet air passe dans une bouillotte disposée à l'avant de la voiture et contenant de l'eau chauffée à une température initiale de 170 à 200 degrés, dont elle entraîne une partie, puis dans un détendeur qui abaisse sa pression entre 0 et 20 kilogrammes, suivant le profil, la charge et la vitesse.

Le mélange d'air et de vapeur sortant des cylindres s'échappe enfin dans l'atmosphère, à peu près invisible et sans bruit.

Avant que l'approvisionnement d'air des voitures ne soit épuisé, celles-ci reviennent se charger soit à l'usine, si la ligne

(1) Bulletin d'octobre 1868 de la Société des Ingénieurs civils.
(2) Pernolet. *L'Air comprimé et ses applications.*

a une faible longueur, soit en un point du parcours convenablement déterminé, de manière à pouvoir effectuer en toute sûreté leur trajet complet.

84. Description de la ligne de tramway à air comprimé « Cours de Vincennes-Saint-Augustin » à Paris. — Comme application de l'air comprimé à la traction des tramways, nous décrirons l'ensemble de l'installation de la ligne « Cours de Vincennes-Saint-Augustin », appartenant à la Compagnie générale des omnibus de Paris, et qui fonctionne depuis 1894 dans des conditions satisfaisantes de régularité et d'économie.

Cette ligne a une longueur de 9 km. Le profil en long (fig. 1) montre qu'elle comporte de longues rampes de 27 mm. d'inclinaison ; les rayons des courbes y descendent fréquemment à 30 mètres et quelquefois jusqu'à 18 mètres.

Le trajet s'effectue en 55 minutes environ, en y comprenant 4 à 5 minutes pour le chargement d'air à la Villette ; la vitesse limite autorisée, de 12 kilomètres à l'heure, est facilement réalisée dans la première partie du trajet, mais de la Villette à Saint-Augustin, elle n'est pas supérieure à 7 ou 8 km., en raison des difficultés de la circulation dans les rues La Fayette et de Châteaudun.

La voie est du système Marsillon. Des diagonales sont posées en moyenne tous les kilomètres pour permettre de continuer le service en voie unique, dans l'intervalle de deux diagonales, en cas d'obstruction d'une voie par une voiture de la ligne ou par une voiture étrangère. Les aiguilles sont prises en talon et elles sont normalement disposées pour la voie directe ; leurs deux lames, qui ont 2 m. 50 de longueur, sont mobiles et reliées par une tringle. Un appareil de manœuvre à ressort, dissimulé dans la chaussée sous une plaque de fonte, permet aux conducteurs-receveurs de les manœuvrer au moyen d'une forte pince.

Les rails qui pèsent, ainsi que les contre-rails, 20,5 kilogr. au mètre courant, sont posés directement sur le béton et entretoisés tous les deux mètres ; le prix de la voie, par kilomètre de voie double, s'est élevé à 150.000 francs, en y comprenant la réfection à neuf du pavage. Les joints fatiguent beaucoup et on doit les resserrer fréquemment, travail très coûteux, en raison de la réfection du pavage qu'il nécessite. Quelques joints ont

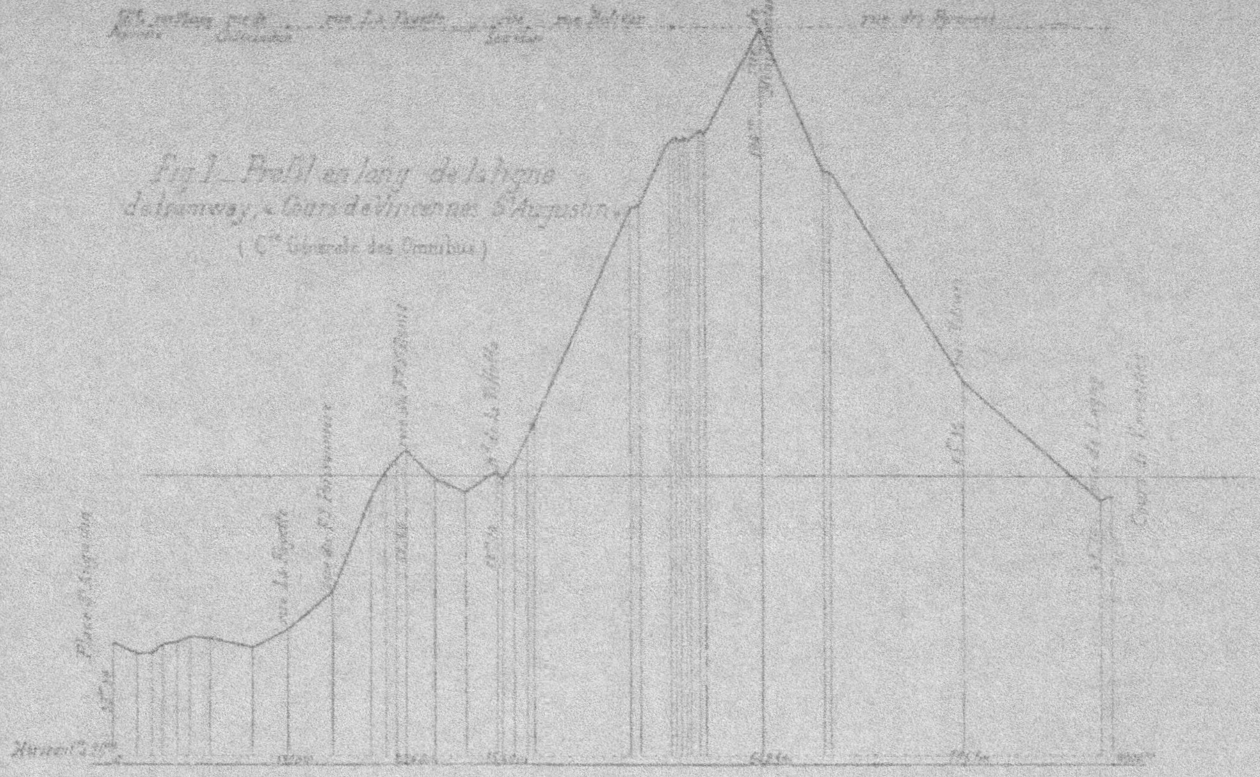

Fig. 1. _ Profil en long de la ligne de tramway, Cours de Vincennes St Augustin.
(Cie Générale des Omnibus)

été garnis de plaques rivées aux coussinets, suivant la méthode que nous avons indiquée dans la première partie de ce travail.

85. Usines. — Le service de la ligne a nécessité l'installation de deux usines, édifiées toutes les deux sur des terrains appartenant déjà à la Compagnie ; elles sont situées, l'une rue des Pyrénées, près du terminus du cours de Vincennes, où se trouve aussi le dépôt des automotrices et des voitures d'attelage, l'autre boulevard de la Villette, à 5.300 m. de la première et à 3.800 m. du terminus de Saint-Augustin.

Il n'était pas possible de donner aux réservoirs des voitures une capacité suffisante pour permettre à celles-ci d'effectuer sans rechargement le trajet du cours de Vincennes à Saint-Augustin et retour, qui atteint 18.500 m. avec les manœuvres effectuées à la tête de ligne. Le dépôt devant se trouver à l'un des terminus, on aurait pu encore construire au cours de Vincennes une usine unique, d'où l'on aurait envoyé au poste de chargement de la Villette, par une canalisation de 5 kilomètres de longueur, l'air comprimé nécessaire au rechargement des voitures ; on aurait ainsi bénéficié de la suppression de l'usine de la Villette, laquelle grève l'exploitation de 4 centimes environ par kilomètre-voiture, et on aurait eu en même temps à l'usine de Vincennes des unités plus puissantes et plus économiques. Mais il aurait fallu encore installer à la Villette des chaudières pour le réchauffage des bouillottes des voitures, à moins de monter sur chacune de celles-ci un foyer spécial, comme cela vient d'être fait pour les nouvelles installations à air comprimé de la Compagnie générale des omnibus.

D'autre part, la présence vers le milieu de la ligne d'un personnel capable et exercé facilite beaucoup le service en cas d'obstruction de la voie ou d'avaries aux automotrices. Pour ces diverses raisons, la construction d'une usine à la Villette ne saurait être considérée comme absolument inutile.

86. Compresseurs. — L'usine du Cours de Vincennes, dite aussi *de Lagny* parce qu'elle donne sur la rue de ce nom, comprend trois compresseurs verticaux, système Mékarski, actionnés directement par trois machines verticales Corliss-Garnier. La compression s'y fait en trois phases, l'air passant dans un réservoir de refroidissement entre deux phases consécutives ; une circulation d'eau autour des cylindres (1) et une injection dans les cylindres mêmes diminuent encore l'échauffement.

Chaque compresseur comporte quatre cylindres, dont deux aspirent dans l'atmosphère et peuvent être considérés ainsi comme ne formant qu'un seul cylindre d'un volume double de chacun des deux : c'est pour obtenir une meilleure disposition de ses appareils que M. Mekarski a employé deux cylindres à basse pression. Comme le montrent les fig. 2 à 5, l'ensemble est monté sur bâti et colonnes ; les cylindres sont disposés en tandem, ceux à moyenne et à haute pression surmontant les deux à basse pression.

Tous les cylindres travaillent à simple effet, ceux de basse pression dans la course descendante des pistons et les autres dans la course montante de ces mêmes pistons. Ceux-ci sont montés par deux sur la même tige ; les coudes de l'arbre sont disposés à 180 degrés pour régulariser autant que possible le travail de la machine motrice.

L'air extérieur est aspiré dans chaque cylindre à basse pression par deux soupapes en bronze, formant godets, dans lesquels un tuyau applati, qu'on voit fig. 2, amène une certaine quantité d'eau variable à la volonté du mécanicien. Cette eau vient d'un réservoir élevé, et elle arrive avec force dans les godets ci-dessus ; le vide qui se produit dans les cylindres, lorsqu'elle y pénètre avec l'air aspiré, fait qu'elle est pulvérisée et qu'elle se mélange assez intimement avec l'air, réduisant ainsi d'une manière efficace l'échauffement occasionné par la compression.

Dans la période de refoulement, l'air et l'eau qui emplissent le cylindre sont comprimés à la pression de 4 kg., et ils passent à cette pression dans le premier réservoir intermédiaire R, dont le volume est de 80 litres, soit exactement celui qu'engendraient les pistons primitifs des deux cylindres de basse pression réunis. Un clapet de retenue empêche, dans la course suivante du piston, l'air de ce réservoir de revenir dans les cylindres.

Le tuyau d'aspiration du cylindre de moyenne pression descend presque jusqu'à la partie inférieure du réservoir R ; l'eau refoulée des premiers cylindres avec l'air tombe d'autre part

(1) Nous verrons que cette circulation est presque totalement inefficace ici.

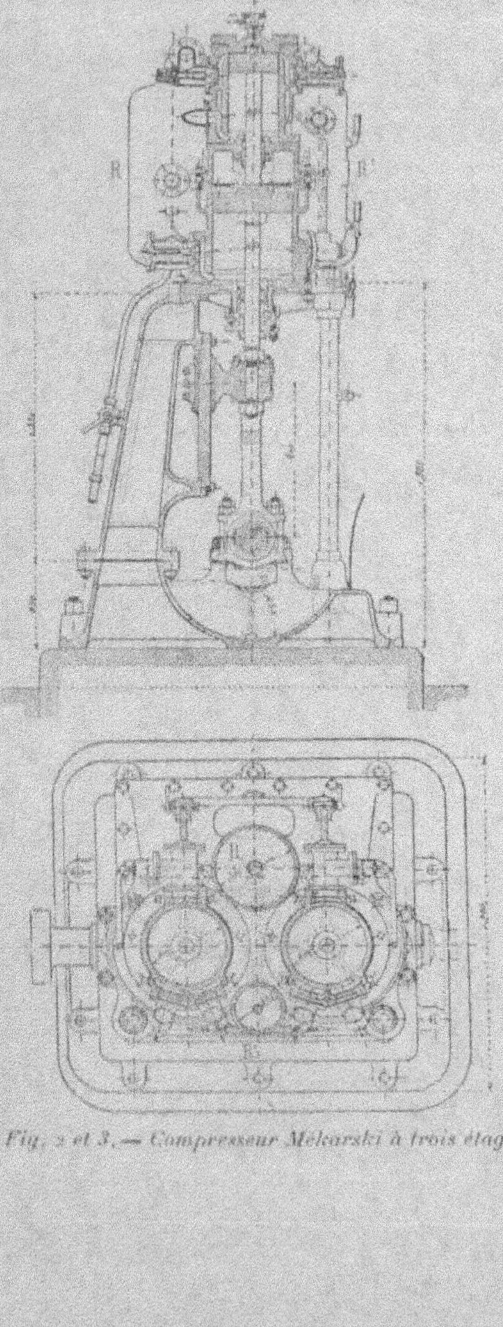

Fig. 2 et 3. — Compresseur Mékarski à trois étages.

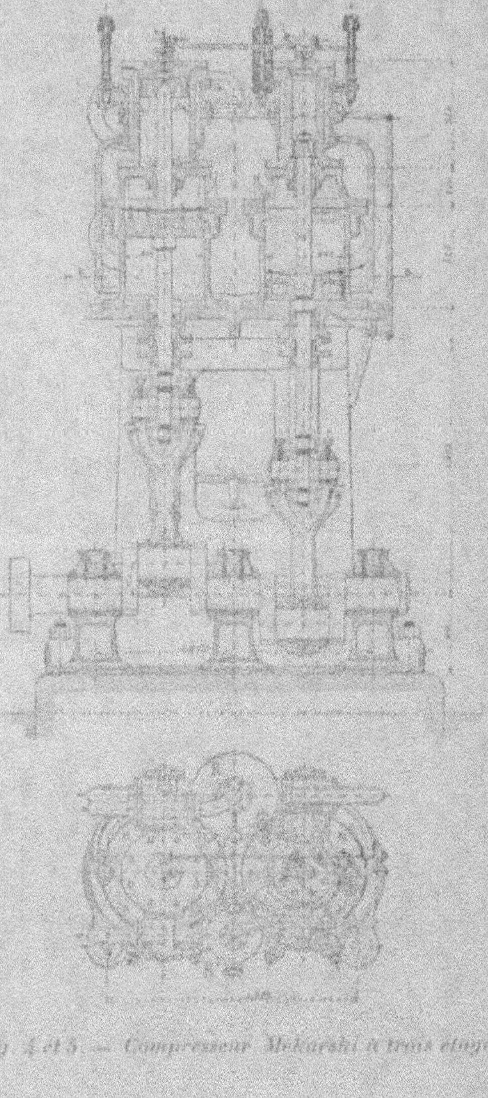

Fig. 4 et 5. — Compresseur Mekarski à trois étages.

dans le fond de ce réservoir; cette eau se trouve ainsi aspirée la première par le piston du cylindre de moyenne pression, et elle continue à être mélangée à l'air dans le reste de son parcours. La compression dans ce cylindre se fait à la pression de 16 à 18 kilogrammes, et l'air refoulé par le piston passe avec l'eau dans le second réservoir R'.

Finalement cet air est aspiré dans le troisième cylindre, puis refoulé à une pression variant de 40 à 60 kilogrammes dans un réservoir sécheur (1) (fig. 6 et 7) où il se débarrasse de l'eau qu'il

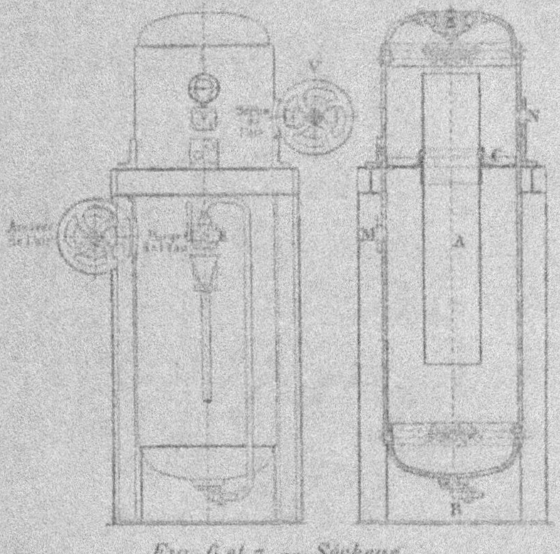

Fig. 6 et 7. — Sécheur.

contenait; il se rend ensuite dans les batteries d'accumulateurs disposées dans la salle des machines, ou dans un abri, à l'extérieur. Pour réduire la différence de pression sur les deux faces de chaque piston de moyenne et de haute pression et par suite les fuites d'air, ainsi que la fatigue des pistons et des tiges, le dessous de chacun de ces pistons est mis en communication avec le réservoir intermédiaire précédent.

(1) Chaque compresseur a ici un sécheur particulier, mais il n'y aurait aucun inconvénient à ce que le refoulement de plusieurs compresseurs se fît dans le même sécheur.

Les températures successives de l'air comprimé, variables avec la saison et avec la quantité d'eau injectée, sont en moyenne les suivantes : 34 degrés dans le premier réservoir, 45 dans le second et 58 à 60 dans le sécheur.

L'eau de refroidissement se rend de ce sécheur dans un appareil réfrigérant, placé dans le sous-sol de la salle des compresseurs, et renfermant un grand nombre de tubes qui sont traversés par l'eau servant à la condensation des machines dans son parcours des cuves d'eau de puits aux bâches ; elle est ramenée ainsi à une température d'environ 20 degrés, puis elle est reprise par une pompe et refoulée dans le réservoir de distribution aux compresseurs. Un robinet à flotteur, placé à l'extrémité d'une conduite partant de la cuve d'eau de Seine, est disposé à la partie supérieure de ce réservoir, dans lequel il maintient un niveau constant en compensant les pertes qui se produisent dans le circuit.

Sur le tuyau de refoulement de chaque cylindre est branchée une tubulure portant une soupape de sûreté, chargée à 6 kilogrammes pour les cylindres d'aspiration, à 22 kilogrammes pour le suivant et à 63 kilogrammes pour celui de haute pression ; la pression dans les sécheurs et les accumulateurs ne peut ainsi dépasser ce dernier chiffre.

87. Production horaire des compresseurs. — Le diamètre des cylindres d'aspiration est de 408 millimètres (il était de 400 mm. au début de l'installation), et la course des pistons de 320 mm. ; le volume engendré par chacun de ces derniers est donc de 42 litres, soit au total 84 litres pour une révolution de l'arbre du compresseur.

Le rendement volumétrique n'est pas supérieur à 65 0/0, en raison de l'espace mort relativement grand des cylindres et de la résistance des soupapes d'aspiration à l'ouverture, laquelle ne s'opère que lorsqu'un certain vide s'est produit déjà derrière les pistons ; le volume d'air à la pression atmosphérique aspiré ainsi par chaque pulsation double des pistons est de $84 \times 0,65 = 54,6$ litres.

Dans la salle des machines, où se fait l'aspiration de l'air, la température moyenne est de 20 degrés (1) ; le poids d'un litre

(1) Il est préférable de disposer cette aspiration à l'extérieur ; la température moyenne de l'air est alors de 12 degrés.

d'air à cette température étant de 1,20 gr., le poids d'air comprimé par tour de machine est de $54,6 \times 1,2 = 65,5$ gr. Le nombre moyen de révolutions des machines de l'usine par minute étant de 120, la production horaire de chaque compresseur est de

$$65,5 \times 120 \times 60 = 471,6 \text{ kg}.$$

Lorsque la vitesse des machines augmente, le rendement des compresseurs par coup de piston diminue un peu ; pour la vitesse de 130 tours, rarement dépassée, la production par heure est sensiblement de 500 kg.

88. Compression de l'air. — Notions fondamentales. — L'air comprimé suit les lois de Mariotte et de Gay-Lussac, c'est-à-dire que, *pour une même masse d'air considérée sous des volumes différents, mais à une même température, les volumes sont en raison inverse des pressions :*

$$pv = p_0 v_0 \text{ et } v = \frac{p_0}{p} v_0 \; (a) ;$$

et que, *pour une même masse d'air considérée à des températures différentes, mais sous une même pression, les volumes sont proportionnels aux températures absolues :*

$$\frac{v}{v'} = \frac{t + 273}{t' + 273}.$$

Pour une variation de 1 degré C, le volume de l'air varie de $\frac{1}{273}$ du volume qu'il occupe sous la pression considérée et à la température de 0 degré C.

v étant le volume d'une masse d'air sous la pression p et à la température de 0 degré, et α le coefficient de dilatation égal à $\frac{1}{273}$ ou 0,003666, le volume v' qu'occupera cet air à la température t sous la pression p, sera donné par la relation :

$$v = v'(1 + \alpha t), \text{ d'où l'on déduit } v' = \frac{v}{1 + \alpha t} \; (b).$$

En combinant les équations (a) et (b), on obtient :

$$\frac{pv}{1 + \alpha t} = p_0 v_0, \text{ ou } pv = p_0 v_0 (1 + \alpha t),$$

et, en posant $a = 273 = \frac{1}{\alpha}$,

$$pv = \frac{p_0 v_0}{a}(a + t),$$

ou bien encore, en posant $\frac{p_0 v_0}{a} = R$,

$$pv = R(a + t).$$

Cette équation fondamentale s'énonce comme suit :

Pour une masse de gaz donnée, les volumes sont, à température égale, en raison inverse des pressions et, à pression égale, en raison directe des températures absolues.

R est une constante spécifique qui est égale, pour l'air, à 29,28.

En introduisant dans les relations ci-dessus la notion de *densité*, c'est-à-dire du poids de l'unité de volume, et en adoptant les notations suivantes :

ρ_0 : densité d'une masse d'air à 0° sous pression p_0, v_0 étant le volume correspondant ;

ρ : densité d'une masse d'air à $t°$ sous pression p, v étant le volume correspondant ;

ρ' : densité d'une masse d'air à un état intermédiaire correspondant à une température de 0°, à une pression p et à un volume v',

la loi de Mariotte donne :

$$\frac{\rho'}{\rho_0} = \frac{p}{p_0},$$

c'est-à-dire que *les densités sont proportionnelles aux pressions* ;

et la loi de Gay-Lussac :

$$\frac{\rho}{\rho'} = \frac{a}{a + t}$$

c'est-à-dire que *les densités sont en raison inverse des températures* absolues.

La combinaison de ces deux équations donne :

$$\frac{\rho}{\rho_0} = \frac{p}{p_0} \times \frac{a}{a + t}, \text{ ou } p = \frac{p_0}{\rho_0} \frac{a + t}{a} \rho.$$

Mais, par définition, $\rho = \frac{\pi}{v}$,

on peut donc écrire :

$$pv = \frac{p_0}{\rho_0}\,\frac{a+t}{a}\,\varpi,$$

relation générale dont l'énoncé est : (1)

Les densités de l'air comprimé sont, à température égale, en raison directe des pressions et, à pression égale, en raison inverse des températures absolues.

(Il faut remarquer que ces formules ne s'appliquent qu'à de l'air supposé parfaitement sec).

89. Chaleur dégagée dans la compression. — La compression de l'air dégage une certaine quantité de chaleur, qui augmente avec le chiffre final de la compression suivant une loi donnée par la formule :

$$t_1 = t\left(\frac{p_1}{p}\right)^{0,29},$$

dans laquelle t et t_1 sont les températures absolues de l'air au commencement et à la fin de la compression, et p et p_1 les pressions correspondantes.

Cette production de chaleur, pendant la compression, augmente beaucoup la pression qui correspondrait à une réduction de volume donnée, sans variation de température, et augmente par suite le travail de compression de l'air.

Cette production de chaleur pourrait avoir encore un autre inconvénient dans la traction à air comprimé, si l'air était chargé dans les voitures à sa température finale de compression ; c'est que, pour une même pression et une même capacité, le poids emmagasiné serait moindre, et le parcours qu'il est possible aux voitures de fournir moindre également. Enfin une température trop élevée de l'air détériorerait les organes du compresseur.

On a donc un triple avantage à refroidir l'air pendant la compression :

1° On diminue le travail de compression de cet air ;

2° On empêche la détérioration des garnitures des pistons et des tiges ;

3° On emmagasine un plus grand poids d'air sous le même volume.

(1) *L'Air comprimé et ses applications*, par Pernolet.

90. Rendement des compresseurs d'air. — Si l'on admet, avec M. Pernolet, que « le travail nécessaire pour vaincre les résistances qui s'opposent au rapprochement des molécules de l'air peut être considéré comme négligeable, et que celui qu'on doit dépenser pour la compression est ainsi tout entier employé à produire l'échauffement qui accompagne nécessairement la diminution de volume » ; et si l'on ajoute que cette chaleur est, d'autre part, entièrement perdue, la plus grande partie étant emportée par l'eau employée au refroidissement et le reste se disséminant dans l'atmosphère, on peut dire avec M. Mékarski (1) que *le rendement des compresseurs à air est absolument nul.*

« Le compresseur, ajoute cet ingénieur, joue un rôle très spécial ; il ne transforme pas l'énergie, comme une dynamo génératrice, il produit simplement le transformateur en créant un potentiel, mais ce transformateur est un des meilleurs que l'on connaisse pour la conversion de calories en kilogrammètres. Ce sont les calories ainsi transformées qui fournissent l'énergie utilisée au moyen du moteur à air, que ce soient celles préexistant dans l'air avant la compression ou d'autres empruntées postérieurement à une source extérieure. Dans ce dernier cas (qui est celui des installations de tramways), on dépense d'abord des kilogrammètres pour faire des calories que l'on perd, puis d'autres calories pour faire des kilogrammètres ; on peut arriver dans cette seconde opération à un chiffre assez voisin de celui donné par la première, en sens inverse, en dépensant la quantité de chaleur correspondante, rien ne limitant même le rendement ainsi défini.

« Cette conception est si vraie, que les machines à air chaud, où la double transformation laisse un excédent disponible d'énergie mécanique, ne sont autre chose que des machines à air comprimé dont le rendement est supérieur à l'unité. Pour en arriver là, il faut se placer dans des conditions un peu spéciales ; mais en s'arrêtant à mi-chemin, comme on le fait dans la traction à air comprimé, on ne rencontre plus les mêmes difficultés et l'on retrouve encore une fraction suffisante de l'énergie mécanique employée pour la compression.

« Telle est l'explication du rendement pratique élevé du système de traction par l'air comprimé. »

(1) *Société des ingénieurs civils*, Bulletin de mars 1900.

« Il va de soi que moins l'on dépensera de puissance mécanique pour obtenir le même poids d'air comprimé, destiné à être utilisé à une pression et une température déterminées, plus le rendement pratique s'élèvera. Sous ce rapport, il est assurément avantageux de réduire le plus possible l'écart entre la pression à laquelle l'air est emmagasiné dans les réservoirs et celle à laquelle il est employé, écart d'ailleurs inévitable, puisqu'il exprime la somme d'énergie que le moteur à air, séparé du compresseur, est susceptible de fournir. Il convient toutefois de remarquer que, lorsque cet écart augmente en valeur absolue, la dépense supplémentaire d'énergie correspondant à une même différence de pression va elle-même en diminuant, ce qui permet, sans trop d'inconvénients, d'atteindre des pressions très élevées, quand cela est nécessaire. On peut d'ailleurs compenser entièrement la dépense supplémentaire en augmentant d'autant la température à laquelle on fait travailler l'air dans le moteur secondaire ».

M. Mékarski estime qu'on peut arriver à obtenir ainsi une proportion (ou rendement), entre le travail restitué sur les pistons des automotrices et la puissance développée sur les pistons de la machine à vapeur de l'usine, de 45 0/0.

Nous verrons quel est ce rendement sur la ligne de Saint-Augustin, de la Cie des Omnibus, puis sur celles alimentées par la puissante usine de Billancourt, de la même Cie.

91. Travail de compression adiabatique de 1 kg. d'air. — Pour comprimer 1 kg. d'air, pris à la température absolue t, de la pression atmosphérique p à la pression p_1 (sa température absolue devenant égale à t_1 dans cette opération), il faut dépenser un travail T égal à :

$$102,69\,(t_1 - t) \text{ kilogrammètres.}$$

Les températures t et t_1 de cette formule sont liées aux pressions p et p_1 par l'équation :

$$\frac{t}{p^{0,29}} = \frac{t_1}{p_1^{0,29}},$$

d'où l'on déduit :

$$t_1 = t\left(\frac{p_1}{p}\right)^{0,29}.$$

Pour $t = 20 + 273$ ou $293°$ et $p_1 = 59$ atmosphères (60 kg. effectifs), on trouve :

$$T = 68.492 \text{ kilogrammètres ;}$$

la température absolue t_1 de l'air, à la fin de la compression, est égale elle-même à :

$$293 \times 59^{0,29} = 960° \text{ absolus}$$

ou $960 - 273 = 667°$ centigrades.

Si cet air était employé sans perte de chaleur externe, il rendrait exactement, en revenant à son état initial, le travail (moins celui des frottements) demandé pour sa compression. Au contraire, s'il était ramené avant emploi à sa température d'aspiration, sa pression redeviendrait égale à celle de départ, et tout le travail de compression ayant été employé à produire une certaine quantité de chaleur complètement inutilisée se trouverait entièrement perdu.

Dans la traction des tramways, la température de l'air emmagasiné dans les réservoirs des automotrices devient rapidement celle de l'air ambiant, égale et quelquefois inférieure à celle d'aspiration ; on conçoit qu'on ne puisse y employer le mode de compression ci-dessus.

On cherche, au contraire, à se rapprocher d'une compression isothermique, qui conserve à l'air une température constante pendant toute la durée de l'opération ; à cet effet, la chaleur dégagée par la compression est soustraite à l'air par une circulation d'eau froide autour du cylindre et par une injection dans le cylindre même. Le travail de compression est alors moindre que lorsque cette compression se fait adiabatiquement ; le cylindre du compresseur, son piston et la garniture de la tige sont protégés contre une température trop élevée qui pourrait nuire à leur fonctionnement, et le poids d'air emmagasiné dans les réservoirs des voitures est aussi plus grand.

Le travail de compression *isothermique* de 1 kg. d'air aspiré à une température absolue t et porté de la pression atmosphérique p à la pression p_1, est donné par la formule :

$$T_1 = 29{,}28\, t \times \text{log. nép. } p_1.$$

Pour $t = 20 + 273$ et $p_1 = 59$ atmosphères, on a :

$$T_1 = 29,28 \times 293 \times \text{log. nép. } 59 = 34.980 \text{ kgm.}$$

92. Travail de compression réel de 1 kilogramme d'air. — Lorsqu'on fait usage d'un chiffre de compression élevé, on ne peut réaliser une compression complètement isothermique; mais il est très possible, avec une injection d'eau et une circulation appropriées, puis par la division du travail en deux ou trois phases, d'arriver à limiter l'élévation de température à 30 ou 40°. On pourrait même rester en dessous de ce chiffre en augmentant l'injection d'eau ; mais cette eau diminuerait le volume d'air aspiré par cylindrée, et son refoulement par le piston absorberait une quantité très appréciable de travail ; on perdrait plus ainsi, par ces deux circonstances, qu'on ne gagnerait par l'augmentation de refroidissement obtenue. En outre, l'injection d'une grande quantité d'eau, si elle s'opérait par le même conduit que l'aspiration d'air des cylindres de basse pression (comme cela a lieu dans les compresseurs que nous étudions), gênerait l'entrée de cet air dans les cylindres et diminuerait le rendement volumétrique du compresseur.

Voyons ce que le travail de compression devient dans ces conditions.

Dans les essais effectués pour déterminer la consommation des machines à vapeur de l'usine du Cours de Vincennes, le travail sur les pistons s'est élevé à 150 chevaux pour un nombre de tours de 143 par minute et une pression finale de refoulement de l'air de 60 kilogrammes.

Avec un rendement organique de la machine égal à 0,85, le travail transmis au compresseur était de :

$$150 \times 0,85 = 127,5 \text{ chevaux.}$$

D'autre part, le travail absorbé par le frottement des pistons, garnitures, glissières, coussinets de bielles et de palier du compresseur peut être estimé à 12 0/0 de sa puissance totale. Dans le cas ci-dessus, le travail *net* de compression s'élevait donc à :

$$127,5 \times 0,88 = 112,2 \text{ chevaux,}$$

correspondant, pour une marche de 1 heure, à

$$122,2 \times 270.000 = 30.294.000 \text{ kilogrammètres.}$$

La quantité d'air à la pression de 60 kilogrammes produite à cette allure était de 6 kilogrammes par 100 tours de machine, soit pour 1 heure :

$$6 \times 143 \times 60 = 514{,}8 \text{ kilogrammes.}$$

Le travail *pratique* de compression de 1 kilogramme d'air à la pression de 60 kilogrammes est donc de :

$$\frac{34.425.000}{514{,}8} = 66.870 \text{ kilogrammètres,}$$

un peu plus élevé que le travail *théorique* de compression adiabatique.

Ce travail peut se déterminer d'une autre façon.

D'après un principe fondamental de la thermodynamique, il est en effet représenté par l'équivalent, en kilogrammètres, de la chaleur totale dégagée dans la compression, chaleur qui doit se retrouver dans l'air comprimé et dans l'eau d'injection, si l'on admet que le refroidissement par les parois est négligeable.

La quantité d'eau injectée par heure dans les cylindres de compression, pour une production d'air comprimé de 450 kg., est de 1.500 litres, l'augmentation de température de cette eau étant d'autre part de 40 degrés ; le nombre de calories absorbées par l'eau, dans le travail de compression, est donc de :

$$1.500 \times 40 = 60.000 \text{ calories.}$$

L'augmentation de température de l'air est également de 40 degrés et la chaleur qu'il absorbe dans la compression de :

$$40 \times 0{,}17 \times 450 = 3.060 \text{ calories,}$$

donnant, avec les 60.000 calories ci-dessus, un total de 63.060 calories.

Le travail correspondant est de :

$$63.060 \times 425 = 26.800.500 \text{ kgm.,}$$

soit par kilogramme d'air :

$$\frac{26.800.500}{450} = 59.555 \text{ kgm.,}$$

chiffre inférieur de 13 0/0 au travail nécessité dans la compression adiabatique.

93. Influence de l'injection d'eau et de la division du travail en trois phases sur la diminution de tempéra-

ture de l'air. — C'est surtout l'action de l'eau mélangée à l'air qui empêche l'élévation de température pendant la compression, beaucoup plus que la division de cette compression par étages.

En effet, l'air n'éprouve pas de refroidissement sensible dans les réservoirs intermédiaires, comme le montre le relevé ci-après; pour obtenir que sa température revienne à son point initial, il faudrait développer davantage la tuyauterie entre les cylindres et les réservoirs intermédiaires et soumettre ceux-ci à un refroidissement par l'air extérieur ou par une injection d'eau sur leurs parois.

Mais l'allongement des tuyaux augmenterait le travail de compression et compliquerait surtout la construction des compresseurs ; cependant le résultat obtenu serait probablement meilleur que celui donné par une injection d'eau trop considérable, dont le travail de refoulement serait élevé ; en outre, si cette injection était faite dans la chapelle d'aspiration de l'air, elle diminuerait la section de l'aspiration et par suite l'effet utile du compresseur.

La quantité d'eau injectée est de un mètre cube 1/2 environ par heure, au dépôt de Lagny, pour une production d'air de 430 kilogrammes, soit de 3 litres 5 par kilogramme ; l'échauffement de l'air est alors d'environ 40 degrés.

Températures successives de l'air pendant la compression

		1er relevé	2e relevé
Température de l'air extérieur		23	9
—	dans la salle des compresseurs	29	16
—	avant l'entrée dans le premier réservoir intermédiaire	38	32
—	à la sortie du premier réservoir	38	32
—	avant l'entrée dans le second réservoir intermédiaire	49	46
—	à la sortie du second réservoir	49	46
—	à la sortie du dernier cylindre	58	62
—	à l'entrée dans le sécheur	57	61
—	à la sortie du sécheur	57	61
—	à l'arrivée au déverseur	36	»
—	à la sortie du déverseur	35	»
—	à l'arrivée dans les accumulateurs	32	»
—	dans les accumulateurs	29	16
—	au serpentin de chargement, lorsque ce chargement s'effectue directement par les compresseurs	42	46

Température de l'eau de circulation à son entrée dans la salle des compresseurs . . . . ° 10

Température de l'eau à son arrivée aux soupapes d'aspiration des premiers cylindres . . . . ° 11

La quantité d'eau injectée par kg. d'air était de 4 litres environ dans le premier essai, et de 2 litres 5 dans le second.

94. Production d'air comprimé par cheval et par heure. — Nous avons vu que cette production était de 514,8 kg, pour une marche d'une heure à l'allure de 143 tours, le travail sur l'arbre de la machine étant lui-même de 127,5 chevaux ; la production par cheval effectif et par heure est donc de :

$$\frac{514,8}{127,5} = 4 \text{ kg (à la pression de 60 kg).}$$

Par cheval indiqué, la production d'air s'abaisse à :

$$\frac{514,8}{150} = 3,432 \text{ kg.}$$

Ce chiffre servira, avec la consommation d'air des voitures automotrices par kilomètre, à déterminer la puissance dépensée à l'usine par kilomètre d'automotrice.

95. Détails de construction des compresseurs. — Les compresseurs des usines de la ligne de Saint-Augustin ont été construits par la maison Brissonneau, Lotz et Deroualle, à Nantes, sur les dessins de M. Mékarski ; ils sont très solides et très soignés et nécessitent ainsi peu d'entretien. L'arbre-manivelle est en acier, ainsi que les bielles, les tiges des pistons, les glissières, les colonnes du bâti et les têtes des pistons ; les semelles de ces dernières sont en bronze. Les surfaces de portée de ces pièces sont largement calculées et elles sont ainsi à l'abri de tout chauffage et de toute usure anormale ; les coussinets sont antifrictionnés pour diminuer le frottement et l'usure.

Les clapets d'aspiration et de refoulement sont indifféremment en acier ou en bronze ; quand leurs ressorts sont en bon état et bien réglés, ces clapets se cassent rarement et ils ne demandent pas non plus à être rodés souvent.

Les segments des pistons sont en ébonite (caoutchouc durci), sauf ceux des cylindres de basse pression, qui sont en bronze. Une fois bien rodés, ceux-ci ne s'usent plus, bien qu'ils soient assez fortement appuyés sur les parois des cylindres par des ressorts en acier; ces segments, au nombre de quatre par piston, sont très étanches. Ceux des cylindres à haute pression durent jusqu'à trois ou quatre mois quand ils sont de bonne qualité, et ceux de moyenne pression un an environ.

On ne graisse pas ces cylindres avec de l'huile ni du suif, mais avec du savon mou, qu'on introduit par petites quantités, toutes les heures environ, dans les boîtes d'aspiration des cylindres inférieurs.

L'eau d'injection est, avons-nous dit, refroidie à sa sortie des sécheurs et réemployée à nouveau dans les compresseurs ; cette manière d'opérer présente les avantages suivants. Cette eau étant déjà onctueuse, il suffit d'introduire une très petite quantité de savon dans les cylindres des compresseurs pour les lubrifier, et un oubli des mécaniciens sur ce point ne peut produire le grippement des pistons et des tiges.

La quantité d'eau de Seine prise aux cuves et ajoutée à l'eau d'injection pour compenser les pertes étant très faible, il ne se dépose sur les parois des conduits d'aspiration et de refoulement qu'une quantité très minime de tartre, qui ne diminue pas la section de ces conduits. Sur les clapets et les sièges des soupapes, il ne se produit aucun dépôt, et ces soupapes se conservent parfaitement étanches ; enfin les segments de piston et les cylindres ne s'usent pas non plus comme ils le feraient avec de l'eau calcaire constamment renouvelée. De même, les ressorts qui opèrent la fermeture des clapets de refoulement ou adoucissent la fermeture des clapets d'aspiration ne s'entartrent pas, ce qui aurait pour effet de gêner leur fonctionnement et de produire une fermeture brusque des clapets sous l'action de la descente des pistons, pouvant amener leur rupture et occasionner en outre des pertes d'air.

Enfin, si, comme pour les usines de la ligne de Saint-Augustin, l'eau d'injection est de l'eau de Seine prise à la ville, comme il faut pour chaque compresseur près de 1 mètre cube 1/2 d'eau à l'heure et qu'il y a 5 compresseurs en marche pendant 16 heures, cela donnerait une dépense journalière de 120 m³, soit 12 fr., à raison de 10 centimes le mètre cube.

Avec les réfrigérants, cette dépense n'est plus que de 40 mètres cubes environ pour le remplacement des pertes. D'un autre côté, il est vrai, il a fallu faire l'acquisition d'un réfrigérant, d'une pompe Worthington et d'un réservoir pour chaque usine, et installer un tuyautage plus compliqué que le tuyautage primitif; enfin il y a la dépense de vapeur de ces pompes, qu'on évalue à 0,500 kg. par 1000 tours des machines motrices, ce qui, pour un nombre total de 500.000 tours, donne une dépense journalière de 250 kilogrammes de vapeur. Mais, tout compté fait, il se trouve que les frais d'installation ont été presque récupérés dans la première année de service par l'économie réalisée sur l'eau de Seine.

96. Accumulateurs d'air comprimé. — L'air comprimé, débarrassé dans les sécheurs de l'eau à laquelle il était mélangé, se rend dans des réservoirs appelés *accumulateurs* et disposés verticalement, au nombre de 15, le long d'un mur de la salle des machines. La capacité de chacun de ces réservoirs est de 500 litres, ce qui donne une contenance de 7,5 m³ pour l'ensemble.

Ces accumulateurs ont été construits par la maison Imbert, à Saint-Chamond, suivant des procédés en usage depuis plus de 30 ans dans cet important établissement.

La tôle devant former la virole est d'abord chanfreinée sur les deux côtés se trouvant dans le sens des génératrices, planée avec beaucoup de soin, puis enroulée sur des cylindres, après avoir été portée à la température du rouge-cerise clair dans un four à réchauffer.

Les extrémités du cylindre ainsi formé sont ensuite cerclées intérieurement et extérieurement, pour empêcher tout gauchissement de la virole dans le travail intérieur de la soudure.

Ce travail se fait sur une forge d'assez petites dimensions, chauffée avec du coke provenant de charbon bien lavé; l'opération s'effectue par longueurs de 15 à 20 centimètres seulement, à la fois, en commençant par le milieu.

La virole étant suspendue par un palan, on amène la partie à souder au-dessus du foyer; quand elle est assez chauffée, on l'élève un peu, puis on la retourne. Montant alors sur des tréteaux, l'ouvrier frappe à coups de masse précipités sur les lèvres de la soudure, pendant qu'un aide tient coup intérieurement au moyen d'une longue barre terminée par un fort bloc de fer.

Il faut près de trois jours à un ouvrier et deux aides pour souder une virole de 2 mètres de longueur.

Les calottes constituant les fonds sont embouties sur forme, en ayant soin, dans cette opération, d'éviter les chaudes partielles ; après façonnage, ces fonds sont réchauffés au four et refroidis lentement. Ils sont ensuite tournés extérieurement sur la hauteur de l'emmanchement ; les viroles sont elles-mêmes alésées à leurs deux extrémités sur une pareille hauteur, puis chauffées de manière à donner un serrage de $\frac{1}{2}$ millimètre lors de l'emmanchement des fonds.

La virole et les calottes sont ensuite percées ensemble ; pour obtenir le congé intérieur prescrit, on se sert d'une lame taillée au profil voulu, qu'on emmanche sur le porte-lame en l'introduisant par le trou déjà percé. En faisant travailler l'outil de bas en haut, on obtient bien exactement le congé ci-dessus.

Cette opération s'effectue d'abord aux trous de la calotte qui ne porte pas de tampon autoclave, et c'est un gamin qui, s'introduisant dans la virole, fixe la lame sur le porte-lame. Pour le deuxième fond, la lame se fixe par le trou d'autoclave dont ce fond est percé.

L'épaisseur de la tôle de la virole et des fonds est de 18 millimètres ; les conditions auxquelles doit satisfaire le métal, qui est de l'acier doux ne prenant pas la trempe, sont : résistance à la rupture 38 à 40 kilogrammes par millimètre carré, résistance élastique 20 kg., allongement 28 0/0.

Les réservoirs sont timbrés à 80 kg. ; ils sont tous essayés à la pression de 107 kg., soit avec une surpression de $\frac{1}{3}$.

Sur les 285 réservoirs semblables fournis par la maison Imbert pour la Cie générale des Omnibus, tant pour les locomotives de ses lignes « Louvre-St-Cloud » et « Louvre-Versailles », que pour ses dépôts ou usines de Boulogne, Point-du-Jour, Sèvres, Lagny et la Villette, aucun n'a donné lieu à une seule observation du contrôle ; tous ont parfaitement résisté aux épreuves imposées sans qu'aucune fuite se soit manifestée aux soudures ni aux rivures, ni qu'aucune déformation, même temporaire, se soit produite.

Les instructions spéciales du service du contrôle à ses agents pour la construction et la réception de ces réservoirs étaient les suivantes :

« La sécurité de l'emploi des réservoirs projetés n'est pas à chercher dans les épreuves après construction, mais surtout dans le choix sévère des matériaux, la perfection de la construction, notamment en ce qui concerne les soudures, et ultérieurement les soins de surveillance et d'entretien. Par suite, il y a lieu de laisser la Cie générale des Omnibus agir sous sa responsabilité.

« Sans préjudice des observations qui précèdent, les épreuves hydrauliques après construction, projetées par la Compagnie avec un tiers de surpression, devront être constatées par un représentant du service du contrôle ; toute pièce qui donnerait, même à la première tentative d'épreuve, des suintements ailleurs qu'aux assemblages ou des déformations permanentes appréciables, devra être définitivement refusée ».

En service, les accumulateurs sont visités, grattés et goudronnés tous les deux ans ; quand le goudron a été bien étendu, on le trouve intact à la visite suivante. Ces accumulateurs auront ainsi une durée indéfinie.

Quant aux sécheurs, ils supportent en service une pression moyenne plus élevée que les accumulateurs, et l'eau chaude qui y pénètre avec l'air enlève rapidement le goudron. Ils auront donc une durée moindre que les accumulateurs ; en dehors des visites réglementaires ci-dessus, on doit profiter de toute réparation à ces appareils pour en faire l'inspection et s'assurer qu'il n'existe à l'intérieur aucune fissure ou crique.

97. Déverseur. — Les accumulateurs sont reliés aux sécheurs par l'intermédiaire de tuyauteries et d'un appareil appelé *déverseur*. Si l'on se reporte à la figure 6, on voit que l'air sort du sécheur par la vanne V, et qu'il vient par le tuyau T au déverseur (fig. 8). De ce dernier, du côté opposé à l'arrivée de l'air, part un autre tuyau *f* se rendant aux accumulateurs, par le côté gauche, et à la rampe de chargement, par le côté droit.

Chacune des usines de Lagny et de la Villette possède deux déverseurs ; mais un seul est en fonctionnement, le second servant comme relais. Voici le fonctionnement de ces appareils :

Ils se composent en principe d'un réservoir de faible capacité (fig. 9), dans lequel un piston en bronze peut se déplacer verticalement au moyen d'un volant H et d'une vis G, pour les

Fig. 8. — Installation des déverseurs.

pressions ne dépassant pas 50 kilogrammes, ou bien par l'intermédiaire d'une vis sans fin et d'un volant (fig. 8) pour les pressions de 60 à 80 kilogrammes.

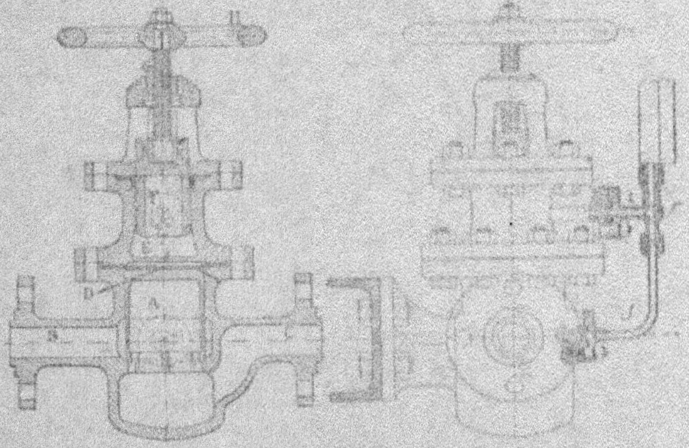

Fig. 9. — Déverseur.

Le fond de la chambre E est percé de trous, et en dessous se trouve un diaphragme en caoutchouc et toile qui s'appuie sur la cloche en bronze A, formant clapet par sa partie inférieure.

Le piston F est creux, et, avant de le monter dans l'appareil, on l'enduit intérieurement d'huile ; on l'abaisse ensuite jusqu'à fond de course pour chasser le plus possible de l'air contenu dans la chambre E, puis on le relève lentement, en emplissant d'eau, au fur et à mesure, la capacité ainsi engendrée. Cette eau est introduite par un robinet à godet à trois voies *r*, disposé sur la face antérieure du déverseur et débouchant par un tuyau *t* dans la partie inférieure de la cavité E. Cette cavité s'emplit presque complètement ainsi d'eau, sauf l'intérieur du piston F, dans lequel il restait de l'air, et où l'eau ne peut pénétrer.

En fermant alors le robinet d'emplissage et en abaissant le piston F, on crée dans la chambre d'air une pression de plus en plus forte, qui n'atteindrait cependant pas un chiffre très élevé si la pression initiale de l'air dans cette chambre n'était égale qu'à la pression atmosphérique.

Mais on voit que le tuyau *j*, déjà en communication avec les sécheurs par la tubulure B, peut être mis aussi en communication avec la chambre E par le robinet *r*, en disposant celui-ci comme sur la figure. On peut alors emplir l'intérieur du piston F d'air à telle pression que l'on désire, soit 40 kilogrammes par exemple ; on conçoit qu'en abaissant ensuite le piston F, en ayant au préalable fait faire un quart de tour de droite à gauche (dans la demi-circonférence inférieure) au robinet *r*, on augmentera très rapidement la pression de l'air dans l'intérieur de ce piston.

Cette pression se transmet au clapet A par le diaphragme D ; sur sa face inférieure, ce clapet est soumis d'autre part à la pression qui règne dans les sécheurs. Tant que la première est supérieure à la seconde, le clapet A reste appuyé sur son siège, et l'air refoulé par le compresseur dans le sécheur va à la rampe de chargement, c'est-à-dire aux voitures en charge, par la conduite *a n g* (fig. 8). Mais, quand la pression sous le clapet A devient supérieure à celle qui agit sur sa face supérieure, ce clapet se soulève, et l'air venant du sécheur passe alors en C et se rend aux accumulateurs.

Pour le chargement des voitures au dépôt de Lagny, on règle le déverseur de façon que la pression à la rampe de chargement ne dépasse pas 60 kilogrammes ; voici quel est alors le fonctionnement du déverseur.

Lorsque l'on veut charger d'air les réservoirs d'une automotrice, on relie ces réservoirs à la rampe de chargement au moyen d'un serpentin monté, d'une part, à demeure sur cette rampe, et muni à son autre extrémité d'un écrou à oreilles que l'on visse sur une bouche de chargement disposée sur le côté gauche du tablier avant de la voiture ; en ouvrant ensuite la vanne placée sur la rampe, on établit la communication des accumulateurs de l'usine avec les réservoirs de l'automotrice, et ceux-ci se chargent rapidement jusqu'à ce que l'équilibre s'établisse entre les deux groupes de réservoirs. Ceux de la voiture ont une capacité de 2.500 m^3, soit celle d'une batterie d'accumulateurs, et le tiers par conséquent de la capacité totale des réservoirs de l'usine ; si l'air se trouve dans ces derniers à la pression de 55 kilogrammes, et à celle de 25 kilogrammes dans ceux de la voiture, l'équilibre s'établira à la pression de $\frac{55 \times 3 + 25}{4} = 47,5$ kg.

Pour se rendre des accumulateurs aux réservoirs de la voiture, l'air comprimé agit sur une soupape de retenue placée en *g* et pressée de bas en haut par un ressort ; celui-ci cède, et laisse le clapet ouvert, tant que la pression aux accumulateurs est supérieure à la pression dans la voiture ; mais, lorsque l'équilibre est établi, le ressort fait fermer le clapet, supprime ainsi la communication ci-dessus et établit au contraire la communication entre les sécheurs et la voiture, par le déverseur. La pression en B (fig. 9) étant alors inférieure à celle qui règne sur le clapet A, celui-ci reste appuyé sur son siège, et l'air refoulé par les compresseurs se rend aux réservoirs de la voiture, jusqu'à ce que la pression y atteigne 60 kilogrammes ; à ce moment, le clapet A se soulève, l'air des sécheurs passe en C et va charger les accumulateurs, dont la pression monte jusqu'à ce qu'il se présente une autre voiture en charge.

Le déverseur fait ainsi l'office d'une soupape de sûreté pour les réservoirs des voitures, avec cette particularité que lorsque la pression maximum est atteinte dans ces réservoirs, l'air comprimé se rend dans les accumulateurs de l'usine au lieu de s'échapper dans l'atmosphère. Un moment d'inattention du manœuvre préposé à la charge des voitures ne peut ainsi faire craindre que la pression n'y monte au delà du timbre, étant entendu que la pression aux sécheurs ne dépassera pas non plus ce chiffre, et, qu'au-delà, la soupape de sûreté placée sur le refoulement du compresseur se soulèvera.

On remarquera que chaque déverseur comporte quatre joints, une garniture emboutie (celle du piston) et un robinet d'emplissage. On conçoit que ces joints, garniture et robinet doivent être absolument étanches pour que la pression se maintienne sans abaissement dans la chambre F.

Le déverseur est un appareil très efficace, mais il présente cependant un inconvénient : c'est d'obliger, lorsque les compresseurs refoulent l'air dans les accumulateurs de la salle des machines, à comprimer cet air à la pression maximum, quelle que soit la pression dans les accumulateurs.

Dans le cas présent, par exemple, ce refoulement doit s'opérer à la pression de 60 kilogrammes, bien que dans les accumulateurs cette pression puisse descendre à 35 ou 40 kilogrammes et qu'elle ne monte ensuite que progressivement jusqu'à 60 kilogrammes.

98. Entretien et conduite des compresseurs. — Les segments de pistons des cylindres de basse et de moyenne pression s'usant peu, il n'est pas nécessaire de les visiter tant qu'ils ne donnent pas lieu à des fuites. Pour les pistons de basse pression, on peut facilement se rendre compte à tout moment de leur étanchéité, le haut des cylindres étant ouvert à l'air libre ; pour ceux de moyenne pression, c'est par une variation des pressions relatives dans les réservoirs intermédiaires qu'on constate qu'ils ne sont plus étanches. Ces dernières fuites ne se produisent pas à l'air libre et elles ne donnent pas ainsi lieu à une perte absolue ; cependant, en augmentant la pression dans le premier réservoir intermédiaire, elles augmentent la pression de refoulement des premiers cylindres, et par suite la perte par les espaces nuisibles.

Les pressions successives dans les deux réservoirs et dans le sécheur sont les plus convenables lorsqu'elles sont entre elles et avec la pression atmosphérique dans un même rapport. Pour une pression finale de 64 kilogrammes, par exemple, la pression dans le premier réservoir doit être de 4 kilogrammes, et dans le second de 16 kilogrammes. Quand la pression finale baisse, les pressions intermédiaires baissent proportionnellement elles-mêmes.

Les segments de pistons des cylindres de haute pression ont

besoin, pour être étanches, d'être pressés très fortement contre les parois des cylindres ; ils donnent lieu alors à plus de frottement que ceux des autres pistons, et ils n'ont ainsi qu'une durée de 1 à 4 mois, selon leur qualité ; comme il est très facile de les visiter et comme ce travail ne demande que peu de temps, il est bon de le faire après 15 jours de marche, lorsqu'on emploie les premiers segments d'une nouvelle fourniture ; on se rend ainsi compte de leur degré d'usure et du temps de service qu'ils pourront fournir vraisemblablement ; les visites ultérieures se déterminent d'après ces indications, et on peut très bien arriver ainsi à conserver ces segments le plus longtemps possible en service, et à les remplacer cependant avant qu'ils ne se rompent.

Quant ce dernier fait se produit en marche, les morceaux sont entraînés avec l'air, et ils viennent se loger entre les soupapes de refoulement du cylindre correspondant et son siège ; la pression de refoulement s'établit alors aussi du côté de l'aspiration, et par suite du côté du refoulement du cylindre précédent, dont la soupape de sûreté se lève très fortement.

Il faut évidemment, dans ce cas, arrêter le compresseur, remplacer les segments rompus, et rechercher dans la tuyauterie et les soupapes les morceaux entraînés, afin que le fait ci-dessus ne se reproduise plus.

Pour les soupapes d'aspiration et de refoulement, l'essentiel est d'avoir toujours des ressorts bien tarés, n'ayant pas perdu leur bande.

Les soupapes d'aspiration, celles des cylindres de basse pression surtout, doivent se décoller de leur siège sous la plus faible dépression intérieure, de manière que les cylindres puissent s'emplir d'air à une pression aussi voisine que possible de la pression atmosphérique. Les ressorts doivent faire fermer très doucement la soupape aussitôt l'aspiration terminée ; si cette fermeture s'opérait brusquement sous l'effet du refoulement du piston, les tiges des clapets risqueraient de se rompre et il se produirait en outre une perte d'air par les soupapes.

Aussi une soupape qui fuit, en entraînant à l'extérieur une certaine quantité d'eau d'injection (laquelle trahit cette fuite d'une façon très apparente) est-elle un indice presque certain du mauvais état du ressort, à moins cependant que le clapet ou son siège ne soit abîmé, ou encore que le compresseur ne tourne à une allure trop vive (au-dessus de 130 tours par minute, pour les compresseurs de la ligne de Saint-Augustin).

La dépression à l'aspiration, dans les premiers cylindres, due à l'inertie des clapets et à la résistance des ressorts, pourrait être évitée en commandant mécaniquement les clapets. C'est ce qui existe dans les compresseurs des mines de Lens, où les clapets d'aspiration s'ouvrent sous l'action de cames mues par un excentrique ; cette ouverture se produit exactement au début de la course du piston, et les clapets sont maintenus très écartés de leurs sièges pendant toute l'aspiration. Cette commande est très efficace, car le rendement volumétrique de ces compresseurs atteint 80 0/0 (1), tandis qu'il ne s'élève dans les compresseurs Mékarski (où l'espace nuisible cause, il est vrai, une plus grande perte) qu'à 65 0/0.

L'injection d'eau dans les cylindres de basse pression doit être réglée de façon que la température de l'air à la sortie du dernier cylindre soit en moyenne de 35 degrés ; on doit veiller d'autre part à ce que les tuyaux de refoulement des deux premiers cylindres soient aussi exactement que possible à la même température.

Si l'eau d'injection est reprise et refroidie pour être réemployée constamment, il suffira pour lubrifier les cylindres d'y introduire toutes les heures environ, par les chapelles des soupapes d'aspiration, la grosseur d'une noisette de savon mou.

Cette eau sera extraite aussi régulièrement que possible des sécheurs ; si on la laissait s'accumuler dans ces appareils, elle s'élèverait bientôt jusqu'à la vanne de sortie et serait ensuite entraînée avec l'air dans les accumulateurs de l'usine, puis dans les réservoirs et la bouillotte des voitures, où son effet serait très nuisible, comme nous le verrons plus loin.

Il faut éviter d'autre part toute perte d'air par la purge des sécheurs ; pour concilier ces deux conditions, le mécanicien doit, deux ou trois fois par heure, vider entièrement l'eau des sécheurs, et disposer ensuite le robinet de purge de manière qu'il se dépose de nouveau un peu d'eau dans le fond des sécheurs et qu'il ne se produise pas de perte continue par cette purge.

(1) H. Fontaine. — *Portefeuille Oppermann*. Année 1888.

Les robinets de purge dont sont munis les accumulateurs devront aussi être ouverts deux ou trois fois par jour pour éviter l'accumulation de l'eau dans ces derniers.

Les boîtes à étoupe des tiges de pistons seront garnies avec des tresses de coton de section carrée, coupées bien de longueur et renouvelées assez fréquemment, de manière à être bien étanches avec un serrage modéré.

Les soupapes de sûreté placées sur le tuyau de refoulement des compresseurs seront réglées chaque semaine, afin qu'elles se soulèvent avant que la pression d'épreuve des accumulateurs et sécheurs soit atteinte, et cependant qu'elles ne donnent lieu à aucune perte à la fin du chargement des voitures.

Lorsqu'on arrive aux pressions de 60 et 80 kilogrammes, ces conditions sont assez difficiles à réaliser, en raison du fort diamètre qu'on est obligé de donner au fil du ressort. Aussi est-il bon de timbrer les réservoirs de l'usine à un chiffre supérieur de 5 à 10 kilogrammes à la pression limite de refoulement des compresseurs, de façon qu'on puisse pleinement atteindre cette limite sans provoquer le soulèvement des soupapes, et que d'un côté on n'ait pas à craindre que les mécaniciens poussent la pression dans les réservoirs au delà du chiffre du timbre (1).

Ces accumulateurs sont bien eux-mêmes munis d'une soupape de sûreté par batterie, mais cette soupape ne peut pas non plus, pour les mêmes raisons que ci-dessus, fonctionner exactement dans les environs de sa tare, et la sécurité ne peut être obtenue que par une grande surveillance et beaucoup de sévérité à l'égard du personnel de conduite.

Les compresseurs et les accumulateurs des usines de la ligne de Saint-Augustin ont été établis pour la pression de 80 kilogrammes, qui devait être celle de chargement des automotrices ; mais le nombre de voitures d'attelage à remorquer ayant été abaissé de 2 à 1, la pression de 60 kilogrammes a été jugée suffisante pour le travail à effectuer, et les réservoirs des voitures ont été construits seulement pour cette pression, ce qui a permis de diminuer leur poids de 500 kilogrammes.

A l'usine de Lagny, où l'on a tout le temps nécessaire pour

(1) Nous donnons en appendice la description d'une soupape double ou triple plus sensible et plus facilement réglable que les soupapes ordinaires pour ces pressions élevées.

charger les automotrices, qui ne restent jamais moins de dix minutes dans le dépôt, on ne comprime l'air qu'à la pression de 60 kilogrammes, soit celle de chargement des voitures ; mais à l'usine de la Villette où, par suite d'irrégularités fréquentes dans le service provenant d'embarras de voitures sur la voie publique, on a parfois à charger sans aucun intervalle de temps jusqu'à 6 et 8 voitures accumulées dans le même sens, on comprime l'air à une pression qui peut atteindre 72 et jusqu'à 75 kilogrammes, en cas de très grand retard ; le chargement des voitures se fait alors très rapidement, et on peut dégager la voie en quelques minutes.

En dehors de ce cas particulier, la pression est maintenue, à l'usine de la Villette, entre 65 et 68 kilogrammes, pression nécessaire pour que le chargement de l'air se fasse encore assez rapidement ; c'est du reste le chargement de vapeur qui détermine surtout la durée du stationnement ; ce chargement dure 3 minutes environ, et, si on y ajoute les manœuvres de montage et de démontage des serpentins, ainsi que le marquage des feuilles d'air des machinistes, on arrive à un stationnement des voitures de 4 à 5 minutes en moyenne.

99. Machines motrices. — Chaque compresseur est actionné directement par une machine à vapeur verticale, type Corliss. La puissance de ces machines, construites par la maison Lecouteux et Garnier, à Paris, est de 140 chevaux effectifs, à la vitesse angulaire de 140 tours, avec une admission de $\frac{1}{10}$ et une pression de 7 kilogrammes à l'introduction. L'allure habituelle en service ne dépassant pas 125 à 130 tours, ces machines sont un peu fortes pour les compresseurs, qui n'absorbent que 120 chevaux au maximum pour une pression de refoulement de 60 kilogrammes ; l'admission descend alors à 7 ou 8 0/0, et l'utilisation de la vapeur n'est pas aussi bonne.

Le diamètre du cylindre de ces machines est de 530 millimètres et la course du piston de 450 millimètres ; le jeu du piston aux fins de course est en moyenne de 5 millimètres, et le volume de l'espace nuisible est lui-même le cinquantième du volume du cylindre.

Les obturateurs d'admission sont placés aux deux extrémités

d'un même côté du cylindre ; ils sont à mouvement de déclic et commandés par un excentrique monté sur l'arbre. Les obturateurs d'échappement sont placés en regard de ceux d'admission, et ils sont actionnés par un second excentrique.

L'avance linéaire à l'admission est de 3 millimètres et la longueur des orifices de 475 millimètres ; l'échappement anticipé commence aux $\frac{93}{100}$ de la course du piston et la compression aux $\frac{80}{100}$ de la course rétrograde pour la partie supérieure du cylindre (bas vapeur) et aux $\frac{75}{100}$ pour la partie inférieure (haut vapeur), en raison du poids du piston et de la bielle à amortir. La durée de la compression peut d'ailleurs être modifiée dans de grandes limites par le simple réglage de la longueur de deux biellettes.

Les machines peuvent fonctionner à volonté à condensation ou à échappement libre ; la quantité d'eau nécessaire dans la marche à condensation est de 175 litres environ par cheval effectif et par heure, pour une température à l'injection de 15 degrés, et de 40 degrés à l'évacuation. Cette eau arrive dans le condenseur par aspiration, la bâche étant située dans le sous-sol ; il n'est pas ainsi nécessaire de fermer le robinet d'injection à l'arrêt, et l'on n'a pas à craindre d'omettre de l'ouvrir à la mise en marche : il suffit d'ouvrir les robinets purgeurs du cylindre un peu avant l'arrêt, de façon à empêcher que l'eau ne monte dans le cylindre.

Quand la machine fonctionne à échappement libre, on réduit la durée de la compression, de façon qu'à la fin de la course du piston la pression ne puisse dépasser celle à l'admission. Il faut encore avoir soin, dans cette marche à échappement libre, qui augmente la dépense de vapeur de 15 à 20 0/0, de maintenir la pression aux chaudières au chiffre du timbre, de manière à réduire la durée de l'introduction. C'est ce qu'on doit faire généralement aussi, d'ailleurs, dans la marche à condensation, en réduisant au besoin la pression à l'introduction dans le cylindre (si elle est reconnue trop forte) par un étranglement du modérateur.

Le cylindre est muni d'une enveloppe de vapeur complète, alimentée par un tuyau de 20 millimètres de diamètre intérieur, branché sur le tuyau d'admission ; elle ne communique pas du tout avec l'intérieur du cylindre. L'eau de condensation qui se forme dans cette enveloppe est prise par une pompe, d'un débit égal au cinquième du poids de vapeur dépensé par la machine, et envoyée dans la tuyauterie d'alimentation des chaudières. Une petite vanne permet d'arrêter ou de rétablir à volonté la circulation de vapeur dans l'enveloppe ; il est aussi possible de réchauffer les deux fonds seulement ou l'enveloppe latérale seule également.

Les coussinets des paliers moteur et intermédiaire de la machine sont en quatre parties ; ils sont en acier coulé garni d'antifriction. Les coussinets de bielle et les patins de glissière sont régulés également.

L'arbre et la bielle sont en acier doux, offrant une résistance à la rupture de 45 kilogrammes par millimètre carré et un allongement de **24 0/0** ; la tige de piston est en acier plus dur, offrant une résistance de 50 kilogrammes, avec un allongement de **20 0/0**. Toutes les pièces des articulations et autres parties frottantes, ou susceptibles de matage, sont cémentées et trempées.

Le volant a un diamètre de 3 mètres et pèse 3.000 kilogrammes. Il porte, sur la circonférence de la jante, des cavités triangulaires permettant, avec une pince, de changer la position du piston dans le cylindre, au cas d'un arrêt de plusieurs jours, et de mettre la machine au point de départ pour la mise en route.

Le tourillon de la bielle est fixé sur un plateau-manivelle, calé à l'extrémité de l'arbre de la machine ; ce plateau est creux et il est garni d'une masselotte à l'opposé du tourillon, pour faire équilibre au poids de celui-ci et d'une partie de la bielle.

Le piston est creux et en acier coulé ; son poids a été limité le plus possible pour réduire son inertie aux grandes vitesses. La garniture de la tige, du système Duval, est constituée par des fils minces de laiton blanchis ; elle s'imbibe facilement d'huile, comme les garnitures en coton, et elle donne une étanchéité parfaite avec un faible serrage. Cette dernière circonstance lui assure une longue durée ; la tige elle-même reste bien polie, sans usure appréciable, après plusieurs années de marche.

La pompe à air est formée de deux pistons à simple effet, actionnés par une bielle prenant son mouvement sur le tourillon de la bielle motrice.

Les graisseurs des paliers, des glissières et des principales pièces du mouvement de distribution sont à goutte visible ; celui de la tête de bielle est fixe, et son tuyau amène l'huile dans le centre du tourillon, d'où la force centrifuge la distribue à la surface.

Le graissage du mécanisme doit s'effectuer avec de bonne huile, et en grand excès, en ayant soin de disposer au-dessous des diverses pièces des bassines pour recueillir l'huile ayant servi. En épurant ensuite cette huile au moyen d'un filtre efficace, on réduira la dépense au minimum, tout en lubrifiant abondamment les organes pour éviter les chauffages.

Au dépôt de Lagny on emploie, pour une marche de 16 heures à 2 machines, effectuant ensemble 200.000 tours, 60 kilogrammes d'huile environ ; mais on en recueille plus de 50, et la dépense se réduit ainsi à moins de 2 grammes par cheval-heure.

Pour les cylindres, on a avantage à employer de l'huile minérale de toute première qualité, pour diminuer à la fois l'usure et la résistance des pièces frottantes.

Le cahier des charges pour la fourniture des machines portait que, à la livraison, elles seraient soumises à un examen détaillé, ayant pour objet de vérifier les conditions d'exécution, et qu'elles seraient ensuite mises en service si cet examen ne révélait aucun vice susceptible d'en entraver la bonne marche. Trois mois après, on déterminerait au moyen d'expériences contradictoires d'une durée suffisante la consommation effective de vapeur *sèche* par cheval indiqué, que le constructeur garantissait ne pas devoir dépasser 7 kilogrammes, étant entendu que les purges de l'enveloppe seraient reprises et envoyées aux chaudières par une pompe spéciale.

Le poids de vapeur dépensé par les machines se trouverait donc égal à celui de l'eau refoulée par les injecteurs, lequel serait mesuré au moyen de tonneaux bien tarés, disposés au-dessus de la bâche d'alimentation.

Les résistances passives dans l'essai au frein seraient de 18 0/0 au maximum.

Si ces expériences donnaient un résultat satisfaisant, les machines seraient reçues provisoirement, la réception définitive ne devant avoir lieu que six mois après la réception provisoire.

Dans les expériences effectuées pour mesurer la consommation de vapeur, celle-ci a été trouvée de 9,3 kg. par cheval indiqué et par heure, la machine développant une puissance de 150 chevaux sur les pistons, à l'allure de 143 tours par minute. La pression de refoulement aux compresseurs était maintenue constamment à 60 kilogrammes ; le diamètre des cylindres d'aspiration était de 400 millimètres (On a vu qu'il a été porté depuis à 408 millimètres).

La pression au cylindre de la machine avait été maintenue en moyenne à 8 kg.; l'eau condensée dans les enveloppes était dirigée dans un serpentin qu'on refroidissait continuellement pour empêcher la vaporisation de l'eau à son arrivée à l'air libre. La quantité recueillie s'était élevée à 9 0/0 environ de la dépense totale de la machine.

Il n'avait pas été fait d'essai au frein pour déterminer les résistances passives. Avec un rendement organique de 0,85, la puissance sur l'arbre atteignait $150 \times 0{,}85 = 127$ chevaux 5, et la consommation par cheval effectif et par heure 10 k. 94.

Le *module* de la puissance de la machine était lui-même de

$$\frac{143 \times 60}{127{,}5} = 67{,}3 \text{ tours par cheval effectif}$$

et de

$$\frac{143 \times 60}{150} = 57{,}2 \text{ tours par cheval indiqué.}$$

La puissance des compresseurs ayant été augmentée depuis de 7 à 8 0/0, par l'agrandissement des cylindres de basse pression, le module de la puissance est passé à 62 tours par cheval effectif, et à 53 tours par cheval indiqué.

Au début, les machines n'étaient pas munies de *régulateur*, M. Mékarski estimant qu'il était nécessaire de faire varier fréquemment l'allure des compresseurs, suivant la quantité d'air à fournir aux voitures et l'intensité du service, laquelle varie généralement plusieurs fois par jour. Mais la conduite était alors très difficile, les machines tendant à s'emballer chaque fois que la pression diminuait dans les sécheurs par la mise en charge d'une nouvelle automotrice.

Ces machines sont aujourd'hui munies de régulateurs, qui permettent de réaliser une marche très régulière à toutes les vitesses comprises entre 105 et 130 tours par minute ; on obtient l'allure que l'on désire par le simple déplacement d'un contrepoids sur un levier. Un seul agent peut suffire alors à conduire deux groupes de compresseurs.

Mais on a fait mieux encore pour les machines actionnant les compresseurs de l'usine de Billancourt, desservant quatre lignes nouvelles de tramways à air comprimé de la Cie des Omnibus. En plus d'un régulateur maintenant habituellement la vitesse constante, on a fait usage d'un appareil produisant une vitesse décroissante des compresseurs avec l'élévation de la pression finale de refoulement de l'air au-dessus du chiffre de 90 kg., de manière que cette pression ne puisse en aucun cas dépasser 100 kg.

100. Choix d'un système de machine à vapeur pour les usines de compression d'air. — On peut ne pas être partisan de l'emploi des tiroirs rotatifs Corliss pour les machines fixes et pour les locomotives ; le travail de rodage de ces tiroirs est long et difficile et ils ne conservent parfois que très peu de temps leur étanchéité : la consommation de vapeur, après quelques mois de marche, augmente alors d'une façon très sensible.

C'est ainsi qu'une machine Corliss de 250 chevaux, construite récemment par une importante maison de Paris pour un service de tramway et garantie pour une dépense de vapeur de 6 kilogrammes par cheval indiqué et par heure, consommait près de 10 kg. six mois après sa mise en service (1).

Ces pertes de vapeur par les obturateurs compensent souvent presque complètement les avantages de la machine Corliss, qui sont les suivants :

Conduits différents pour l'admission et pour l'échappement ;

Grandes sections d'ouverture pour l'écoulement de la vapeur motrice et résistante ;

Écoulement facile de l'eau entraînée et condensée, par suite de la position des tiroirs d'échappement à la partie inférieure du cylindre, dans les machines horizontales ;

Faible frottement des tiroirs et des articulations de leur mouvement de commande, donnant en outre la possibilité de faire

(1) Aux ateliers du chemin de fer du Nord, à Hellemmes, la consommation d'une *machine locomotrice* employée à actionner les transmissions n'a pas été sensiblement supérieure à celle d'une machine *Corliss* qu'elle remplaçait, bien que fonctionnant dans des conditions désavantageuses comme vitesse et comme puissance développée (*Revue générale des Chemins de fer*, Février 1900).

agir le régulateur sur la durée de l'admission. Les organes qui, par leur position relative, déterminent cette durée n'offrant pas de résistance sensible au déplacement, on obtient ainsi une très grande régularité de marche, malgré des variations importantes de travail ; en outre, la variation du degré d'admission est considérée comme un peu plus favorable à l'économie que celle que donne la variation de la pression par un papillon.

Un bon régulateur agissant sur un papillon peut donner toutefois aussi une très grande régularité de marche ; d'après le *Portefeuille économique des machines* (n° de juin 1899), un régulateur du type dit « cosinus » monté sur une machine à vapeur de la force de 100 chevaux, commandant une pompe électrique aux mines d'Anzin, réduirait les variations de vitesse entre la marche à vide et celle en pleine charge à 1/2 pour 100 au maximum.

Un grand nombre de constructeurs ne sont pas non plus d'avis d'employer des machines compound pour des forces inférieures à 350 chevaux, mais simplement des machines monocylindriques à détente Farcot ou Rider, avec régulateur agissant sur le pavillon de vapeur, comme ci-dessus, ou sur la détente même.

Les machines horizontales à allure lente, de 50 à 80 tours par minute, s'emploieront de préférence ; la détente Rider permettra de pousser la vitesse des pistons jusqu'à 3 mètres et même 3,20 m. par seconde.

Les tiroirs cylindriques équilibrés en forme de pistons, presque exclusivement en usage aujourd'hui dans la marine et très employés également pour les locomotives, sont aussi à recommander.

Les *enveloppes de vapeur* sont très efficaces dans les machines monocylindriques à condensation travaillant à une pression élevée et avec une grande détente ; par l'emploi d'enveloppes complètes, nous avons obtenu une économie de 9 0/0 dans une machine Corliss marchant avec détente au $\frac{1}{10}$ et avec une pression de 8,5 kg. Mais les enveloppes doivent être débarrassées d'une façon continue de l'eau de condensation qui s'y dépose ; un purgeur automatique ni une pompe (à moins d'avoir un débit égal à 25 ou 30 0/0 de la dépense d'eau de la machine) ne peuvent satisfaire à cette condition, et il y faut un courant de vapeur d'un débit élevé. La vapeur et l'eau condensée peuvent être dirigées, à la sortie de l'enveloppe, dans la bâche d'alimentation des chaudières pour en réchauffer l'eau jusqu'à 90 ou 95 degrés. (1)

Dans des expériences effectuées sur des chaudières marines, il a été reconnu qu'il y avait avantage à réchauffer l'eau d'alimentation, même en effectuant ce réchauffage avec de la vapeur vive prise directement aux chaudières. On peut l'opérer plus efficacement encore avec la vapeur et l'eau de condensation sortant des enveloppes, en poussant ce réchauffage jusqu'à la limite de température à laquelle les pompes peuvent fonctionner sans crainte de se désamorcer.

L'emploi d'un surchauffeur, même indépendant, est généralement plus sûr que les enveloppes pour réduire la consommation de vapeur dans les machines sans condensation et dans celles à expansion multiple.

Dans une installation importante, M. *Lencauchez* est d'avis d'employer à la fois des machines à condensation et des machines fonctionnant à échappement libre, la puissance de ces dernières étant la moitié environ de celle des premières. Les machines à condensation fonctionneraient à la pression de 7 ou 8 kilogrammes et les machines sans condensation à celle de 12 ou 13 kilogrammes. Les chaudières alimentant ces dernières fourniraient aussi la vapeur pour le réchauffage des enveloppes des machines à condensation ; enfin la vapeur d'échappement des machines sans condensation servirait à réchauffer à 100 degrés l'eau d'alimentation des deux groupes de chaudières.

Lorsqu'on veut faire usage de machines à condensation, il faut autant que possible installer les usines à proximité d'un cours d'eau, afin d'éviter le forage de puits de grande profondeur et l'entretien dispendieux de pompes difficiles à visiter ; ces puits ne doivent être employés que lorsque les usines sont installées dans le centre des villes.

(1) M. Varennes a récemment imaginé de faire circuler dans les enveloppes de l'huile à très haute température (250 à 300°) ; ce mode de réchauffage ne paraît pas plus efficace que les enveloppes de vapeur, mais il peut être appliqué, au moyen d'enveloppes rapportées, aux machines dont les cylindres n'ont pas été munis d'enveloppes venues de fonte dans la construction.

Lorsque l'eau fait défaut et qu'on doit utiliser celle des conduites de la ville, il est économique d'employer, chaque fois qu'on le peut, des refroidisseurs puissants, permettant de réemployer constamment la même eau avec de faibles pertes. L'injection d'eau peut aussi être réduite à 150 ou 160 litres par cheval indiqué et par heure, pour une consommation de 8 kg. de vapeur par cheval, ce qui correspond à 28 kg. d'eau par kg. de vapeur.

Quand la vapeur d'échappement des machines ne risque pas d'être une gêne pour des voisins, on peut encore faire usage de machines sans condensation, en employant alors une pression élevée : 12 à 13 kilogrammes à l'admission. L'augmentation de consommation de vapeur d'une pareille machine, par rapport à une machine à condensation marchant à une pression de 7 à 8 kilogrammes, serait de 10 à 15 0/0 ; mais elle pourrait être presque entièrement compensée par le réchauffage de l'eau d'alimentation à 100 degrés, puis par le moindre coût d'achat et d'entretien. Un pareil réchauffage équivaudrait en outre à l'emploi d'un épurateur pour débarrasser l'eau d'alimentation de ses sels terreux.

On a essayé de formuler des règles pour déterminer la puissance et le nombre des unités à employer dans les installations de tramways ; mais ces règles ne peuvent être absolues et il est même beaucoup de cas qui exigent une solution particulière.

Pour une puissance totale utilisée ne dépassant pas habituellement 800 à 1.000 chevaux, on peut établir deux machines d'une force moitié de ce chiffre, chacune, et prendre comme relais une troisième machine semblable, ou mieux, surtout si le service subit des variations d'intensité importantes et d'assez longue durée dans la journée ou d'un jour à l'autre, deux machines de 200 chevaux.

Dans les villes, par certains temps de pluie fine et de brouillard (ou même dans le cas d'arrosage de la voie publique), la consommation d'énergie des voitures peut augmenter dans un court espace de temps dans d'assez grandes proportions ; la puissance des machines ne doit pas être calculée d'après cette consommation anormale, mais d'après la dépense moyenne habituelle.

L'excès de travail dû à des circonstances exceptionnelles sera fourni par une marche à plus grande allure des machines ; les chaudières devront être elles-mêmes assez élastiques pour suffire à l'excédent de dépense de vapeur qui en résultera.

Pour les installations de plusieurs milliers de chevaux, il est bon de ne pas employer des unités supérieures, normalement, à 700 chevaux, avec une prévision variant de $\frac{1}{3}$ jusqu'à $\frac{3}{5}$ pour les relais.

Pour une puissance totale utilisée ne dépassant pas 1.700 chevaux, on pourra établir ainsi deux machines de 700 chevaux et une troisième de 300 chevaux ; les machines de réserve consisteront elles-mêmes en une unité de 700 chevaux et une seconde de 300.

Pour une puissance maximum utilisée de 3.500 chevaux, on pourra enfin installer 5 unités de 700 chevaux, plus 2 unités de même puissance comme relais.

101. Chaudières. — Les *chaudières* de l'usine de Lagny, au nombre de quatre, ont été construites par la Compagnie de Fives-Lille ; elles sont du système semi-tubulaire, à trois parcours de flamme, et ont 91 mètres carrés de surface de chauffe et 1,65 m^2 de surface de grille ; elles sont timbrées à 9 kilogrammes.

On a disposé dans chacun des bouilleurs une sorte d'auge en tôle, maintenue à une distance de 8 à 10 centimètres du fond au moyen de pattes, dans le but de recueillir à la fin de la journée les boues tenues jusque-là en suspension dans l'eau ; les pellicules de tartre qui se détachent des tubes se déposent aussi en grande partie dans ces auges au lieu de tomber dans le fond des bouilleurs. Si l'on emploie en outre de l'eau épurée pour l'alimentation, et si l'on pratique tous les deux ou trois soirs une extraction judicieuse, on n'aura pas à craindre qu'il se forme sur les tôles des bouilleurs des dépôts pouvant donner lieu à des coups de feu.

Les conduites de vapeur, en cuivre rouge, sont établies en double ; elles aboutissent, à l'entrée de la salle des machines, à un séparateur d'eau et de vapeur, d'où l'eau entraînée ou condensée dans les tuyaux est extraite à l'aide d'un purgeur automatique, débouchant dans la bâche d'alimentation.

Les *valves de prise de vapeur* sur les dômes sont des robinets-clapets système Maurice, répondant aux exigences du décret du 29 juin 1886, lequel stipule que chaque générateur d'une batterie doit être muni d'un clapet automatique d'arrêt disposé, en cas d'explosion, de façon à éviter le déversement dans l'atmosphère de la vapeur des générateurs restés intacts.

Le clapet ne doit pas être ouvert en grand. Un index extérieur se déplaçant sur un curseur permet de régler ce degré d'ouverture de manière que l'étranglement produit ne puisse donner lieu à une dépression dans la conduite. Si une rupture dans la conduite, ou l'explosion d'un générateur de la batterie, vient à se produire, la vapeur s'échappe violemment des autres générateurs par la conduite générale, ce qui détermine une forte dépression au-dessus des clapets et les fait s'appliquer rapidement contre leur siège. Cette fermeture pourrait ne pas se produire si le clapet se trouvait à une trop grande distance de son siège et hors du courant de vapeur.

Un robinet peet-valve, disposé à l'extrémité de chaque conduite, du côté de la salle des machines, permet d'isoler totalement l'une des conduites, en cas de réparation : joints ou brasures à effectuer à l'autre conduite. On ne doit pas d'ailleurs laisser les deux conduites en service à la fois, car on augmenterait inutilement les condensations par refroidissement extérieur.

La tuyauterie est simple entre le séparateur et la jonction des deux conduites entre elles ; il est alors nécessaire d'avoir des tuyaux de rechange correspondant à cette partie simple, de manière à pouvoir remplacer rapidement toute longueur avariée.

Les *appareils de niveau d'eau* consistent en un indicateur magnétique Lethuillier-Pinel, muni de sifflets de manque d'eau et de trop d'eau, et en un tube en verre dont les montures sont munies de billes qui viennent fermer les orifices de la chaudière en cas de rupture du tube.

Ces tubes en verres se rompent assez fréquemment et leurs éclats peuvent blesser les chauffeurs ; le tartre les salit aussi et on ne peut plus alors bien distinguer le niveau. Nous leurs préférons le niveau d'eau système Vaultier, dans lequel le tube ordinaire est remplacé par une bouteille en fonte communiquant avec la chaudière par deux tubulures à grande section et disposée pour recevoir une glace plane en verre trempé, absolument incassable. Cet appareil ne doit être employé toutefois que dans les chambres de chauffe bien claires.

Comme *soupapes de sûreté*, celles à échappement progressif Lethuillier et Pinel ont été reconnues, dans des essais effectués aux chemins de fer de l'Ouest et du Nord, comme donnant le plus de garanties contre l'élévation de la pression au-dessus du chiffre du timbre et, en même temps, contre toute perte de vapeur au-dessous de ce chiffre.

On emploie habituellement comme *appareil d'alimentation de secours* un injecteur à grand débit pouvant marcher avec de l'eau à une température élevée. De ce côté, l'injecteur Friedmann dernier modèle donne toute satisfaction ; son débit peut aussi varier dans une très grande proportion pour une même pression, ce qui permet une alimentation constante à toutes les allures de marche des chaudières.

Enfin une disposition spéciale de cet injecteur permet de l'utiliser comme extincteur d'incendie.

Toute la *tuyauterie de vapeur et les dômes* sont enveloppés d'une corde en fibre de bois imprégnée, avant la pose, d'un liquide destiné à la rendre incombustible.

Un bon calorifuge réduit au septième environ — 0 k. 697 de vapeur par m² de surface extérieure, pour la pression de 10 kg, au lieu de 4 k. 77 — la perte de vapeur due aux condensations par rayonnement. Entre deux calorifuges donnés, le plus efficace est celui qui laisse passer le moins de calorique *sous une même épaisseur* ; il est bon, si l'on n'est pas fixé sur la valeur comparative de divers isolants qu'on pourrait être tenté d'employer, d'en faire un essai sur un même tuyau de longueur suffisante : au simple toucher, on reconnaîtra à peu près sûrement celui qui donne lieu à la moindre déperdition de chaleur.

Sous ce rapport, ainsi que sous celui du prix de revient, l'isolant ci-dessus donne toute satisfaction ; il importe seulement de bien serrer les anneaux du toron entre eux dans la pose, au moyen d'un maillet, et de prendre la précaution d'entourer la corde d'une bandelette de toile forte aux endroits de la tuyauterie où il peut être nécessaire d'appliquer une échelle ou de faire reposer toute autre charge.

Le toron s'emploie sous trois épaisseurs, suivant le diamètre des tuyaux enveloppés.

A l'endroit des supports, il est bon de braser sur les tuyaux des épaisseurs assez fortes pour les garantir contre l'usure que ne manqueraient pas d'entraîner le frottement et le matage des tuyaux contre ces supports, par les vibrations des machines.

L'*eau* qui sert à l'*alimentation* des générateurs est de l'eau de Seine préalablement épurée et ramenée de 21 degrés à 5 ou 6 degrés hydrotimétriques ; l'épuration est vérifiée une fois par semaine au moyen d'un nécessaire Howatson, qui permet aussi de s'assurer de l'efficacité du réactif employé et du degré d'alcalinité de l'eau épurée. Cette alcalinité doit être très faible (2 ou 3° au plus), sans cela la robinetterie se trouverait attaquée et rongée, ainsi que les clouures et les rivures, qui donneraient, à la longue, lieu à des fuites.

Avec une épuration bien conduite, il est facile d'éviter à la fois les attaques ci-dessus et toute incrustation ; le nettoyage intérieur peut alors se limiter à des lavages espacés d'un mois environ et à un simple brossage des tôles, principalement des têtes de rivets et des chanfreins.

L'épuration se pratique au moyen de chaux et de soude, dans un appareil cylindrique système Gaillet, à saturation automatique et continue de réactif pouvant débiter 5.000 litres d'eau à l'heure.

La hauteur totale de cet appareil est de 6 m. et son diamètre de 1,9 m.

Il se compose essentiellement d'un réservoir cylindrique ou décanteur, muni de diaphragmes en tôle, inclinés, sur lesquels les précipités auxquels donne lieu l'action des réactifs sur l'eau naturelle se déposent, pendant que l'eau épurée monte à la partie supérieure de l'appareil et se clarifie enfin en traversant un filtre de copeaux.

Les vannes de débit de l'eau et des réactifs étant bien réglées, l'appareil fonctionne automatiquement et ne demande aucune surveillance.

Le robinet de purge disposé au fond du décanteur doit être ouvert en grand chaque soir, pendant quelques secondes, aussitôt après l'arrêt de l'appareil. Tous les quinze jours, on retire la boue de chaux déposée dans le fond du saturateur ; on augmente alors, pour cette fois, de moitié la quantité habituelle de chaux.

Le filtre de copeaux doit être retiré et nettoyé tous les trois mois environ ; on le remplace après six mois d'usage.

Le décanteur a seulement besoin d'être lavé tous les ans ; s'il tend à s'oxyder, il doit être repeint au minium, ainsi que les diaphragmes. Ceux-ci doivent être remplacés dès qu'ils sont piqués par la rouille.

102. Dispositions à recommander dans l'installation des chaudières. — Les systèmes de chaudières à recommander pour un service de traction sont principalement les semi-tubulaires, qui offrent beaucoup de sécurité en raison de leur grand volume d'eau, et qui permettent encore, quand cela devient nécessaire, d'obtenir pendant quelques instants une vaporisation élevée, en supprimant momentanément l'alimentation ; au contraire, quand la dépense de vapeur des machines diminue, on peut établir un niveau très haut dans la chaudière et utiliser complètement ainsi la chaleur du foyer, qui, sans cette condition, ferait monter la pression jusqu'au timbre et cracher les soupapes de sûreté.

Ces chaudières peuvent se construire aisément pour les pressions élevées, jusqu'à 12 kilogrammes, et leur vaporisation, quand elle n'est pas poussée au-delà de 10 à 12 kg. par m² de surface de chauffe, est aussi bonne que dans les multitubulaires — et souvent même meilleure.

Dans les essais effectués à l'usine de Lagny, la vaporisation par kilogramme de charbon brut (grain lavé d'Anzin) a été trouvée de 8,53 kg. et la vaporisation par kilogramme de charbon net, de 9,38 kg.

Ces chaudières ont une élasticité suffisante pour un service de traction ; la consommation de combustible peut y être poussée jusqu'à 90 kilogr. par m² de surface de grille, et elle peut être aussi abaissée à 50 kg. sans que le rendement en soit sensiblement affecté.

Lors de l'établissement des usines, elles doivent être prévues pour une consommation d'environ 70 kg. par m² de grille ; dans le cas d'une marche forcée des machines, on peut augmenter cette consommation de près d'un tiers et fournir ainsi aisément la quantité de vapeur nécessaire à ce nouveau régime de fonctionnement.

Les maçonneries doivent être bien jointoyées, et les portes de visite et de nettoyage maintenues absolument étanches, pour éviter les rentrées d'air, qui sont très préjudiciables à une marche économique.

Le dôme de vapeur doit se river sur le corps cylindrique et non se boulonner, un pareil joint étant sujet à des fuites en raison de son grand développement et de la pression que la vapeur exerce sur la calotte du dôme en tendant à faire allonger les boulons.

L'addition d'un émulseur Dubiau augmente à la fois l'utilisation du combustible et la production totale de vapeur dans tous les systèmes de chaudières. Il conserve encore les assemblages en évitant les contractions inégales des différentes parties.

On peut aussi adapter à n'importe quel système le foyer Meldrum, qui a pour principaux avantages de permettre de brûler des charbons de qualité tout à fait inférieure, d'augmenter la vaporisation et d'assurer la fumivorité.

L'emploi d'économiseurs est également à recommander ; leur efficacité sera d'autant plus grande que les gaz s'échapperont à une plus haute température. L'économie moyenne de combustible que ces appareils produisent est d'environ 15 0/0.

Enfin, l'emploi d'un surchauffeur augmente généralement la *qualité* de la vapeur ; mais il importe que ce surchauffeur soit facilement accessible et qu'on puisse régler sa température ; à cet égard, les surchauffeurs indépendants sont préférables, s'ils donnent par ailleurs une économie de combustible un peu moindre que les surchauffeurs montés dans les carneaux.

Les chaudières semi-tubulaires doivent être construites en acier doux, avec des lingots provenant de métal fabriqué aux fours Martin-Siemens ou Pernot ; après laminage, les tôles doivent subir un recuit total.

L'envirolage, le perçage des trous, le rivetage et le matage doivent être particulièrement soignés, pour éviter toute fuite ultérieure ; d'un autre côté, il faut opérer la vidange et le lavage des chaudières un temps suffisant après l'arrêt pour ne pas fatiguer les tôles par une contraction trop rapide, qui nuirait encore à l'étanchéité.

Un bon moyen pour réduire le temps de repos nécessité par

les lavages, consiste à effectuer ces lavages avec de l'eau chaude et aussitôt après la vidange des chaudières, ou mieux pendant cette vidange même. Les boues déposées sur les tôles et les tubes n'ont pas alors le temps de sécher, et le nettoyage s'effectue d'une façon plus rapide et plus efficace.

Il est bon, après ce nettoyage, d'enduire l'intérieur des bouilleurs d'une couche mince de bon goudron ; celui-ci protégera les tôles contre l'attaque pustulaire, que produit souvent l'eau épurée, et rendra aussi plus facile le nettoyage parfait de la chaudière lors de la visite annuelle de l'inspecteur de l'association.

Il est bon d'épurer l'eau d'alimentation lorsqu'elle titre plus de 15 à 18 degrés hydrotimétriques ; nous conseillons d'employer pour cette épuration un réchauffeur genre Granddemange ou Chevalet, dans lequel l'action de la chaleur suffit à précipiter les carbonates ; il faut alors très peu de réactif pour éliminer les sulfates. En outre, ce procédé offre l'avantage d'assurer l'alimentation des chaudières à une température élevée, la vapeur nécessaire à ce réchauffage pouvant être fournie par l'échappement d'un moteur principal ou des moteurs auxiliaires, ou même par de la vapeur vive.

Avec l'emploi d'eau épurée pour l'alimentation et de bacs collecteurs de boues dans les bouilleurs, on peut se contenter de faire une extraction tous les 2 ou 3 jours. Cette extraction ne doit s'effectuer que 1 heure ou 2 après l'arrêt du service, afin que les matières en suspension dans l'eau qui ne tombent pas dans les collecteurs ci-dessus aient le temps de se déposer à la la partie inférieure des bouilleurs, à proximité du tuyau d'extraction.

Plus tôt, elles seraient encore en partie en suspension dans l'eau, et, plus tard, elles risqueraient de s'être tassées sur les tôles de coup de feu. Cependant, quand l'usine ne comporte pas de service de nuit, il est préférable de pratiquer les extractions le matin à l'arrivée des chauffeurs, à la condition, bien entendu, qu'il y ait assez d'eau à ce moment dans les chaudières. Il ne faudra pas, dans cette opération, faire descendre ce niveau au-dessous de la monture inférieure du tube, et on ne devra réalimenter qu'après que le feu aura été allumé ou poussé, et qu'il se trouvera bien vif ; on risquerait sans cela de fatiguer les clouures et les emmanchements des tubes et d'y déterminer des fuites.

Les feux ne devront pas être poussés trop rapidement ; s'il y avait des boues tassées sur la partie inférieure des tôles des bouilleurs, elles pourraient empêcher ces tôles d'être mouillées par l'eau, et un feu très vif pourrait alors les faire rougir. En poussant les feux avec douceur, au contraire, les boues auront le temps de se désagréger et de laisser l'eau venir en contact avec le métal, avant que celui-ci se trouve trop fortement chauffé.

Après une forte extraction, quand on veut refaire rapidement un niveau élevé, il faut avoir soin d'alimenter avec de l'eau aussi chaude que possible pour éviter les contractions qui ne manqueraient pas de se produire sans cela.

La tuyauterie doit être toujours maintenue en bon état et soigneusement recouverte d'un isolant efficace ; tout tuyau présentant une fuite à une brasure doit être réparé aussitôt. Si une fuite à un joint ou à une garniture ne peut être étanchée dès qu'elle s'est déclarée, il faut disposer, en dessous, un bassin suffisamment grand pour recueillir l'eau de condensation, afin d'éviter que celle-ci ne puisse mouiller le massif et pénétrer jusqu'aux tôles, qu'elle oxyderait rapidement.

La tuyauterie doit être munie à ses points bas de purgeurs automatiques ou de purgeurs à la main. Ceux-ci doivent être ouverts après l'arrêt de chaque soir, afin que le matin, à l'ouverture des valves, ils évacuent bien toute l'eau condensée dans les conduites, laquelle, sans cela, pourrait donner lieu à des coups d'eau. Il est nécessaire aussi, pour éviter ces coups d'eau, que l'ouverture des valves ne se fasse que progressivement, afin que l'eau condensée puisse s'évacuer au fur et à mesure de sa formation. On sait généralement qu'une accumulation de cette eau dans une partie de la tuyauterie ou sur les valves d'arrêt, soit d'une chaudière en feu, soit d'une chaudière froide, peut donner lieu à des accidents graves pour le personnel et pour le matériel.

Il est également nécessaire de munir les points bas de la tuyauterie de vapeur, sur les machines, de purgeurs à la main ou automatiques, et de prendre les mêmes précautions que ci-dessus pour éviter tout accident par le fait d'accumulation d'eau sur les valves.

Un *compteur d'alimentation* est très utile au chef d'usine pour se rendre compte de la vaporisation des chaudières par kilogramme de combustible et par m² de surface de grille et de chauffe, ainsi que de la consommation de vapeur des machines par cheval indiqué et par heure.

En service, il est inutile de faire ces constatations tous les jours ; on se contente généralement de les relever une fois par semaine, en même temps qu'on prend des courbes d'indicateur. On peut alors établir un bout de tuyauterie d'alimentation en dehors du circuit du compteur et, en munissant de robinets les extrémités d'entrée et de sortie de la conduite commune, faire passer à volonté l'eau d'alimentation par le compteur ou bien par le circuit dérivé. On emploiera ce dernier fonctionnement les jours où l'on ne voudra pas relever la consommation d'eau ; pendant tout ce temps, les organes du compteur ne s'useront pas.

Faute d'un compteur spécial, on peut mesurer l'eau injectée dans les chaudières au moyen de tonneaux bien tarés qu'on place au-dessus des bâches ; ou bien, si la pompe d'alimentation est conduite par la machine, en comptant le nombre de tours effectué par cette dernière pendant l'expérience et en multipliant ce nombre par le débit bien exact de la pompe par tour.

En dehors des semi-tubulaires, on peut faire usage aussi de chaudières à foyer intérieur comme les Galloway, qui ont également un très bon rendement ; les multitubulaires, genre Belleville ou Babcock, s'emploient surtout lorsque l'usine se trouve classée en 2ᵉ ou en 3ᵉ catégorie.

103. Usine de la Villette. — L'usine de production d'air de la Villette présente les particularités suivantes :

Les compresseurs sont au nombre de quatre : trois d'entre eux suffisent généralement pour le service maximum de la ligne. Le diamètre des cylindres de basse pression est de 0,425 m, et la production d'air, par 100 tours, atteint 7 kilogr. Les accumulateurs, au nombre de 30, ont une capacité de 15 mètres cubes.

L'air est habituellement comprimé à la pression moyenne de 68 kilogrammes ; mais, quand un retard se produit sur la ligne, on pousse la compression jusqu'au chiffre de 72 kg.

Les conduites de chargement des voitures sont au nombre de

deux ; une avarie à l'une d'entre elles ne compromet pas ainsi le service. Il y a deux bouches de chargement sur chaque conduite, une dans chaque direction. De la sorte, deux voitures peuvent être mises en chargement à la fois, soit toutes les deux sur la même voie, soit une sur chaque voie.

La longueur de ces conduites est de 100 mètres environ, leur diamètre intérieur de 48 mm. et l'épaisseur du métal de 6 mm. Ce métal est de l'acier doux de qualité tout à fait supérieure, soumis, avant sa mise en œuvre, à des essais rigoureux de traction et de pliage. Après finissage, chaque tuyau est soumis à un essai à la presse hydraulique à la pression de 120 kilogrammes par cm².

Ces tuyaux reviennent à 1 fr. 20 environ le kilogramme.

Les joints se font à l'aide de brides mobiles venant appuyer sur des collets vissés sur les tuyaux et soudés en outre à l'étain, avec interposition d'une rondelle en plomb encastrée.

Au départ de l'usine, un sécheur spécial est interposé sur chaque conduite pour éviter tout entraînement d'eau aux voitures ; un détendeur de pression (fig. 10) est aussi disposé à l'origine de chaque conduite, pour empêcher que la pression de chargement de l'air, dans les voitures, ne puisse dépasser 60 kilogrammes.

L'eau nécessaire à la condensation de la vapeur d'échappement des machines motrices est fournie par une pompe aspirant dans un puits de 107 mètres de profondeur et pouvant fournir 100 mètres cubes à l'heure. Cette pompe est actionnée par une machine Woolf verticale, avec cylindres en tandem, de 30 chevaux ; la vapeur d'échappement de cette petite machine est condensée, puis refroidie dans un aéro-condenseur système Bolder. Le vide atteint facilement 60 centimètres de mercure dans cet appareil ; l'eau est refroidie à la température moyenne de 30 degrés, et elle est réemployée constamment sans aucune addition d'eau vierge, l'appoint provenant de la vapeur du moteur compensant et au-delà les pertes produites par l'évaporation de l'eau.

La canalisation de vapeur pour le réchauffage des bouillottes est établie en cuivre rouge et a un diamètre intérieur de 45 mm. et une épaisseur de métal de 4 mm. Les brides sont mobiles et elles viennent appuyer sur des collets brasés sur les tuyaux ; ces collets sont assemblés par mâle et femelle, et le joint est obtenu par l'intermédiaire d'une rondelle Otto.

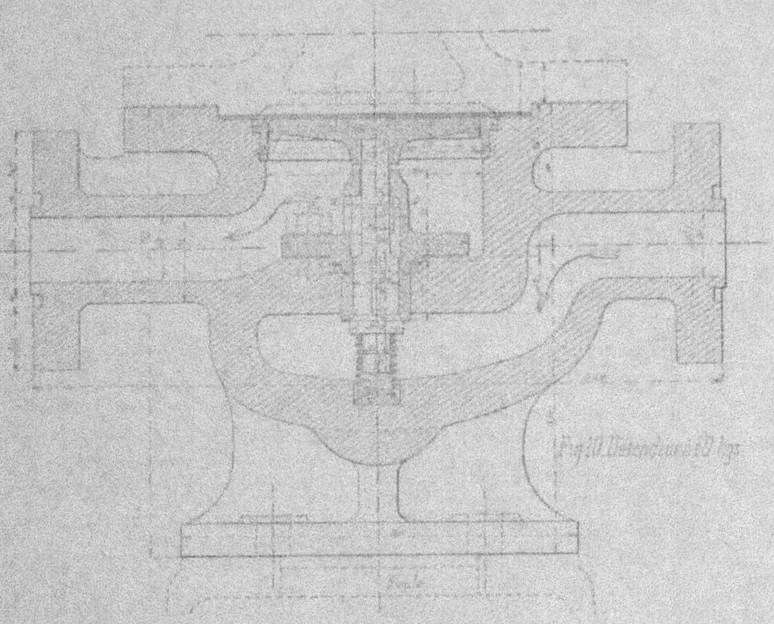

Les tuyaux ont une très grande longueur (jusqu'à **23** mètres) pour réduire le nombre des joints et éviter qu'il ne s'en trouve sous la chaussée. Des logettes en briques, closes par de forts tampons en fonte, sont établies à l'endroit de ces joints pour en permettre une visite et une réfection faciles.

La conduite est aussi munie de coudes et de tuyaux de dilatation, ainsi que de purgeurs automatiques de l'eau condensée ; elle est enfin renfermée dans des poteries.

Elle est alimentée par une chaudière Babcock de **68** m² de surface de chauffe et de **1,50** m² de surface de grille, timbrée à **12** kg.

Cette chaudière a été munie récemment d'un foyer Meldrum, qui a augmenté sensiblement la vaporisation totale, ainsi que la vaporisation par kg. de combustible. La dépense de charbon par heure est en moyenne de **120** kg.

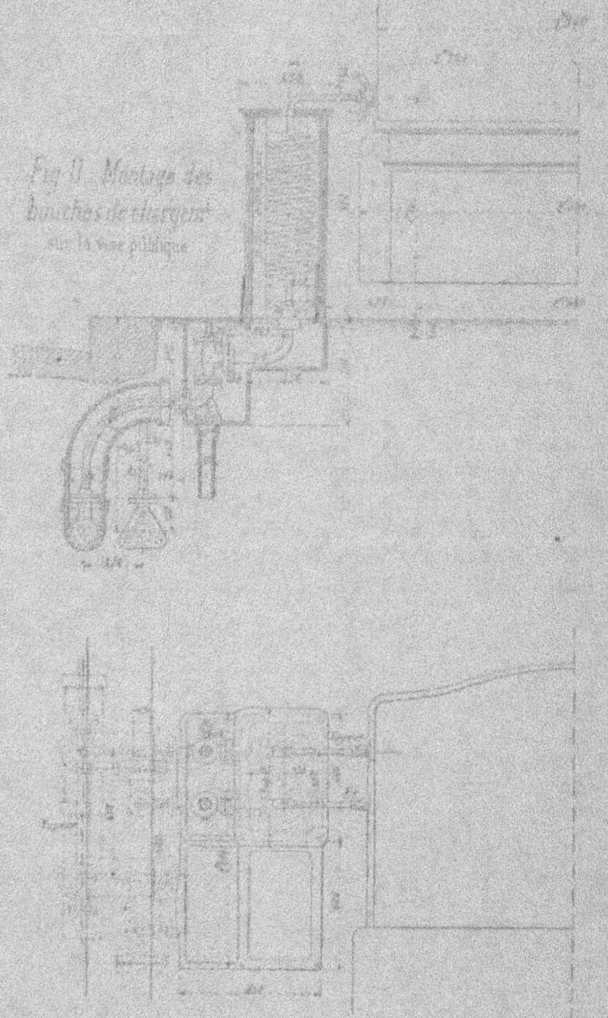

Fig 11. Montage des bouches de chargement sur la voie publique

Les bouches de chargement d'air et de vapeur (fig. 11) sont disposées sur un trottoir accessible seulement aux piétons ; on monte les serpentins et les boîtes qui les renferment le matin, à la prise du service, et on les enlève le soir à l'arrêt, de manière à rendre la circulation entièrement libre.

104. Voitures automotrices. — Les voitures en service sur la ligne « Cours de Vincennes-St Augustin » sont au nombre de 23 ; une autre automotrice assure la réserve à l'usine de la Villette. Sur les 7 restantes, 3 sont généralement disponibles au dépôt de Lagny, 2 autres sont en grande réparation pour changement de roues, et les deux dernières sont arrêtées pour la réfection des panneaux et caissons, le rodage de la robinetterie ou le rattrapage du jeu des coussinets de bielles.

Les voitures d'attelage en service sont au nombre de 11 ; deux voitures de relais suffisent généralement, sauf au moment de la réfection de la peinture, où il en faut trois.

Le poids des automotrices, sans les voyageurs, est de 11.700 kilogrammes, dont 9.200 pour le truck et 2.500 pour la caisse. En charge complète, avec 50 voyageurs, 180 kg. d'air, 230 litres d'eau, l'approvisionnement de sable, le conducteur et le machiniste, ce poids s'élève à 15.700 kg.

Les réservoirs d'air, au nombre de 9, sont placés transversalement entre les longerons du truck (fig. 12) (1) ; leur diamètre commun est de 0,600 m. et leur contenance totale de 2.521 litres. Le poids d'air, à la pression de 60 kilogrammes, qu'ils renferment, est de 185 kg., en y comprenant la bouillotte. On voit qu'un kilogramme, en pression, correspond ainsi à un peu plus de 3 kg., en poids ; cette proportion subsiste constamment quelle que soit la pression dans les réservoirs, et il est ainsi très facile de se rendre compte, à la seule inspection des manomètres, de la dépense d'air pour une partie quelconque du parcours.

Les réservoirs sont partagés en deux groupes : la *réserve*, formée des deux premiers réservoirs, à l'avant, et la *batterie*, comprenant les sept autres réservoirs. Ces groupes peuvent être maintenus isolés, ou mis en communication entre eux par l'intermédiaire de la tuyauterie de chargement.

(1) Cette figure est empruntée au *Génie civil*.

Fig. 12. — Truck à air comprimé des chemins de fer Nogentais.

Cette disposition, préconisée déjà par Andraud, a été adoptée par M. Mekarski pour permettre de conserver, jusqu'à presque complet épuisement de l'approvisionnement, de l'air à une pression élevée ; la machine peut toujours donner un coup de collier si, vers la fin du parcours ou pour rentrer au dépôt, il y a une forte rampe à franchir.

Cette division n'est pas utile lorsque la quantité d'air approvisionnée est notablement supérieure à la dépense, ou lorsque la ligne, vers son terminus, est à peu près en palier ; il est préférable alors de faire communiquer normalement tous les réservoirs entre eux ; cela simplifie la tuyauterie, diminue le nombre des vannes nécessaire et réduit les chances de fuites.

105. Fonctionnement des automotrices. — Avant de se rendre aux cylindres du moteur, l'air des réservoirs traverse d'abord une bouillotte disposée verticalement sur la plate-forme du mécanicien et contenant de l'eau, à une température initiale de 170 degrés, jusqu'aux deux tiers de sa hauteur. Cet air se réchauffe ainsi à cette même température, ce qui augmente son volume, et par suite son travail, dans la proportion des températures absolues ; il entraine aussi aux cylindres une quantité de vapeur en rapport avec les pressions respectives de cette vapeur et de l'air.

La proportion minimum du poids de vapeur nécessaire pour fournir, par sa condensation, une quantité de chaleur équiva-

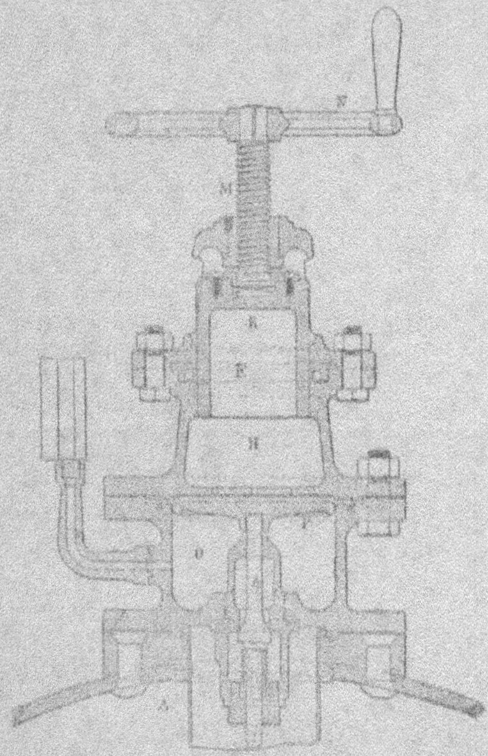

Fig. 13. — Régulateur-détendeur Mékarski.

lente au travail de détente de 1 kilogramme d'air, serait de 6 p. 100, correspondant à un rapport de pression entre les deux fluides de 0,10, dit M. de Marchena (1). On a intérêt à augmenter sensiblement cette proportion et à la porter à 0,14 environ.

(1) *Bulletins de la Société des ingénieurs civils.* Traction mécanique des tramways.

Le volume de la bouillotte est alors calculé en rapport avec l'approvisionnement de l'air pour que cette proportion reste à peu près la même dans tout le parcours. Ce volume est ici de 270 litres d'eau ; avec une température initiale de 170 degrés, correspondant à une pression de 7 kilogrammes, cette température descendra à 100 degrés lorsque la pression de l'air sera elle-même tombée à 7 ou 8 kilogrammes.

Le mélange d'air et de vapeur sortant de la bouillotte est réglé par un régulateur, ou détendeur de pression, surmontant cette bouillotte, et formé d'un piston creux en bronze se déplaçant dans une cavité presque entièrement remplie d'eau (fig. 13). Une garniture en ébonite E fait joint sur le piston et assure l'étanchéité de l'appareil.

Pour emplir d'eau la capacité H, on abaisse totalement le piston en ayant soin d'ouvrir à l'avance un robinet en communication avec cette capacité : l'air contenu en H s'échappe alors ; en tenant constamment plein d'eau le godet du robinet, puis en remontant lentement le piston K, on emplit d'eau l'espace H.

Mais l'intérieur du piston contient encore de l'air, et, lorsqu'on abaisse ce piston, cet air se comprime et vient faire pression, par des trous percés dans le fond de la cavité H, sur un diaphragme en caoutchouc *aa* ; celui-ci appuie sur un plateau en bronze P, porté lui-même par la contre-tige du clapet *b* ; ce clapet s'abaisse alors et livre passage à l'air de la bouillotte, qui pénètre dans la chambre *o* du régulateur, d'où il se rend par une tubulure au robinet du mécanicien. (1)

Ce robinet est à deux usages : il peut servir à envoyer l'air de la bouillotte aux cylindres moteurs, ou bien à actionner le frein ; il peut enfin occuper une troisième position, dans laquelle il ferme complètement l'ouverture de la tubulure.

Le tuyau qui conduit l'air aux cylindres vient se brancher sur la partie avant du robinet de manœuvre ; il descend ensuite verticalement, puis passe sous les réservoirs. Au travers des cylindres, il se bifurque enfin pour venir se fixer sur la face arrière des boîtes à tiroir.

106. Moteur. — Le moteur est exactement celui d'une loco-

(1) Cet ingénieux appareil, dû à M. Mekarski, a été remplacé dans les dernières automotrices par des rondelles Belleville et un diaphragme métallique.

motive ; il se compose de deux machines à distribution de Walschaërts disposées extérieurement aux longerons et renfermées dans des caissons étanches ; le mécanisme est ainsi complètement à l'abri de la boue et de la poussière, et il prend très peu d'usure. Des portes règnent sur toute la longueur des caissons et rendent la visite et le graissage très faciles.

Les longerons sont en acier et ont 600 mm. de hauteur et 10 mm. d'épaisseur ; ils sont largement découpés vers le milieu, à l'endroit des organes du frein. Des traverses à section en ⊔ les entretoisent inférieurement à l'endroit des plaques de garde ; un fort cadre les réunit aussi par le travers des cylindres. Enfin ils viennent se fixer par leur partie supérieure à un fer en], qui supporte la caisse, et qui les renforce beaucoup également.

Les roues sont à centre plein ; les bandages sont en acier très dur, de la qualité dite *Vickers* ; ils sont fixés sur les roues au moyen de vis. Les boites à graisse et leurs glissières sont en fonte fine ; elles ne sont pas munies de coins de rattrapage de jeu, mais la face arrière des glissières est maintenue sur le contrefort par des vis, et, en interposant des cales entre ces parties, on peut corriger facilement l'usure produite aux boites et aux glissières.

Cette usure tend surtout à se produire par suite de l'application des freins ; pour l'atténuer le plus possible et adoucir en même temps la suspension, il est nécessaire de graisser fréquemment les plaques de garde, de préférence à l'aide d'un tuyau et d'une mèche partant du réservoir de graissage des coussinets.

Les fusées des essieux ont un diamètre de 100 mm. ; les coussinets sont en bronze et entièrement garnis de métal antifriction. Ces coussinets doivent être ajoutés sans *dépouille* ; il faut seulement bien en dégager les congés, pour éviter qu'ils ne viennent porter dans le fond de ceux des fusées. L'essieu d'arrière est l'essieu moteur ; les coussinets de cet essieu doivent être ajustés avec un très faible jeu latéral, ne dépassant pas 1 millimètre ; les coussinets de l'essieu d'avant peuvent avoir, au contraire, un jeu atteignant 2 millimètres, même lors de la construction, afin de faciliter l'inscription des roues dans les courbes.

Les cylindres sont disposés à l'arrière de la machine, pour mieux équilibrer le poids de la voiture sur les essieux ; ils ont été essayés, lors de la construction, à la presse hydraulique à la pression de 22 kg. Les pistons sont en acier et venus de métal avec la tige : ils portent trois gorges pour le logement des segments, qui sont en fonte, avec joint à languette.

Les tiroirs sont du genre à coquille et fondus en bronze manganèse : ils sont évidés en leur milieu pour le passage de la tige, sur laquelle le cadre est maintenu par deux écrous fixés par un frein. Le réglage de la distribution s'opère par le déplacement de ces écrous.

Le tableau ci-dessous donne le relevé des phases de la distribution pour la marche avant.

	P. M.		1er cran		2e cran		3e cran		4e cran	
	côté fond	côté tige	côté fond	côté tige	côté fond	côté tige	côté fond	côté tige	côté fond	côté tige
Avance linéaire à l'introduction en millimètres	2.5	3	2.5	3	2.5	3	2.5	3	2.5	3
Admission en fraction de course du piston	5 1/2		310	240	482	400	680	605	850	796
moyenne	....		275		441		643		823	
Détente	55		440	505	353	436	235	300	115	165
moyenne	....		473		392		267		140	
Echappement anticipé	39 1/2		250	255	165	170	85	95	35	40
moyenne	....		252		167		90		37	
Echappement	40		595	605	700	725	825	835	915	925
moyenne	....		600		713		830		920	
Compression	59		365	360	280	257	165	155	80	70
moyenne	....		363		268		160		75	
Avance à l'admission	1		40	35	20	18	10	10	5	5
moyenne	....		37		19		10		5	
Ouverture maxima des orifices mm	2.5—3		2 3/4—3 1/4		4		7		13	

L'introduction à fond de course est très élevée, comme on le voit ; c'est absolument nécessaire pour un service urbain, où les voitures doivent pouvoir démarrer absolument dans toutes les positions et sur les plus fortes rampes ; toute manœuvre en arrière, serait, en effet, dangereuse, les personnes et les voitures passant parfois presque à toucher le tramway.

L'appareil de changement de marche est à système mixte, à levier et à vis, dont nous donnerons la description en appendice.

Les garnitures des tiges sont en métal antifriction et du genre Pile ; elles sont rendues facilement étanches, même avec un serrage modéré, qui a d'autre part l'avantage de conserver les tiges.

Les glissières sont en acier et les patins en fonte ; les crosses ou têtes de pistons sont en acier coulé.

Les têtes des bielles motrices et d'accouplement sont du système dit américain, avec assemblage à boulons ; les coussinets sont en bronze et entièrement régalés.

Les conditions d'épreuve du métal imposées dans la fabrication des divers organes du mécanisme sont les suivantes.

DÉSIGNATION DES PIÈCES	NOMBRE d'éprouvettes par lot de 10 machines	NATURE et qualité du métal	CONDITIONS d'épreuve
Longerons (tôle Creusot n° 1. Fer Marine)		Acier doux	R=42 kg A=25 0/0
Cornières diverses (fer Creusot n° 3)	Deux éprouvettes prises dans les chutes	Fer	R=35 kg A=11 0/0
Tôles		Fer	en long R=33 kg A=8 0/0 en travers R=28 kg A=4 0/0
Larges plats		Fer	
Bandages (Châtillon et Commentry)	A recevoir en usine	Acier qualité Vickers	R=75 à 70 kg A=10 à 12 0/0
Ressorts (Résistance élastique R_e = 50 kg.)	Deux éprouvettes	Acier corroyé	R=75 à 80 kg A=10 à 8 0/0
Essieux	Deux éprouv.	Acier dur	R=50 kg A=22 0/0
Pistons avec tiges		Acier dur	R=50 kg A=22 0/0
Glissières		Acier dur	R=50 kg A=22 0/0
Boutons de manivelles		Acier doux	R=35 à 40 kg A=30 à 25 0/0
Coulisses	Une éprouv.	id.	id.
Bielles		id.	id.
Arbres de frein		Acier demi-dur	R=45 kg A=25 0/0

L'échappement de la machine se fait dans un appareil dénommé *silencieux*, placé intérieurement aux longerons et entre deux réservoirs; il est

Fig. 14 Joint Otto.

formé de trois cylindres en tôle mince, concentriques et percés d'un grand nombre de trous.

Les pièces de la robinetterie sont toutes en bronze phosphoreux très sain ; elles ont été essayées à l'eau, avant leur montage, à une pression supérieure à celle d'emploi. Le clapet du régulateur, seul, est en acier.

Les tuyautages sont en acier rouge étiré ; les joints sont à encastrement et faits avec une rondelle en plomb pour les tuyaux qui ne reçoivent que de l'air. Pour ceux qui sont parcourus par la vapeur, il est préférable d'employer des joints en cuivre, du système dit Otto, formés de rondelles façonnées à la matrice suivant le croquis fig. 14.

Les arêtes de ces rondelles s'écrasent facilement au serrage et chacune d'elles forme un joint distinct ; comme elles sont au nombre de trois au minimum, l'étanchéité des joints est facilement obtenue ainsi.

107 Fabrication des réservoirs. — Les réservoirs sont formés d'une partie emboutie comprenant la virole et un fond, le deuxième fond étant rivé sur la partie libre de la virole. Ce mode de construction fait gagner 500 kg. environ sur le poids total des réservoirs, par rapport à une fabrication avec virole et fonds rivés. Elle revient très cher — 2 fr. 50 environ le kilogramme —, en raison du matériel important et des nombreuses opérations qu'elle nécessite, mais on a encore avantage à l'employer pour ménager la voie, déjà très fatiguée par un poids de près de 8 tonnes par essieu. En outre, la diminution de poids à remorquer fait économiser 1/2 kg. d'air par kilomètre, soit 500 francs environ par an et par voiture en service.

Les tôles d'acier employées pour la fabrication des viroles possédaient, avant d'être mises en œuvre, une résistance à la rupture de 53 kilogrammes par millimètre carré de section, avec 35 0/0 d'allongement et une résistance élastique de 30 kilogrammes par millimètre carré. Les conditions imposées étaient :

$$R = 50 \text{ kg. } A = 25\ 0/0 \text{ et } R_e = 28 \text{ kg.}$$

Des essais faits après finissage des viroles, sur les rognures découpées aux extrémités des tubes, ont donné des résultats sensiblement les mêmes ; les diverses opérations subies par le métal avaient plutôt amélioré ses qualités.

Ces opérations sont au nombre de 12, dont 8 s'effectuent à chaud et 4 à froid.

Les tôles servant à la fabrication des viroles sont livrées en disques d'un diamètre uniforme de 1,500 mètre et d'une épaisseur variant de 16 à 25 millimètres, suivant la longueur que doivent avoir les réservoirs.

Les diamètres étant les mêmes, l'épaisseur des parois des réservoirs est uniforme à la fin des opérations et égale à 12 millimètres. En service, le métal travaille ainsi à 15 kilogrammes par mm².

La première opération a lieu à chaud ; elle consiste à cintrer le disque, au moyen de matrices et d'une presse hydraulique verticale, de façon à lui faire prendre la forme d'une calotte conique.

Les deux opérations qui suivent se font aussi à chaud et à la même presse ; elles ont pour but de rabattre les bords de cette calotte, de manière à leur donner une forme cylindrique sur une certaine longueur.

L'ébauche ainsi obtenue est ensuite tréfilée à chaud sur mandrin, à l'aide d'une presse hydraulique horizontale ; à chacun des tréfilages, le diamètre et l'épaisseur de la partie cylindrique diminuent, et sa longueur augmente ; quant au fond, il conserve la même forme et la même épaisseur. On continue ces tréfilages jusqu'à ce qu'on approche sensiblement des dimensions définitives.

On commence alors les tréfilages à froid, qui se font de la même façon et à la même presse que les tréfilages à chaud ; après plusieurs opérations, on arrive à donner aux réservoirs leurs cotes exactes. On les finit sur le tour où l'on diminue aussi l'épaisseur du fond, laquelle a très peu varié dans ces diverses opérations.

Après le dernier tréfilage, les viroles sont réchauffées au four et refroidies lentement.

Le métal employé pour les fonds rapportés est du fer fondu très malléable et parfaitement homogène, possédant, avant d'être mis en œuvre, une résistance à la rupture de 33 kg. par mm², avec un allongement de 28 0/0 et une résistance élastique de 25 kg. par mm².

Ces fonds sont emboutis sur matrice par un procédé évitant les chaudes partielles ; ils sont également, après le façonnage, réchauffés au four et refroidis lentement.

Leur emmanchement dans les viroles se fait à chaud, avec 1/2 millimètre seulement de serrage ; à cet effet, les viroles sont alésées et les fonds tournés sur la hauteur de l'emmanchement.

Les deux pièces sont ensuite percées ensemble au foret, et réunies par des rivets en fer fin, de la qualité prescrite pour la construction des chaudières par la marine de l'État. Ces rivets présentent, au raccord du corps avec la tête, un collet conique allongé, et les bords des trous sont fraisés avec une conicité moindre, de façon que le rivet porte bien au fond de la fraisure.

Dans les épreuves à la presse hydraulique auxquelles ont été soumis ces réservoirs, aucune déformation appréciable, même momentanée, ne s'est produite, tant dans le sens du diamètre que dans celui de la longueur. La pression d'essai était de 80 kilogrammes par centimètre carré, supérieure de 20 kg. ou de $\frac{1}{3}$ au chiffre du timbre.

108. Freins. — Les freins sont au nombre de deux, l'un à main, commandé par une manivelle, et l'autre à air, que le machiniste actionne au moyen du régulateur et du robinet de manœuvre. Le frein à air agit aussi sur la voiture d'attelage.

Dans des essais effectués avant la mise en service de ces dernières voitures, un arrêt a pu être obtenu après un parcours de 9 mètres sur une pente de 27 millimètres d'inclinaison, le train étant lancé à la vitesse de 23 kilomètres à l'heure.

Habituellement, le service du contrôle des tramways fait faire ces essais sur une pente de 20 millimètres ; l'arrêt d'un train formé d'une automotrice et d'une voiture remorquée doit y être obtenu en 20 mètres, la vitesse au moment du serrage du frein étant de 20 kilomètres.

Voici comment on procède pour ces essais ; le train ayant été lancé à une vitesse d'environ 15 kilomètres, on ferme le régulateur de la machine ; la vitesse augmente rapidement sous l'influence de la gravité, et lorsqu'un opérateur, placé sur la plate-forme du mécanicien, juge qu'elle a atteint 20 kilomètres, il jette en dehors de la voie, dans le sens opposé à la marche, un sac rempli de sable mouillé. A partir de cet instant, la vitesse doit être maintenue constante par le mécanicien, qui peut à cet effet ramener le changement de marche de sa machine vers le point mort, ou serrer légèrement le frein à main.

Lorsque 6 secondes, bien exactement, se sont écoulées depuis le lancement du premier sac de sable, l'opérateur en jette un second, en même temps qu'il donne au mécanicien un ordre bref de serrer le frein.

L'arrêt obtenu, on mesure la distance entre les deux sacs, laquelle, multipliée par 10, puis par 60, donne la vitesse du train en kilomètres à l'heure, au moment de l'application du frein ; on mesure ensuite la distance du second sac à la plate-forme du mécanicien, qui représente évidemment la longueur de l'arrêt.

Ces essais doivent se faire sans emploi de sable pour combattre le glissement des roues ; ils ne peuvent s'effectuer alors que par un temps complètement sec ou par une grande pluie ayant bien lavé les rails.

Pour obtenir l'arrêt dans le minimum de temps et de parcours, le mécanicien doit serrer promptement le frein à son maximum d'intensité, au commandement de l'opérateur ; ensuite, au fur et à mesure que la vitesse diminue, il faut aussi qu'il diminue la pression sur le piston de frein, de manière à éviter le calage des roues, très nuisible à la rapidité de l'arrêt.

On doit opérer ainsi parce que le coefficient de frottement augmente lorsque la vitesse diminue ; par suite, si l'effort exercé sur les sabots de frein au début du serrage se trouvait voisin de l'adhérence, le calage se produirait dès que la vitesse diminuerait d'une façon un peu importante, si l'on conservait une intensité de serrage constante.

Avec le frein à air comprimé système Soulerin, monté sur un grand nombre de voitures de tramways, à Paris, on doit commencer le serrage en créant une dépression brusque de 5 à 6 kilogrammes dans la conduite, et réduire peu à peu cette dépression de façon qu'elle ne soit plus que de 3 kilogrammes environ à l'arrêt ; on effectuera ainsi l'arrêt complet dans un espace de 15 mètres environ.

L'emploi du sable est surtout utile lorsqu'on veut serrer le frein dans les pentes, et notamment dans le cas d'un arrêt rapide ; on a rarement besoin d'en faire usage dans les parcours avec action motrice de la machine, sauf dans les démarrages en rampe.

Dans les voitures de St-Augustin, deux sablières à grand débit sont disposées sous les banquettes des voyageurs, à l'avant des roues accouplées ; le mécanicien fait tomber le sable sur la voie en tirant à lui un levier qu'il a à sa portée, à droite et à gauche, et qui vient imprimer un mouvement de rotation à un papillon recouvrant le tuyau de sablière. Ce tuyau doit être aussi direct que possible et avoir un diamètre d'au moins 35 millimètres ; le sable lui-même doit être très sec, nullement argileux et soigneusement tamisé.

Les cylindres du frein à air sont disposés verticalement contre les longerons, entre les roues (fig. 15) ; leur partie supérieure est en communication avec l'extérieur au moyen d'un trou de 10 millimètres, percé dans le couvercle.

Les pistons sont munis d'une garniture en ébonite semblable à celle du régulateur, et leur tige passe librement dans un coin en fonte, qui vient agir sur deux galets montés sur des chapes reliées aux sabots.

Pour opérer le serrage du frein, le mécanicien, au moyen de son robinet de manœuvre, envoie un peu d'air de la bouillotte dans la chambre supérieure d'un détendeur, en communication avec les réservoirs de la *réserve* ; un clapet situé dans la partie inférieure du détendeur s'ouvre alors et laisse pénétrer l'air de la réserve, à une pression plus ou moins élevée, dans les cylindres à frein.

Pour le desserrage, le mécanicien ramène son robinet de manœuvre dans une position qui établit la communication des cylindres à frein avec l'extérieur ; ces cylindres se purgent alors, et un ressort antagoniste, placé entre le cylindre et le coin de serrage, fait descendre ce dernier et écarte les sabots des roues.

Ce frein est très modérable, et sa dépense d'air est très faible.

Si le frein à main et le frein à air sont avariés simultanément, le mécanicien peut encore obtenir le ralentissement et l'arrêt de la voiture au moyen de son levier de changement de

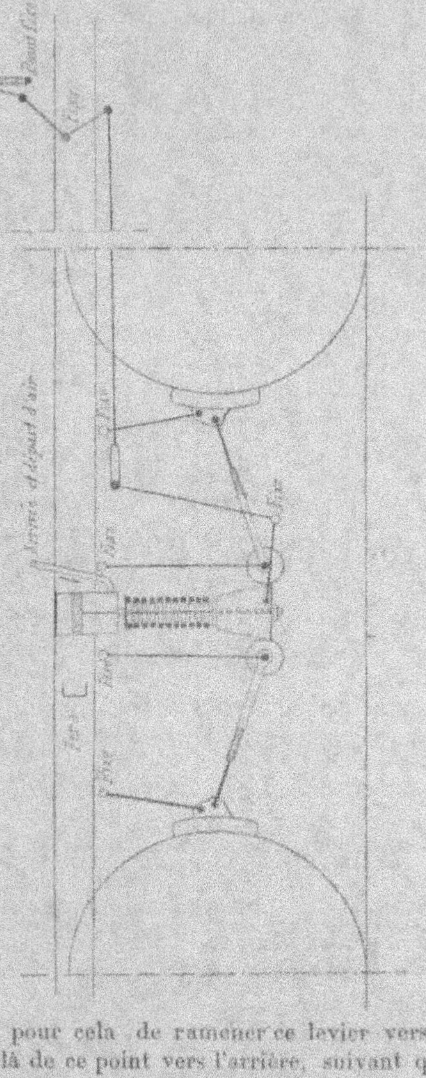

Fig 15. Frein Système Mékarski
Position de serrage.

marche ; il lui suffit pour cela de ramener ce levier vers le point mort, ou au-delà de ce point vers l'arrière, suivant qu'il veut obtenir un simple ralentissement ou un arrêt rapide. Dans ce dernier cas, il est nécessaire encore qu'il ouvre le régulateur, de manière que l'air refoulé par les pistons moteurs puisse pénétrer dans la bouillote; sans cette précaution, cet air, refoulé seulement dans la tuyauterie d'admission, atteindrait rapidement une pression élevée, et l'effort qu'il exercerait sur les pistons deviendrait supérieur à l'adhérence de l'automotrice, ce qui produirait aussitôt le calage et le glissement des roues.

109 Conduite. — Avant le premier départ du matin, il est bon de réchauffer les cylindres moteurs, en y envoyant de la vapeur de la bouillotte, avant qu'on ait mis cette dernière en communication avec les réservoirs. Il est généralement inutile de recommencer cette opération dans la journée, à moins que le temps ne soit très froid.

Les démarrages doivent s'effectuer avec le minimum de pression, et en abaissant lentement le piston du régulateur; la capacité intérieure de ce piston doit être à cet effet bien réglée : trop petite, en effet, elle provoquerait, pour un petit mouvement du volant du régulateur, une montée très rapide de la pression, pouvant faire patiner les roues, et, trop grande, elle rendrait cette élévation de pression trop lente. Pour éviter ce dernier inconvénient, la partie inférieure du régulateur doit être constamment maintenue bien garnie d'eau ; vérification doit en être faite particulièrement chaque matin.

Avant que le premier tour de roues ne soit effectué, le mécanicien doit ramener son changement de marche vers le point mort, et employer aussitôt la pression maximum tolérée, en réduisant le plus possible l'admission. Avec la distribution à coulisse et les tiroirs à coquille ordinaire, cette admission ne doit cependant pas descendre au-dessous de 18 à 20 0/0 de la course des pistons.

Au lieu de mettre la pression de l'air dans la bouillotte en équilibre avec celle des réservoirs, on peut réduire cette pression à un chiffre supérieur de 3 ou 4 kilogrammes seulement à la pression maximum employée dans les cylindres moteurs ; on obtient ce résultat en n'ouvrant que d'une très petite quantité les vannes de distribution. La détente de l'air des réservoirs s'opère alors presque totalement avant son entrée dans la bouillotte, et on évite ainsi le refroidissement — assez faible toutefois, puisqu'il s'effectue sans production de travail — ultérieur de cet air, qui se produirait entre la bouillotte et les cylindres. En outre, la pression de l'air dans la bouillotte étant à un chiffre moins élevé que dans les réservoirs, la vapeur entre en plus grande proportion dans le mélange se rendant aux cylindres ; la détente de ce mélange s'effectue donc à une plus haute température et son travail en est augmenté.

Cette manière d'opérer augmente évidemment aussi la dépense de chaleur de la bouillotte, et on ne doit l'employer que si l'approvisionnement d'air est très sensiblement plus grand qu'il n'est nécessaire, par exemple pour des automotrices dont les réservoirs ont une contenance suffisante pour leur permettre de remorquer une ou deux voitures d'attelage, et qui circulent seules à certains moments de la journée. Il est vrai qu'il est alors plus simple de réduire la pression de chargement au départ, le même résultat est atteint plus économiquement ainsi.

D'ailleurs, en réduisant la pression de l'air dans la bouillotte par la fermeture presque complète des vannes de communication, les mécaniciens peuvent laisser tomber cette pression au-dessous du chiffre nécessaire à la marche ; en ouvrant ensuite brusquement les vannes pour rétablir cette pression, ils risquent de produire des entraînements d'eau aux cylindres, lesquels auraient pour effet de fatiguer les attaches de ces cylindres sur les longerons.

110. Entretien. — Ces voitures, bien conduites, demandent peu d'entretien.

Les robinets de manœuvre et de purge de la bouillotte doivent être enduits chaque matin avec une graisse à base de caoutchouc et les vannes de distribution maintenues constamment étanches ; sans cela, il ne serait pas possible de réchauffer la bouillotte au dépôt.

Les garnitures en ébonite doivent être de très bonne qualité et remplacées dès qu'elles donnent lieu à des fuites. Le diaphragme en caoutchouc du régulateur dure environ trois semaines. Les mécaniciens doivent avoir un diaphragme de rechange dans leur outillage, ainsi qu'une garniture en ébonite du piston du régulateur, pour pouvoir remplacer l'un et l'autre s'ils donnent lieu à des fuites paralysant le fonctionnement du régulateur.

Les réservoirs doivent être purgés après chaque chargement (lorsque les voitures sont mises sur une fosse pour cette opération), afin de chasser l'eau qui a pu être entraînée par l'air. Sans cette précaution, cette eau pénétrerait dans la bouillotte dès que le mécanicien ouvrirait les vannes de distribution et, si elle était en grande quantité, elle produirait un refroidissement important de cette dernière; en outre, elle ferait monter le niveau de l'eau dans la bouillotte et provoquerait ainsi des entraînements d'eau aux cylindres.

Le moteur étant bien protégé contre la boue et la poussière, les articulations et pièces frottantes prennent peu d'usure. Si les bandages sont de bonne qualité, il suffit de les remettre sur le tour après un parcours de 8 à 10.000 kilomètres; on n'a pas intérêt à aller au-delà, car dans l'intervalle il faudrait retoucher aux bielles et aux glissières. Si le remontage est bien fait, on peut au contraire généralement s'abstenir de toute visite et de tout serrage jusqu'au levage suivant.

Il est important de bien protéger les fusées des essieux, entre leurs collets et les boîtes à huile, contre le sable tombant de la caisse, par une tôle rapportée sur la boîte ou par une demi-couronne venue de fonte avec cette dernière.

Les tiroirs et les segments des pistons s'usent peu; il suffit en principe de les visiter après un an de service, à moins que la consommation d'air de la machine n'ait beaucoup augmenté dans l'intervalle.

Pour faciliter les grandes réparations : changements de roues, visite et nettoyage de la bouillotte et des réservoirs, réfection du châssis, etc., il est très avantageux d'avoir des fosses à double dégagement latéral de 1 mètre environ de largeur et de 2 m. 50 de longueur, un peu moins profond que la fosse proprement dite (fig. 16). Cette disposition permet aux ouvriers de se tenir debout pour effectuer le démontage du mécanisme, la visite des pistons et tiroirs, le réglage de la distribution, etc., et d'effectuer plus rapidement et plus commodément ces divers travaux.

[illegible]

Pour réduire le plus possible cet entretien, on alloue aux machinistes une certaine prime à base croissante, lorsque leur voiture effectue un parcours supérieur à 5.000 kilomètres sans réparation.

On leur alloue également une prime mensuelle de 8 francs, dite « d'accident », lorsqu'ils n'ont eu dans le mois aucun tamponnement ni accroc sur la voie publique.

Avec ces mesures, on réussit à faire faire parfois plus de 80 jours de marche consécutifs aux automotrices sans un seul jour d'arrêt.

Entretien des réservoirs. — Les bouillottes et réservoirs des voitures doivent être visités, les premières, au moins une fois tous les ans et, les réservoirs, tous les trois ans, pour s'assurer que le métal ne présente ni piqûres, ni criques, ni une trop grande diminution d'épaisseur par suite d'oxydation. Après avoir été soigneusement grattés et nettoyés, ils sont goudronnés puis bien asséchés avant d'être remis en place.

141. Puissance des automotrices. Dépense d'air par kilomètre. Rendement de l'air comprimé. — Les cylindres des voitures automotrices ont un diamètre de 0 m. 190 et une course de pistons de 0 m. 260 ; avec une pression de 15 kg. à l'admission et un diamètre de roues de 0 m. 750 au roulement, l'effort de traction théorique est de

$$15 \frac{19^2 \times 0,26}{0,75} = 1.877 \text{ kg.},$$

et l'effort pratique, calculé avec un coefficient de 0,65, de 1.220 kg.

Pour une vitesse correspondante de 12 kilomètres à l'heure, ou de 3,33 m. par seconde, le travail développé est de :

$$\frac{1220 \times 3,33}{75} = 53 \text{ chevaux.}$$

Le travail produit en service sur les plus fortes rampes peut se calculer de la façon suivante.

Le poids habituel d'un train est de 23 tonnes, dont 15 pour l'automotrice et 8 pour la voiture d'attelage ; la résistance par tonne de l'automotrice en palier, à la vitesse ordinaire de marche, est de 10 kg. par tonne, et celle de l'attelage de 8 kg.

A la vitesse considérée et sur rampe de 30 mm. par mètre, la résistance totale du train est ainsi de :

$$(10 + 30) 15 + (8 + 30) 8 = 979 \text{ kilogrammes.}$$

Par suite, le travail développé à l'allure de 12 kilomètres à l'heure atteint :

$$\frac{979 \times 3,33}{75} = 43,5 \text{ chevaux}$$

Pour déterminer la dépense d'air d'une automotrice et rapporter à cette dépense le travail effectué, on peut considérer le parcours du Cours de Vincennes à Ménilmontant, qui a une longueur de 2.700 mètres et est en rampe moyenne continue de 20 millimètres par mètre. La dépense d'air, dans ce parcours, est de 66 kilogrammes environ pour une automotrice seule, cet air étant utilisé à une pression de 10 à 14 kilogrammes dans les cylindres, avec une admission de 27 0/0 de la course des pistons ; la température moyenne de l'eau dans la bouillotte est elle-même de 150 degrés C.

Avec une résistance de 10 kg. en palier et un poids de l'automotrice de 15 tonnes, le travail total à la jante des roues, effectué dans ce parcours, est de

$$(10 + 20) 15 \times 2.700 = 1.215.000 \text{ kilogrammètres,}$$

correspondant à

$$\frac{1.215.000}{66} = 18.409 \text{ kgm. par kg. d'air (1).}$$

Or la compression à la pression de 60 kg. d'un kilogramme d'air nécessite à l'usine un travail de 66.870 kgm. ; le rendement

(1) La dépense d'air par cheval-heure (le parcours considéré ci-dessus s'effectuant en 1/4 d'heure) est de $66 \times 4 : \frac{1.215.000 \times 4}{270.000} = 14,666$ kilogrammes.

de l'air entre la jante des roues de la voiture et la machine motrice de l'usine est donc de

$$\frac{18.409}{66.870} = 27,5\ 0/0.$$

En réalité, ce rendement est encore un peu moins élevé, car, à la dépense des 66 kg. d'air ci-dessus, il faut ajouter celle de vapeur de la bouillotte. Déterminée par le calcul, cette dépense de vapeur est très faible ; mais en pratique, sur la ligne de St-Augustin, elle correspond à une consommation de 1 kilogramme de charbon par kilomètre d'automotrice.

La dépense d'air moyenne, rapportée au kilomètre d'automotrice (1 kilomètre de voiture d'attelage étant ramené, à cet effet, à 0,4 km. d'automotrice), ressort à **13** kilogrammes, exactement, pour l'ensemble de l'année 1899, et celle de charbon à **6,2** kg. La production d'air par cheval effectif et par heure à l'usine étant de 4 kg., la dépense de **13** kg. ci-dessus correspond à un travail de **3** chx. $\frac{1}{4}$ à l'usine.

D'un autre côté, un kilogramme de charbon correspond (réchauffage des bouillottes et services auxiliaires de l'usine compris) à une production d'air de

$$\frac{13}{6,2} = 2,1 \text{ kg.}$$

112. Rendement final de l'installation. — Les 6,2 kg. de combustible dépensés *par kilomètre*, entièrement transformés en travail, donneraient :

$$6,2 \times 8.000 \times 425 = 21.080\,000 \text{ kilogrammètres.}$$

Le travail effectif moyen développé à la jante des roues, *par kilomètre*, est lui-même de :

$$16 \text{ kg. (résistance par tonne pour l'ensemble de la ligne)} \times 15 \times 1.000 = 240.000 \text{ kgm.}$$

Par suite, le rendement final est de

$$\frac{240.000}{21.080.000} = 1,14\ 0/0.$$

Ce rendement peut aussi être obtenu en combinant les rendements propres des diverses parties de l'installation.

Les chaudières, en vaporisant par kilogramme de charbon à 8.000 calories 8 kg. d'eau prise à 15°, ont un rendement de :

$$\frac{(660-15)\,8}{8000} = 64,5\ 0/0$$

Le rendement thermique des machines à vapeur, qui consomment 9,3 kg. de vapeur à la pression de 8 kilogrammes par cheval-indiqué et par heure, est de :

$$\frac{270.000}{9,3 \times 660 \times 425} = 10,3\ 0/0.$$

Nous avons vu d'autre part que le rendement organique des machines était de 0,85 et le rendement de l'air comprimé, entre l'arbre de la machine à vapeur et la jante des roues des voitures, de 0,275.

Le rendement de cet ensemble est ainsi de :

$$0,645 \times 0,103 \times 0,85 \times 0,275 = 0,01553.$$

Il faut encore affecter ce dernier chiffre d'un coefficient de 0,92 pour tenir compte des allumages ou de la mise en réserve des feux, de la dépense du moteur de la pompe de puits, du réchauffage des bouillottes des voitures, etc.; on obtient alors le rendement final de 0,0114 ci-dessus.

Dans les nouvelles installations d'air comprimé de la Cie générale des Omnibus, ce rendement est un peu plus élevé.

113. Prix d'établissement de la ligne de St-Augustin. — Les 9.140 m. de la ligne, avec la voie établie sur béton, les usines et les voitures, ont coûté en nombre rond 4 millions, soit 436.680 fr. par kilomètre.

114. Prix de revient de la traction par l'air comprimé. — Sur la ligne de Saint-Augustin, après quelques mois de marche avec un nombre de voitures automotrices en service de 16, et un nombre de kilomètres journaliers de 1915, les dépenses kilométriques de traction ressortaient à 0 fr. 70. A ce moment, une partie du personnel des usines fut intéressée aux économies, en prenant comme base d'allocation par kilomètre le chiffre de 0 fr. 70 ci-dessus pour les automotrices et de

$$0,70 \times 0,40 = 0 \text{ fr. } 28$$

pour les voitures de remorque.

En 1899, le parcours total effectué sur la ligne s'est élevé à 1.129.251 kilomètres, dont 847.534 pour les automotrices et 278,717 pour les remorques ; le coût de la traction par kilomètre voiture a été de 0 fr. 49.

En ramenant 1 km. de voiture attelée à 0,4 km. d'automotrice, le prix de revient par kilomètre d'automotrice ressort à

$$\frac{1.129.251 \times 0,49}{959,021} = 0 \text{ fr. } 575$$

Le prix de revient du cheval-heure effectif, dans les usines de Lagny et de la Villette, s'est élevé lui-même à 9 centimes, dont la moitié environ pour le combustible, avec un prix de la tonne de 34 fr. 45 (droits d'octroi compris).

Quant au prix des 1.000 kg. d'air, il a été pour l'année 1899 de près de 29 francs, tous les services accessoires compris.

Sur la ligne « Doulon-Chantenay », à Nantes, qui est sensiblement en palier et desservie par des automotrices de 32 places, le prix de revient de la traction est de 29 centimes par kilomètre-voiture. La pression de chargement de l'air est seulement de 33 kilogrammes, et les salaires, ainsi que le prix du combustible et du graissage, sont moins élevés qu'à Paris.

Aux chemins de fer Nogentais, établis aux portes de Paris et fonctionnant à la pression d'air de 45 kg., le prix a été de 0 fr. 45 environ par kilomètre-voiture, pour des automotrices de 50 places remorquant la plupart du temps une voiture d'attelage de même contenance.

115 Nouvelles voitures à air comprimé de la compagnie des Omnibus. — Ces voitures, au nombre de 150, diffèrent de celles de la ligne de St-Augustin par les points suivants :

Les réservoirs sont disposés dans le sens longitudinal du châssis et sont construits pour la pression de 80 kilogrammes ; leur contenance est de 2.640 litres et le poids d'air, à la pression ci-dessus et à la température de 15°, qu'ils renferment est de 262 kg., en y comprenant la bouillotte.

Par suite de cette augmentation de pression et de capacité, les réservoirs sont un peu plus lourds que ceux de St-Augustin ; le châssis a été aussi construit plus solidement ; le poids total de ces automotrices en charge est ainsi de 17,000 kilogrammes.

Le moteur est muni d'une distribution à grande détente, système Bonnefond ; chaque cylindre possède un tiroir plan pour l'admission et deux tiroirs cylindriques rotatifs, genre Corliss, pour l'échappement. Cette indépendance de l'échappement réduit la compression, et, dans les paliers et les rampes de faible inclinaison, l'admission peut être abaissée à 12 ou 15 0/0 de la course des pistons, en employant une pression de 16 à 18 kg. à l'introduction. L'économie résultant de l'augmentation de détente ainsi obtenue, par rapport aux voitures de St-Augustin, peut s'élever à 5 ou 6 0/0 ; mais il est nécessaire pour cela que les tiroirs d'échappement soient bien étanches.

Par suite de leur poids plus élevé, la consommation de ces nouvelles automotrices atteint un peu plus de 13,8 kg. en moyenne par kilomètre ; si l'on estime qu'à la rentrée au dépôt la pression dans les réservoirs doit être au minimum de 12 kg. (pression en deçà de laquelle le fonctionnement du moteur ne serait plus aussi économique), on voit que ces voitures peuvent effectuer sans rechargement, sur des lignes présentant une résistance à la traction de 16 kg. par tonne, un parcours de

$$\frac{223}{13,8} = 16,160 \text{ kilomètres.}$$

Pour une automotrice remorquant une voiture d'attelage, pour laquelle la consommation supplémentaire est de 5,2 kg. (1), ce parcours se réduit à

$$\frac{223}{13,8 + 5,2} = 11,7 \text{ kilomètres.}$$

Enfin, si l'automotrice ne remorque l'attelage que sur la moitié de son trajet (le voyage d'aller ou celui de retour), le parcours effectué sans rechargement peut s'élever à 14 kilomètres.

(1) L'allocation des machinistes est de 14,5 kg par kilomètre d'automotrice et de 6 kg. par kilomètre de voiture d'attelage.

Ces voitures présentent encore avec celles de St-Augustin les différences suivantes.

Le réchauffage de la bouillotte s'y fait d'une façon continue, au moyen d'un foyer alimenté au coke et disposé dans la bouillotte

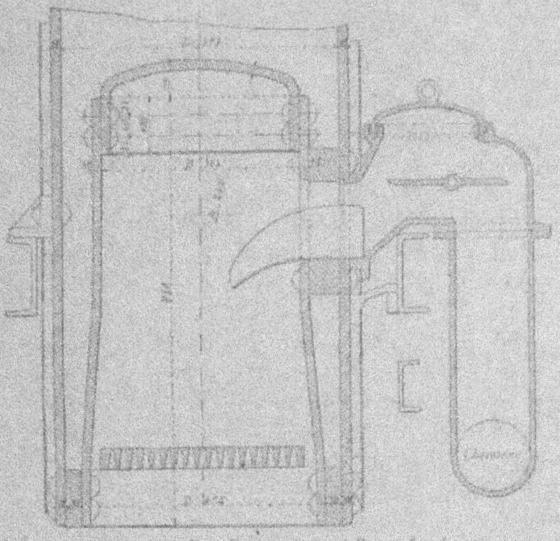

Bouillotte système Bonnefond
Fig 1. Coupe par le foyer et la boîte à fumée

même (fig. 1), ou à gauche, en dessous de la plate-forme (fig. 2). Ce dernier appareil consiste en un serpentin chauffé par retour de flamme et en communication par ses extrémités ; d'une part, avec le fond de la bouillotte, et, de l'autre, avec la partie de cette bouillotte située immédiatement au-dessous du plan d'eau correspondant au robinet de jauge inférieur. La circulation s'établit dans le serpentin en raison des différences de température de ses divers points ; deux clapets disposés à l'entrée et à la sortie de l'eau ont pour but d'arrêter l'afflux d'eau et d'air dans le serpentin, au cas où il s'y produirait une déchirure par suite de manque d'eau ou pour toute autre cause.

Une consommation de 0,600 kg. de coke par kilomètre peut maintenir l'eau de la bouillotte à une température suffisante pour réaliser un chauffage efficace de l'air. Cette consommation est obtenue facilement au tirage naturel, et on peut l'augmen-

ter en envoyant dans la cheminée une partie ou la totalité de l'air s'échappant des cylindres.

Ce système de réchauffage direct a été adopté par M. Mon-merqué, ingénieur en chef des services techniques de la Compagnie des Omnibus, par suite de l'impossibilité où l'on se trouvait d'établir un poste de chargement de vapeur aux terminus des lignes *La Muette-Taitbout* et *Passy-Hôtel-de-Ville*.

Sur les lignes *Montrouge-Gare de l'Est* et *Auteuil-Madeleine*, les mêmes appareils ont été employés parce que le trajet aller et retour aurait été trop long sans réchauffage pour la capacité ordinaire des bouillottes.

La température de l'eau de la bouillotte étant à peu près constante avec ce mode de chauffage, la pression de l'air doit y être aussi maintenue égale, afin que le mélange qui se rend aux cylindres du moteur contienne toujours une même proportion de ces deux fluides ; on a obtenu ce résultat en disposant entre les réservoirs et la bouillotte un détendeur qui abaisse la pression de l'air dans cette dernière à 20 kilogrammes. Ce détendeur remplace le régulateur des voitures de Saint-Augustin ; une fois réglé, le mécanicien n'a presque plus à y toucher en cours de route.

Quand il veut arrêter l'envoi de l'air aux cylindres, il ferme un régulateur à tiroir, qui remplace ici le robinet de manœuvre du mécanisme Mékarski, et qui est d'un maniement plus commode que ce dernier.

Les appareils de manœuvre du frein sont du système Soulerin ; l'air arrive au robinet du mécanicien en traversant un détendeur qui abaisse sa pression entre 4 et 6 kilogrammes. Le frein est du système dit : direct et automatique, à la fois ; lorsque le mécanicien n'en fait pas usage, il doit placer la poignée de son robinet pour le fonctionnement automatique, de manière à permettre au conducteur, qui dispose d'un robinet sur la plate-forme arrière, d'arrêter le train au cas où une personne descendue en marche viendrait à tomber, ou bien ne voudrait pas quitter la rampe de la voiture par crainte d'une chute ; cette chute serait particulièrement dangereuse si le train était formé de deux voitures et que la personne tombât de la première. Pour un arrêt rapide, le mécanicien emploie le fonctionnement automatique, qui lui permet d'agir sur le frein de la voiture d'attelage ; mais pour la descente d'une pente, il fait usage de préférence du fonctionnement direct, avec lequel il lui est plus facile de graduer la pression de l'air sur le piston de frein de l'automotrice et de descendre ainsi la pente à vitesse constante et sans à-coups.

116. Usine de production d'air de Billancourt. — L'usine qui produit l'air destiné à la marche de toutes ces voitures est située à Billancourt, en bordure de la Seine, et elle est en communication avec les différents dépôts ou terminus des lignes au moyen de canalisations en acier qui ont jusqu'à 7 kilomètres de longueur et sont établies en tuyaux de 19,50 m.

Elle comprend sept machines à vapeur horizontales, à triple expansion, d'une puissance normale de 830 chevaux indiqués chacune, à la vitesse de 52 tours. D'après le cahier des charges, celle-ci doit pouvoir être poussée jusqu'à 65 tours, le travail développé étant alors de 1000 chevaux.

Chaque machine actionne un compresseur d'air, formé d'un cylindre horizontal (1), monté en tandem avec le cylindre à basse pression de la machine à vapeur, et de deux paires de cylindres à moyenne et haute pression disposés verticalement, et dont les pistons, montés deux à deux sur une même tige, sont actionnés par deux coudes à 180° de l'arbre moteur.

Tous les cylindres du compresseur travaillent à simple effet ; celui de basse pression a un diamètre de 1 m. et une course de piston de 1 m. 40, soit un volume utile de 1102 lit. 5. Il aspire l'air dans l'atmosphère au moyen de trois soupapes de 0 m. 240 de diamètre ; le refoulement se fait à la pression de 5 kg. 5, par deux soupapes de 0 m. 225, dans un réservoir intermédiaire où aspirent les pistons des cylindres à moyenne pression. L'air est comprimé dans ceux-ci à 25 kg. environ ; à la sortie, il se rend dans un second réservoir intermédiaire, puis il circule dans un serpentin disposé dans un récipient traversé par un courant d'eau froide. Il est enfin aspiré par les pistons des cylindres à haute pression et comprimé dans ceux-ci à une pression de 90 kg. environ.

Le diamètre des cylindres de moyenne pression est de 0 m. 570 et celui des petits cylindres de 0 m. 255 ; la course commune de leurs pistons est de 0 m. 570.

La production horaire des compresseurs est de 3.200 kg. à l'allure de 52 tours, ce qui porte le rendement volumétrique à 76 0/0 ; à 69 tours, la production horaire est de 3.800 kg. et le rendement volumétrique de 67 0/0. La production moyenne par cheval-indiqué aurait été trouvée, dans les essais, de 3 kg. 600 et

(1) La disposition horizontale permet de réduire l'espace nuisible et la perte de rendement volumétrique.

la production par kg. de charbon brut de très bonne qualité de 4 kg. 100.

La consommation de vapeur a été garantie à 6 k. 650 par cheval-indiqué et par heure ; en marche normale, après quelque temps de service, elle ne sera pas inférieure à 7 kg. Avec une vaporisation de 8 kg. d'eau par kg. de charbon brut, la consommation de charbon par cheval-indiqué atteindra 0 k. 875.

La dépense d'air des automotrices par kilomètre est de 13 kg. 8, chiffre qu'il y a lieu d'augmenter de 10 0/0 pour les pertes dans les conduites ; à l'usine, la dépense ressort ainsi à près de 15 kg. 3, correspondant à une consommation de charbon de 3,672 kg. Enfin, en faisant intervenir l'allumage des chaudières, l'entretien des feux la nuit, le réchauffage des bouillottes à la sortie et les services accessoires de l'usine, on arrive à une consommation totale de charbon d'environ 4,5 kg. par kilomètre de voiture automotrice.

Il y a lieu d'ajouter à ce chiffre la consommation de coke pour le réchauffage des bouillottes pendant la journée, qui peut atteindre 1 kg. par kilomètre de voiture automotrice.

117. Traction à air comprimé système Popp-Conti. — Dans ce système, l'air des réservoirs est utilisé dans un moteur compound à deux cylindres, placé intérieurement aux longerons et attaquant les essieux par l'intermédiaire d'engrenages.

En principe, l'air est réchauffé avant son emploi à une température de 150°C par son passage dans un serpentin chauffé au coke ; il est introduit ainsi à une pression de 12 kg. dans le petit cylindre, où il agit à pleine pression pendant une certaine fraction de la course du piston, puis par détente. A sa sortie de ce cylindre, sa pression étant réduite à 3 ou 4 kg. et sa température à quelques degrés, il passe dans un second réchauffeur qui élève de nouveau cette température vers 150° ; il pénètre ensuite dans le grand cylindre, où il achève son expansion et d'où il s'échappe refroidi encore vers 0°.

L'air est produit à l'usine à une pression de 30 kg. et envoyé dans une canalisation qui règne sur presque toute la longueur de la voie ; des postes de chargement automatiques existent en des points convenablement choisis du parcours, et le mécanicien y renouvelle sa provision d'air sans descendre de sa plate-forme.

au bout d'une minute, la pression dans les réservoirs est montée à 25 kg.

Ce système, appliqué aux tramways de Saint-Quentin, sans le chargement automatique, n'a pas fonctionné d'une façon satisfaisante ; le chauffage, notamment, manquait de régularité, en raison de la faible capacité calorifique de l'air. Il a été remplacé récemment par le système Mékarski.

118. Traction à air comprimé à New-York. — L'air comprimé vient d'être appliqué à New-York à la traction de trois lignes de tramways importantes ; chaque voiture porte deux moteurs doubles travaillant en compound : l'un, à haute pression, à 100 mm. d'alésage de cylindres et 150 mm. de course de pistons, l'autre, à basse pression, est à cylindres de 150 × 200. Les moteurs sont renfermés dans des carters à huile et ils attaquent chacun un essieu par un pignon médian de 234 mm. en prise avec une roue de 533 mm. Le tout est monté sur un truck assez semblable à ceux des tramways électriques à conducteur (fig. 1 et 2).

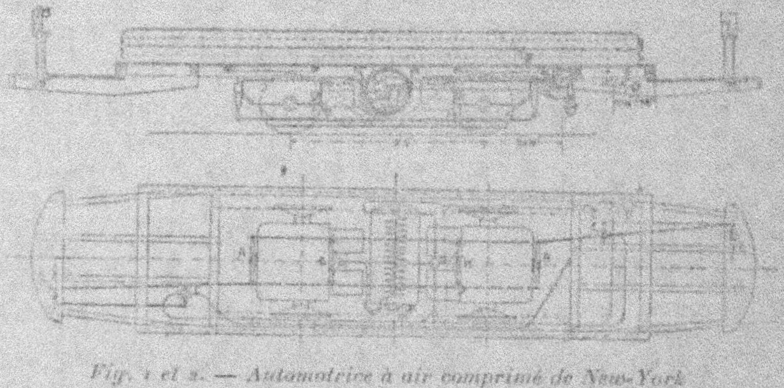

Fig. 1 et 2. — Automotrice à air comprimé de New-York

L'air comprimé est renfermé dans six bouteilles en acier doux sans soudure, de 6,535 m. de longueur, 0,235 m. de diamètre et 9 mm. d'épaisseur de métal, pesant chacune 320 kg. et chargées à la pression de 180 kg. De ces bouteilles, l'air passe dans des tubes disposés dans un réchauffeur de 1 mc. 700, placé transversalement au châssis (fig. 3) et contenant de l'eau à 200 degrés C. ; il se rend ensuite à un détendeur, qui abaisse sa

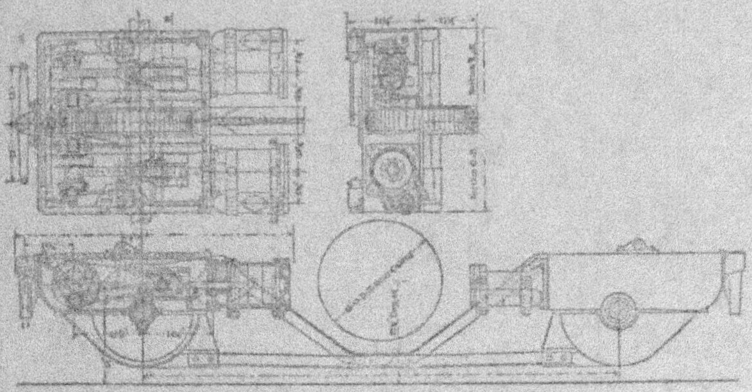

Fig. 3. — Coupes par le moteur

pression à **22** kg., puis à deux distributeurs placés sur chaque

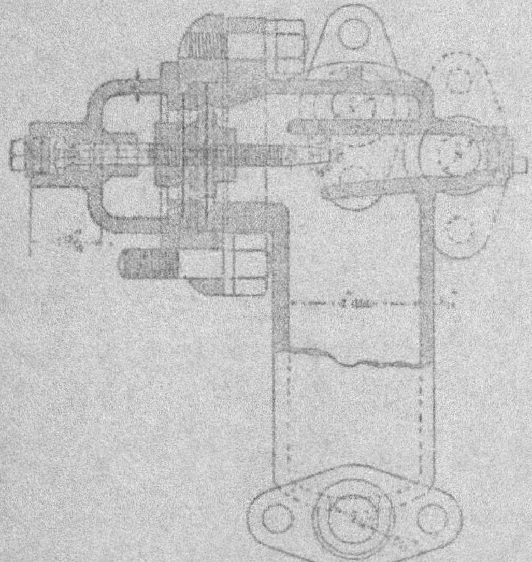

Fig. 4. — Injecteur

plateforme, à la portée du machiniste ; celui-ci dirige enfin cet air dans un injecteur (fig. 4) alimenté par le réchauffeur d'eau, et le mélange ainsi formé se rend aux cylindres à haute pression.

De ces cylindres, l'air passe de nouveau au travers du réchauffeur et d'un second injecteur, puis il se rend aux cylindres de basse pression où il achève de se détendre.

Chacun des distributeurs est muni de deux manivelles qui permettent de faire varier, soit la pression d'admission, soit la longueur de cette admission : au $\frac{1}{4}$, au $\frac{1}{2}$ ou aux $\frac{5}{8}$ de la course des pistons de haute pression. En allure normale, on marche avec admission au $\frac{1}{4}$, en réglant la pression au moyen de la première manivelle.

Des soupapes de rentrée d'air placées sur les cylindres de basse pression facilitent la marche à régulateur fermé ; en cas de danger, la seconde manivelle permet de renverser la distribution et d'employer le moteur comme frein. Quand la voiture est arrivée au terminus, le machiniste transporte les deux manivelles d'un distributeur sur l'autre et il peut repartir aussitôt.

Chaque voiture pèse à vide 8.500 kilogrammes, dont 1.900 kg. pour les bouteilles en acier, 310 kg. pour le réchauffeur, 1.270 kg. pour les moteurs et 5.020 kg. pour le châssis et la caisse : c'est à peu près le poids d'une voiture à trôlet de même contenance.

En charge complète, avec 40 voyageurs, le poids des voitures est un peu inférieur à 11,5 t. ; le poids d'air emmagasiné sous la pression de 180 kg. et à la température de 15°C. est de 310 kg., ce qui donne une proportion de 1 kg. d'air pour 6 kg. (1) de métal, alors qu'avec la pression de 60 kg. employée sur la ligne de Saint-Augustin, à Paris, le poids de métal qui correspond à l'emmagasinement de 1 kg. d'air est de 15 kg.

Sur cette ligne de Saint-Augustin, la dépense d'air d'une voiture pesant 11,5 t. ne serait pas supérieure à 9,350 kg. par kilomètre ; cette voiture pourrait donc effectuer, avec le poids de

(1) Nous avons assisté aux essais d'une voiture automobile sur routes où les réservoirs étaient construits pour la pression de 300 kg. Un poids d'air de 1 kg. y correspondait à un poids de métal de 4,5 kg.

310 kg. ci-dessus, sur un parcours très accidenté et tout en ayant encore à la rentrée au dépôt une pression d'air de 30 kg., un trajet de 27 à 28 kilomètres sans rechargement.

C'est plus qu'il n'est nécessaire dans les villes, où les lignes ont rarement plus de 10 kilomètres ; la pression de chargement de 180 kg. permettait sur ces lignes d'ajouter à chaque automotrice une voiture de remorque de 5 à 6 tonnes en charge. Pour les lignes de pénétration ayant plus de 14 ou 15 km. de longueur, il suffirait de porter la pression à 200 kg. ou un peu au-dessus. Avec une production d'air de 4 kg. par cheval-indiqué et par heure, la puissance nécessaire à l'usine par kilomètre de voiture automotrice serait de :

$$\frac{9,3}{4} = 2,325 \text{ chx.}$$

Le cheval-heure, dans une installation de quelque puissance, peut être obtenu au prix de 0 fr. 05 ; la force motrice par kilomètre-voiture coûterait ainsi :

$$2,325 \times 0,05 = 0,11625 \text{ fr.}$$

Pour produire un kilogramme d'air comprimé à la pression de 180 kg., il ne faut pas dépenser beaucoup plus de travail que pour comprimer le même poids d'air à la pression de 80 kg.

On a vu que pour obtenir une pression donnée, dans une compression par étages, on réalise les meilleures conditions de fonctionnement, lorsque les pressions successives sont dans un même rapport, lequel est alors, pour une pression finale égale à P et un nombre de phases représenté par N, de : $\sqrt[N]{P}$.

Si P = 80 kg. et N = 3, le rapport ci-dessus est de 4,31, et les pressions intermédiaires deviennent 4 k. 31 et 18 k. 57.

Le travail nécessaire pour comprimer un certain poids d'air de la pression atmosphérique à celle de 4 k. 31, ou de celle de 4 k. 31 à 18 k. 57, est le même que celui qu'on doit dépenser pour porter le même poids d'air de la pression de 18 k. 57 à celle de 80 kg., si l'on part chaque fois d'une même température.

Il en serait de même pour porter cet air de la pression de 80 kg. à celle de 80 × 4,31 = 344,8 kg., de sorte que ce dernier chiffre de compression ne demanderait, dans les conditions ci-dessus, par rapport à celui de 80 kg., qu'un surcroît de travail de $\frac{1}{3}$. Si la compression s'effectuait adiabatiquement depuis le départ, ce surcroît de travail doublerait.

Mais, pour une pression finale de 180 kg., l'augmentation de travail, par rapport à la pression de 80 kg., ne serait que de 37 0/0 dans une compression entièrement adiabatique, et elle s'abaisserait dans la pratique à 30 0/0 environ.

A notre avis, on pourrait facilement regagner cette différence par la suppression des canalisations ou des usines intermédiaires de rechargement que nécessite la pression de marche de 80 kg., lorsque les lignes ont une longueur supérieure à 8 km. ; puis par la diminution du poids des voitures et par l'obtention d'une plus grande vitesse commerciale, enfin par l'économie qui serait obtenue dans l'établissement et l'entretien de la voie.

C'est certainement dans cette voie qu'il faut chercher les perfectionnements à apporter dans la traction par l'air comprimé.

119. Régularité du service dans les installations de tramways à air comprimé. — Depuis l'ouverture à l'exploitation de la ligne « Cours de Vincennes-Saint-Augustin », il ne s'est produit que deux arrêts d'un peu de durée dans le service des usines : un arrêt de 4 heures par suite d'une fuite importante à la canalisation d'air de la Villette, et un arrêt de 2 heures dû à l'arrachement des filets d'un tuyau d'air, à l'usine de la Villette également.

Mais il ne faut pas se le dissimuler ; toute usine un peu importante donne lieu (ainsi que nous avons eu l'occasion de le faire remarquer à la Société des Ingénieurs civils, dans la séance du 2 février 1900, à l'occasion d'une discussion sur les tramways), à des ennuis quelquefois journaliers, malgré l'habileté et l'attention du personnel de conduite, ennuis que ceux qui n'ont pas dirigé d'usine semblable ne peuvent connaître que très imparfaitement. Il faut une direction ferme et entendue, un esprit méthodique et s'attachant aux moindres détails pour obtenir une marche régulière et éviter des accidents graves à tous les points de vue.

Les avaries aux voitures de Saint-Augustin ont été aussi assez rares ; celles ayant causé un retard important sur la ligne ont eu pour causes des ruptures de manivelles motrices, le décalage d'un bandage et la rupture d'un essieu.

QUATRIÈME PARTIE

TRACTION PAR LE GAZ

120. Considérations générales. — Séduits par les facilités d'approvisionnement du gaz d'éclairage dans les villes et de son emmagasinement sur les voitures de tramways, plusieurs ingénieurs ont essayé depuis un assez grand nombre d'années de s'en servir comme agent moteur pour la traction de ces véhicules. En le comprimant à une pression de 8 à 10 kilogrammes, on peut en emmagasiner une quantité suffisante pour permettre aux voitures d'effectuer un ou deux voyages sans rechargement.

Si l'on veut rendre les voitures aussi légères que possible, on limite au minimum le nombre des réservoirs, en installant la station de chargement vers le milieu du parcours, tout en laissant le dépôt des voitures à l'une des extrémités de la ligne, pour profiter du bon marché des terrains hors des villes ou sur leur périmètre; si l'on veut faire effectuer aux voitures un long parcours sans rechargement, il suffit d'augmenter la pression d'emmagasinement dans les réservoirs.

La facilité d'approvisionnement du gaz évite d'établir des usines compliquées et des canalisations coûteuses, comme avec l'air comprimé ou l'électricité, d'où une économie importante dans les frais d'établissement. En tenant compte de l'intérêt des capitaux engagés et de l'amortissement de l'installation, l'exploitation peut encore devenir plus économique qu'avec ces divers systèmes, si le prix du mètre cube de gaz ne dépasse pas 15 à 20 centimes.

A priori, les avantages de la traction à gaz sont donc importants, mais en pratique on a été arrêté longtemps par la difficulté d'établir un moteur répondant aux conditions multiples exigées pour la traction des tramways.

Depuis quelques années, un certain nombre des essais tentés

dans cette voie ont heureusement abouti, et au Congrès de l'Union internationale permanente des tramways tenu à Cologne en août 1894, M. Ziffer signalait déjà plusieurs systèmes sortis de la période d'essais, et dont l'un — le système Lührig — était même appliqué à titre définitif à une ligne de tramways de Dresde.

Les difficultés à vaincre pour rendre pratique l'application des moteurs à gaz à la traction des tramways étaient nombreuses, avons-nous dit. C'étaient d'abord les inconvénients qui résultent de ce que, étant généralement à quatre temps, dont un seul exerce une action motrice pour deux tours de l'arbre (c'est le troisième temps, comme l'on sait, les deux premiers étant employés à l'aspiration et à la compression du mélange de gaz et d'air, et le quatrième à l'évacuation des produits de la combustion réalisée dans le troisième temps), ces moteurs sont ainsi quatre fois moins puissants que des machines à vapeur ou à air de mêmes dimensions.

Il fallait aussi un fort volant et en même temps une grande vitesse pour faire franchir au piston les périodes résistantes, au nombre de trois sur quatre, constituant autant de points morts, et il n'était pas aisé de placer ce volant de façon à n'occasionner aucune gêne pour les voyageurs.

Ensuite, les moteurs à gaz ne marchant que dans un sens, pour arriver à obtenir la marche dans les deux sens des voitures il fallait faire usage de transmissions.

Dans toutes les machines à gaz, les premiers tours doivent s'effectuer à la main ; dans le cas présent, pour ne pas avoir à recommencer cette opération à chaque arrêt nécessité pour la montée ou la descente des voyageurs, il fallait continuer à laisser fonctionner la machine, et par conséquent faire usage d'un débrayage pouvant permettre quand même d'arrêter la voiture.

Enfin, la vitesse est toujours constante dans ces moteurs ; une autre transmission était donc encore nécessaire pour faire prendre à la voiture des allures variables.

121. Voiture système Lührig. — Après bien des recherches, les ingénieurs sont parvenus à vaincre toutes ces difficultés, et les tramways à gaz en service aujourd'hui sur déjà cinq ou six lignes sont d'une conduite aussi facile et aussi sûre que n'importe quel autre système à vapeur ou à air comprimé, malgré les complications apparentes de leur mécanisme.

Les voitures de la « Gas traction Company » peuvent être avec ou sans impériale. Dans ces dernières, le nombre des places assises est de 15, et celui des places debout sur les plates-formes de 12, soit 27 en tout.

Les réservoirs à gaz sont placés longitudinalement sous le plancher, à chaque extrémité de la caisse. Leur nombre est de huit, et leur capacité totale de 2 mètres cubes, environ, suffisante pour un parcours de 15 à 20 kilomètres. Le gaz y est comprimé à la pression de 6 ou 8 kil. ; mais, avant de se rendre aux cylindres du moteur, un régulateur système Pintsch réduit sa pression à 30 ou 40 millimètres d'eau.

Le moteur se compose de 2 groupes de 2 cylindres chacun, placés en tandem en dessous des banquettes, dans des capacités entièrement étanches, garantissant ainsi les voyageurs contre les odeurs dégagées par la combustion du gaz et contre le bruit de la machine.

Les appareils de transmission du mouvement du moteur aux essieux sont disposés en dessous du plancher et sont aussi entièrement cachés à la vue. La visite et le graissage du mécanisme s'effectuent en relevant ce plancher, qui est mobile, comme le dessus des banquettes et les parois latérales de la caisse.

Les moteurs sont du système Otto, à 4 temps ; suivant que la machine comporte deux ou quatre cylindres, on a ainsi une ou deux actions motrices par tour de roues. Le volant doit être établi en conséquence.

Ici, chaque moteur est muni de son volant, qui est disposé dans l'épaisseur de la paroi latérale correspondante de la caisse.

Enfin ces moteurs sont fixés sur un cadre qui se trouve seulement boulonné au châssis de la voiture, de sorte qu'on peut facilement les retirer pour visiter le mécanisme et le réparer, ou remplacer les moteurs eux-mêmes.

L'allumage du mélange d'air et de gaz aspiré dans le premier temps, puis comprimé dans le second, se fait, au début du troisième temps, à l'aide d'une petite dynamo actionnée par l'arbre moteur.

Nous avons dit que la marche de ces moteurs, lorsqu'ils travaillent à produire la propulsion de la voiture, avait lieu à une vitesse constante : un régulateur très sensible est indispensable pour obtenir ce résultat. Dans la marche à vide (dans les descentes et au moment des arrêts), pour diminuer la dépense de gaz, on ferme en partie l'arrivée du gaz dans les cylindres, de façon à n'avoir qu'un mélange très pauvre d'une faible force motrice ; ce résultat s'obtient automatiquement par la manœuvre du levier du frein, qui opère alors la fermeture partielle de la soupape d'amenée du gaz.

La vitesse des moteurs, en charge, est ainsi de 220 tours par minute, et pour la marche à vide de 80 tours seulement.

Pour le changement de vitesse, le mécanicien manœuvre un levier qui peut mettre en prise l'une des deux roues d'engrenage, de différent diamètre, montées sur l'arbre intermédiaire, avec des roues de diamètre correspondant, fixées sur le deuxième arbre intermédiaire.

Quant au changement de sens de la voiture, il est obtenu au moyen d'un troisième arbre auxiliaire, muni de deux engrenages montés à droite et à gauche de l'axe longitudinal du châssis, et qu'on peut rendre fixes ou mettre en prise, moyennant un manchon manœuvré par un levier à la main du mécanicien, avec les roues dentées calées sur l'arbre.

De la sorte, l'arbre, qui est relié aux essieux de la voiture par des chaînes Galle, peut tourner plus ou moins vite et dans un sens ou dans l'autre. Enfin, à tous ces dispositifs, on en ajoute un dernier qui permet encore au mécanicien de débrayer instantanément le mécanisme moteur d'avec les essieux, en agissant sur le frein.

En définitive, les manœuvres pour la mise en route, qui pourraient paraître compliquées à la suite de cette description, se bornent à ceci. Après avoir complété son approvisionnement de gaz (un manomètre placé sur la canalisation de chargement indique à tout moment la pression dans les réservoirs) et d'eau de refroidissement (cette dernière est renfermée dans deux réservoirs placés sur la toiture), le mécanicien ouvre l'un des panneaux latéraux de la caisse et fait faire au moteur quelques tours à la main en agissant sur le volant ; il ouvre aussi au début de cette opération le robinet d'amenée du gaz aux cylindres : au bout d'un instant le moteur continue son mouvement de lui-même.

Le mécanicien monte alors sur sa plate-forme d'avant (la commande de la voiture peut se faire des deux bouts) et desserre son frein ; il produit par cette manœuvre l'embrayage du moteur avec la transmission.

Il place ensuite le levier de changement de marche en avant, de façon à obtenir le déplacement de la voiture dans le sens voulu, et il pousse enfin à droite ou à gauche, suivant l'allure qu'il veut réaliser, le levier qui règle les différentes vitesses de l'arbre de transmission.

Pendant le reste du trajet, le mécanicien n'a pas à toucher au moteur, ni au levier du changement de marche.

S'il veut diminuer ou augmenter la vitesse, il lui suffit de déplacer le levier *ad hoc* dans un sens ou dans l'autre et, pour arrêter la voiture, de serrer le frein, ce qui débraye le mécanisme d'avec les roues et dispose le moteur pour la marche à vide. Ensuite, en desserrant le frein, il embraye de nouveau la transmission et met ainsi le moteur en charge.

Au sortir des cylindres, les produits de la combustion se rendent dans des vaporisateurs accolés au moteur, puis ils s'élèvent par deux tuyaux verticaux aux réservoirs placés sur la toiture. Ils s'y débarrassent de l'eau entraînée et s'échappent ensuite sans bruit dans l'atmosphère, à travers un grand nombre de petits trous percés à la partie supérieure des réservoirs.

Quant à l'eau de refroidissement, elle descend des réservoirs *ad hoc*, circule dans les enveloppes des cylindres moteurs, dont elle diminue l'échauffement, et remonte dans les mêmes réservoirs par suite de sa diminution de densité. Elle se refroidit dans ce dernier parcours et revient de nouveau aux cylindres, pour continuer ce mouvement de descente et de montée jusqu'à la station de rechargement où, en même temps qu'on réapprovisionne la voiture de gaz comprimé, on remplace l'eau devenue trop chaude par de l'eau froide.

122. Stations de compression. — Ces stations se réduisent à un petit bâtiment dans lequel est installé un moteur à gaz de quelques chevaux actionnant un compresseur ordinaire. Le gaz est aspiré directement dans la canalisation de la ville et il est refoulé à une pression un peu supérieure à celle de chargement (afin que cette dernière opération se fasse rapidement) dans des réservoirs d'une contenance variable suivant l'intensité du service.

Un tuyau en caoutchouc à deux raccords met en communication les voitures à recharger avec ces réservoirs ; cette opération peut être faite en deux ou trois minutes.

123. Essais de tramways à gaz à Paris. — Une première voiture automotrice à gaz a été essayée en 1898, à Paris, sur les voies des ateliers de la Compagnie parisienne d'éclairage et de chauffage par le gaz, à St-Denis. C'était une voiture à 27 places ; sur rails Vignole très propres, la dépense du gaz fut trouvée de 470 litres par kilomètre.

Une voiture d'un plus grand modèle fut essayée, l'année suivante, sur la ligne de tramway « La Villette-Place de la Nation », de la Compagnie générale des Omnibus.

Elle était à impériale et pouvait contenir 42 voyageurs ; à vide, elle pesait 7 tonnes environ et 10 tonnes en charge, poids relativement faible, comparé à celui des automotrices des autres systèmes.

Le moteur (fig. 1 et 2), composé de deux cylindres, avait une force de 15 chevaux, et il pouvait imprimer à la voiture une vitesse de 16 kilomètres en palier et de 8 kilomètres environ sur les rampes de 3 0/0 se trouvant en même temps en courbe de 30 à 40 mètres de rayon. Son allure habituelle était de 260 tours par minute ; dans les arrêts et dans les parcours effectués à l'aide de la vitesse acquise ou de la gravité, cette vitesse se réduisait à 65 tours.

Les réservoirs à gaz, au nombre de trois (fig. 2), avaient une contenance de 1 m³ 250 ; chargés à la pression de 10 kilogrammes, ils renfermaient un volume de 12.500 litres de gaz à la pression atmosphérique. Le gaz d'éclairage ayant une densité de 0,410 par rapport à l'air et pesant ainsi 530 grammes au mètre cube sous la pression atmosphérique, le poids emmagasiné était de 6 kg. 625.

Dans les essais effectués avec cette voiture, sur une voie Vignole très propre et en palier, la consommation nette de gaz fut trouvée de 550 litres par kilomètre ; en augmentant ce chiffre de 10 0/0 pour la consommation pendant la marche à vide du moteur aux points terminus, la consommation kilométrique totale ressortait ainsi à 600 litres environ.

Sur une voie en très bon état de propreté et sans rampes supérieures à 8 ou 10 millièmes, cette voiture aurait donc pu effectuer un parcours de 20 kilomètres sans rechargement.

Fig. 1 et 2

Tramway à gaz

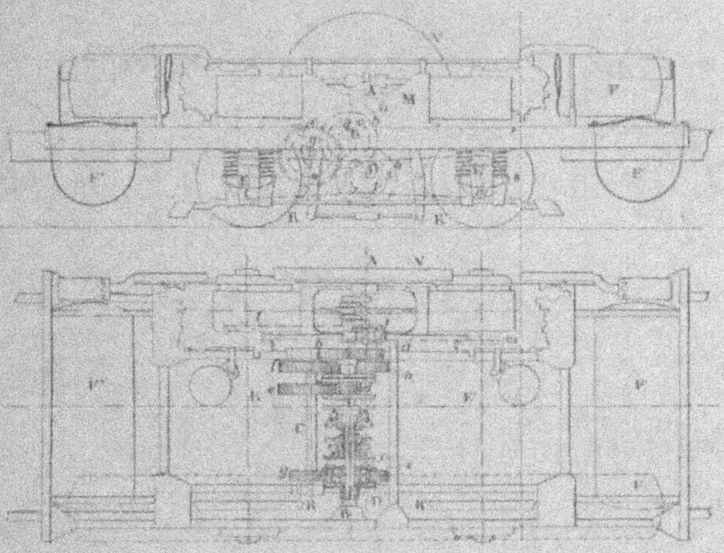

M, Moteur à gaz — V, Volant — A, Arbre moteur — B, C, D, Arbres intermédiaires — a ... x, Engrenages — j, k, Pignons de chaîne — l, m, Roues de chaîne — E E' Essieux — F F' F'' Réservoirs de gaz

Mais, à Paris, toutes les voies sont du système à ornière, et la plupart du temps les rails sont recouverts de boue et de poussière ; la résistance des véhicules à la marche, sur ces voies, est le double de ce qu'elle est sur celles de chemins de fer ; aussi la consommation de la voiture de la « Gas traction » s'éleva-t-elle, sur la ligne « La Villette-Place de la Nation », à 1.100 litres par kilomètre.

124. Prix de revient de la traction à gaz. — Cependant les publications techniques anglaises donnent pour la consommation des automotrices à 42 places, d'une force de 14 chevaux, qui font le service sur les lignes de Blackpool, le chiffre de 528 litres seulement par kilomètre, et 650 litres en comptant la dépense des stations de compression. Le prix de revient de la traction serait lui-même de 22 centimes 8, se décomposant comme suit :

Gaz : 600 litres à 10,4 centimes le mètre cube . . .	0 f.0624
Eau	0,0085
Huile	0,00656
Conduite, ...	0,0756
Entretien.	0,00656
Compression du gaz (salaires, huiles, chiffons, etc.).	0,0098
Réparations	0,059
Total. . .	0,228

A Paris, avec le prix du gaz à 30 centimes le mètre cube et des prix un peu plus élevés pour les autres matières et les salaires des ouvriers et mécaniciens, ce prix total ne serait pas inférieur à 43 centimes ; pour une voiture de 54 places, il s'élèverait à 50 centimes.

125. Prix d'établissement. Comparaison avec la traction par trôlet. — D'après M. Kemper, ingénieur à Dessau (1), en Allemagne, les frais d'établissement d'une ligne de 8 km. de longueur, établie à voie unique et exploitée par des automotrices à gaz, seraient les suivants (2) :

Voie (avec 400 m. de voies d'évitement)	262.500 fr.
Vingt automobiles à 26 places	375.000 —
Pièces de rechange pour ces 20 voitures	6.250 —
Deux stations de compression de gaz	25.000 —
800 mètres de conduites de 100 mm. de diamètre.	6.250 —
Dépôt, ateliers, bâtiments d'exploitation	62.500 —
Equipement et divers	12.500 —
Total. . .	750.000 fr.

Soit, par kilomètre de voie utile, 93.750 fr. : c'est exactement le prix de revient du tramway de Dessau.

Pour un tramway électrique à fil aérien établi dans la même

(1) Dessau est la première ville où a été installée la traction à gaz.
(2) *Génie civil*, n° 707.

ville, ces frais seraient les suivants (d'après les dépenses réelles de plusieurs lignes en exploitation régulière) :

Voie, comme ci-dessus.	262.500 fr.
Canalisation aérienne, à 12.500 fr. le kilom. .	100.000 —
Achat de vingt automobiles	250.000 —
Pièces de rechange pour vingt automobiles . .	6.250 —
Bâtiments de l'usine	93.750 —
Machines fixes	156.250 —
Dépôt, ateliers, bâtiments d'exploitation . . .	62.500 —
Pièces diverses et équipement	18.750 —
Total. . .	950.000 fr.

soit par kilomètre utile 118.750 francs.

Le prix d'établissement d'une ligne de tramway électrique serait donc supérieur de :

$$\frac{950.000 - 750.000}{750.000} = 26,66\ 0/0$$

à celui d'une ligne de tramway à gaz.

Quant au prix de revient de la traction, M. Kemper l'établit de la façon suivante.

Il suppose la ligne ci-dessus exploitée pendant 14 heures par jour avec un départ par cinq minutes dans les deux sens, la vitesse moyenne des voitures étant de 10 kilomètres par heure.

Le nombre de kilomètres parcourus annuellement est alors de :

$$8 \times 12 \times 2 \times 14 \times 365 = 981.120.$$

En évaluant la consommation de gaz à 600 litres par kilom. et le prix du gaz à 0,15 fr. le mètre cube, la dépense annuelle de gaz atteint :

$$981.120 \times 0^{m^3}6 \times 0,15 = 88.300 \text{ fr.}$$

Il faut augmenter ce chiffre de 8 0/0 pour tenir compte du gaz consommé dans les stations de compression ; on arrive ainsi au chiffre de 95.500 fr. pour la consommation totale. Dans ces conditions, la dépense annuelle s'établit comme suit pour le service de traction :

Consommation de gaz		95.000 fr.
Eau, graisse, chiffons, comptés pour 400.000 chevaux-heure, à 0,025 fr.		10.000 —
1 chef d'exploitation	6.250 fr.	
1 comptable	3.125 —	
2 mécaniciens	3.750 —	43.750 —
5 manœuvres	5.625 —	
20 mécaniciens-conducteurs	25.000 —	
Entretien des bâtiments		625 —
— des voitures		6.250 —

Il convient d'ajouter à ce total les sommes suivantes :

Amortissements :

De la superstructure à 2 0/0	5.250 fr.
Des bâtiments à 1 1/2 p. 100	1.125 —
Des machines de compression et des automotrices à 8 0/0	31.500 —
On arrive ainsi à un total général de	194.000 fr.

Soit par kilomètre-voiture :

$$\frac{156.125}{981.120} = 0,15 \text{ fr., sans amortissement.}$$

$$\frac{194.000}{981.120} = 0,20 \text{ fr., avec amortissement.}$$

Ces chiffres sont sensiblement ceux du tramway de Dessau ; la consommation de gaz par voiture-kilomètre y est de 500 litres, et le prix du gaz de 0,125 fr. le mètre cube, chiffres un peu moins élevés que ceux du devis de M. Kemper.

D'un autre côté, les réparations sont un peu plus coûteuses et la consommation de gaz des usines de compression s'élève à 10 0/0 de la consommation totale, au lieu de 8 0/0, chiffre supposé.

D'après une statistique publiée en 1895 par le *Journal des Ingénieurs allemands*, le prix moyen de six lignes de tramways électriques exploitées par des compagnies allemandes serait de 0,15 fr., soit exactement celui donné par M. Kemper pour les tramways à gaz.

En ajoutant à ce chiffre 0,10 fr. pour l'amortissement du matériel, on obtient pour l'électricité un prix de revient de 0,25 fr. par voiture et par kilomètre, qu'on peut comparer au prix de 0,20 fr. trouvé pour le gaz.

Le prix de revient de la traction par le gaz comparé au prix de la traction électrique serait donc :: 4 : 5 ; c'est-à-dire que, comme pour les frais de premier établissement, le prix de la traction électrique par trolley serait supérieur d'un quart à celui de la traction par le gaz.

126. Conclusion. — Les tramways à gaz pourraient donc être appelés à un certain avenir, surtout pour des lignes de faible parcours établies isolément, car pour de grands réseaux compacts pouvant être desservis par une seule usine centrale, l'électricité par conducteur, et peut-être l'air comprimé, seraient plus économiques.

Nous avons pu constater d'autre part que les trépidations dues au moteur, dans les voitures à gaz, sont très faibles, même dans les arrêts, et que le roulement de ces voitures est très doux. Le bruit du moteur est lui-même bien amorti par des dispositions assez simples, et les émanations de gaz ne sont pas gênantes pour les voyageurs d'intérieur.

Quant à la conduite des voitures, elle est très facile et elle peut être confiée, au bout de quelques jours, à des manœuvres ou cochers ayant déjà l'habitude de la voie publique. Nous ne sommes pas fixés sur l'importance de l'entretien, mais, sous cette seule réserve, nous croyons que les tramways à gaz pourraient être installés et exploités économiquement dans les villes de faible importance où le prix du gaz ne serait pas supérieur à 0,15 fr. le mètre cube.

CINQUIÈME PARTIE

TRAMWAYS ÉLECTRIQUES [1]

EXPOSÉ GÉNÉRAL

127. Classification. — Les tramways électriques peuvent fonctionner soit avec le courant continu, soit avec les courants alternatifs (courants polyphasés de préférence).

Les courants alternatifs ayant été peu appliqués jusqu'à présent (nous ne connaissons que l'installation de Lugano faite en 1895), nous ne nous occuperons que des systèmes à courant continu.

Ces systèmes peuvent être compris dans trois groupes :

1° Systèmes à alimentation directe, dans lesquels la voiture est en communication constante avec une usine qui lui fournit le courant par des conducteurs placés le long de la voie. Les conducteurs peuvent occuper trois positions, d'où trois subdivisions :

a) Conducteurs aériens ;

b) Conducteurs placés dans un caniveau.

c) Conducteurs au niveau du sol ;

2° Systèmes à alimentation indirecte, dans lesquels la voiture emporte avec elle l'énergie nécessaire à sa marche ; elle n'est plus reliée à l'usine.

3° Systèmes mixtes, obtenus en combinant les deux systèmes précédents.

(1) Nous ne donnerons ici que des notions générales sur les tramways électriques, de manière à permettre de les comparer comme service et rendement aux autres systèmes de traction précédemment décrits et de faire un choix judicieux dans chaque cas. Nous avons été aidé, pour la rédaction de cette partie, par M. Chanier, ingénieur-électricien.

Avant de décrire chaque système, nous commencerons par des généralités sur les parties communes à tous, relativement à la voie et au matériel roulant.

128. Voie. — La voie s'établit comme pour les autres systèmes de traction mécanique, mais elle doit réaliser une condition supplémentaire lorsqu'elle sert comme conducteur de retour du courant : la continuité métallique des rails. L'éclissage ordinaire est alors insuffisant, et il faut établir un éclissage spécial. Cet éclissage est généralement formé par un conducteur en cuivre qui est fixé dans l'âme des deux rails (fig. 1) de chaque

Fig I. Éclissage électrique des rails

côté de l'éclissage ordinaire; il est désigné sous le nom de « joint-chicago ».

Pour éviter les inconvénients dus à la rupture d'un joint, les joints opposés sont réunis entre eux, et souvent un conducteur en cuivre est placé suivant l'axe de la voie et réunit ces conducteurs transversaux.

D'autres joints se font au moyen d'un alliage plastique interposé entre les plaques d'éclissage et les rails.

Pour assurer d'une façon plus intime la liaison entre les rails, les Américains ont eu l'idée de souder les rails entre eux. Deux procédés de ce genre sont actuellement employés :

1° La soudure électrique, dans laquelle on fait passer dans les rails, près du joint à faire, un courant à bas voltage et à très haute intensité, qui ramollit les extrémités des rails et opère leur soudure. Ce système a été employé par la Compagnie Johnson, principalement à Cleveland et à Brooklyn.

2° La soudure à la fonte ou système Falk, dont nous avons parlé dans la première partie de cet ouvrage.

Le retour du courant par les rails a l'inconvénient d'amener peu à peu la destruction des conduites métalliques d'eau ou de gaz placées dans le voisinage ; une partie du courant, au lieu de suivre les rails, traverse en effet le sol et rejoint ces conduites pour les quitter plus loin et revenir aux rails. Le sol contenant toujours de l'eau, il y a électrolyse, et l'oxygène dégagé se porte sur les parties formant anodes, c'est-à-dire aux endroits où le courant quitte les conduites métalliques, qui se trouvent ainsi corrodées.

Le courant passant des rails à la conduite, puis de la conduite aux rails, si l'on admet que la f. e. m. de polarisation est d'environ deux volts et que la résistance ohmique nécessite un volt, on voit qu'il suffira qu'entre l'usine et le point le plus éloigné de la ligne la différence de potentiel soit inférieure à cinq volts pour éviter l'électrolyse.

Parmi les moyens employés pour diminuer les effets nuisibles de l'électrolyse, on peut citer :

1° la diminution de résistance électrique des rails, par l'amélioration des joints ;

2° l'isolement des rails ;

3° l'emploi de feeders de retour, formés par des câbles isolés ;

4° l'emploi de sous-volteurs ;

5° le système de distribution à trois fils, qui pourrait donner de bons résultats en diminuant l'intensité du courant circulant dans les rails ;

6° l'emploi des courants alternatifs.

129. Matériel roulant. — La traction des tramways électriques est toujours réalisée au moyen d'une voiture automotrice, remorquant parfois une voiture attelée.

Pour diminuer le porte à faux des automotrices et la résistance des roues à leur inscription dans les courbes, on peut employer, au lieu de trucks à essieux rigides :

1° Des trucks à essieux convergents : la charpente reposant sur les essieux est formée de deux parties réunies par une cheville ouvrière, chaque partie étant solidaire d'un essieu. Ce type a été employé à Paris sur les lignes « Madeleine-St-Denis », « Opéra-St-Denis » et « Neuilly-St-Denis » ; mais il est remplacé depuis quelque temps par le système ordinaire à essieux rigides, sensiblement plus léger.

2° Le truck radial Robinson, qui offre le même dispositif que précédemment, le nombre des essieux étant de trois au lieu de deux.

3° Divers dispositifs à bogies : la voiture est supportée par deux bogies ; chacun d'eux est formé d'un cadre rigide porté par deux essieux placés à faible distance l'un de l'autre. Les bogies dont les roues sont égales offrent l'inconvénient de n'utiliser qu'une fraction insuffisante de l'adhérence totale due au poids des voitures, à moins de mettre un moteur par essieu, soit quatre moteurs par voiture, ce qui serait très onéreux.

Il est préférable d'employer le système dit « à adhérence maxima », qui comporte pour chaque bogie un essieu muni de grandes roues commandées par le moteur et l'autre muni de petites roues directrices (fig. 1).

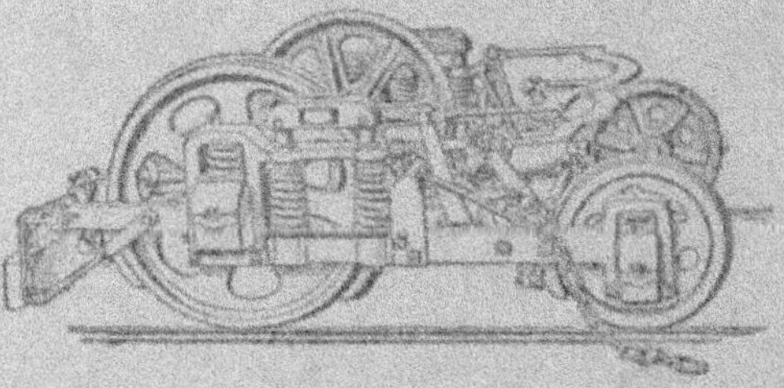

Fig. 1. — Truck à traction maxima

Le point d'appui du châssis se trouve très près des roues motrices et on utilise ainsi pour l'adhérence les $\frac{80}{100}$ du poids total de la voiture.

Avec les bogies, la suspension de la voiture est meilleure, et son inscription dans les courbes se fait plus facilement ; la voie est elle-même ménagée, et la dépense d'énergie est moindre qu'avec les essieux rigides.

130. Moteurs. — Les moteurs utilisés dans la traction électrique ont une puissance de 15 à 50 chevaux ; on emploie généralement un ou deux moteurs par voiture.

Les moteurs doivent tous remplir certaines conditions essentielles :

présenter un faible encombrement ;

être robustes et protégés de la poussière et de la boue ;

pouvoir tourner dans les deux sens sans décalage des balais.

Les moteurs du type cuirassé avec induit en tambour et balais en charbon sont les plus employés.

Dans les systèmes de tramways à alimentation directe, à cause des faux contacts qui peuvent se produire entre le conducteur de courant et le trolley ou entre les roues et les rails, les moteurs à inducteurs en dérivation ne peuvent être employés, en raison de la grande self-induction des inducteurs.

Les moteurs transmettent généralement leur puissance aux roues par l'intermédiaire d'une ou de deux paires d'engrenages.

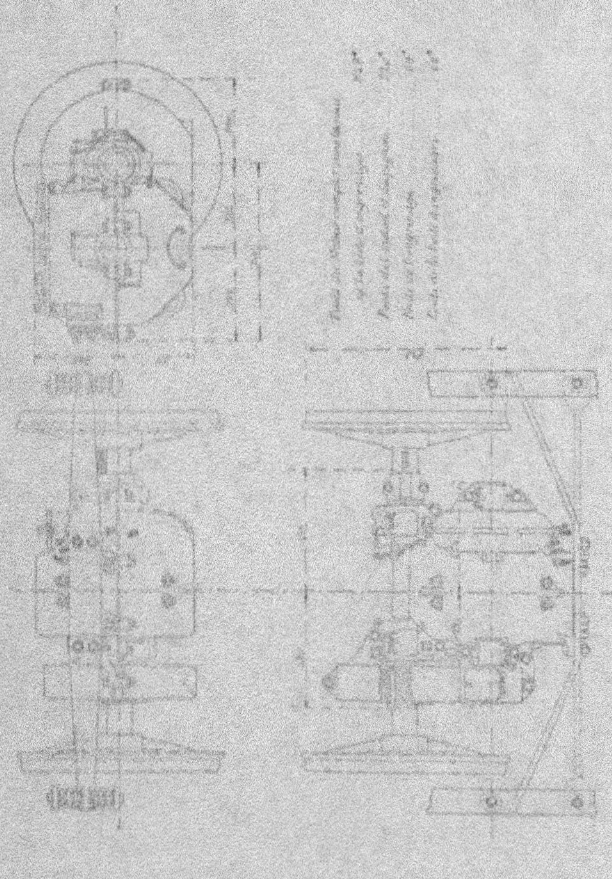

Fig. 2. — Moteur type G. E. 58 de la Thomson Houston.

La réduction de vitesse est de 1 à 5 ou 1 à 4 dans les types à simple réduction les plus employés.

Fig. 3. — Moteur G-E 58. Côté de l'essieu.

Le moteur est fixé d'une part sur le châssis du truck par l'in-

Fig. 4. — Partie inférieure de l'enveloppe abaissée montrant l'induit prêt à être retiré.

termédiaire de ressorts ; il repose d'autre part par deux paliers sur l'essieu, autour duquel il peut prendre de légers mouvements, les axes des roues d'engrenage conservant un écartement invariable dans ces déplacements.

Comme exemple de moteurs, nous donnerons la description du type G E 58 de la « General Electric Company » (Cie Thomson-Houston).

L'enveloppe (fig. 2) est formée de deux coquilles dont chaque partie peut pivoter autour de charnières appropriées. Cette disposition permet la visite de toutes les parties du moteur sans qu'il soit besoin de l'enlever du châssis. Deux ouvertures sont ménagées dans l'enveloppe : l'une au-dessus du collecteur, et

Fig. 5. — Partie inférieure de l'enveloppe abaissée, l'induit restant en place.

l'autre à la partie inférieure pour l'enlèvement des matières étrangères. Ces ouvertures sont soigneusement fermées par un couvercle.

Les paliers sont composés de deux parties portant chacune une moitié de coussinet ; ils sont extérieurs à l'enveloppe. Le graissage des arbres se fait par l'intermédiaire de mèches en feutre.

Les bobines d'inducteurs sont au nombre de quatre et disposées à 45° par rapport à la brisure de l'enveloppe. Les pièces polaires, constituées par des feuillets de tôle laminée, sont fixées à l'enveloppe au moyen de boulons qui les traversent de part en part et qui sont serrées à l'extérieur par des écrous. Les conducteurs des bobines sont fortement isolés à l'amiante par des tresses de construction spéciale.

L'armature de l'induit est composée de feuilles de tôles laminées et recuites ; elle présente 33 trous, dans chacun desquels se placent trois bobines. La triple bobine ainsi formée est reliée à une lame du collecteur.

Le collecteur a un diamètre de 250 mm. et une longueur de 110 mm. ; il comporte 99 lames en cuivre étiré, isolées les unes des autres par des feuilles de mica.

Les porte-balais sont en laiton coulé et sont réunis par un support en bois soustrait à l'action de l'humidité au moyen d'un mélange isolant. Ils reçoivent chacun deux balais en charbon.

131. Contrôleur. — Le contrôleur est l'appareil qui sert à effectuer la mise en route, les changements de vitesse et l'arrêt des moteurs.

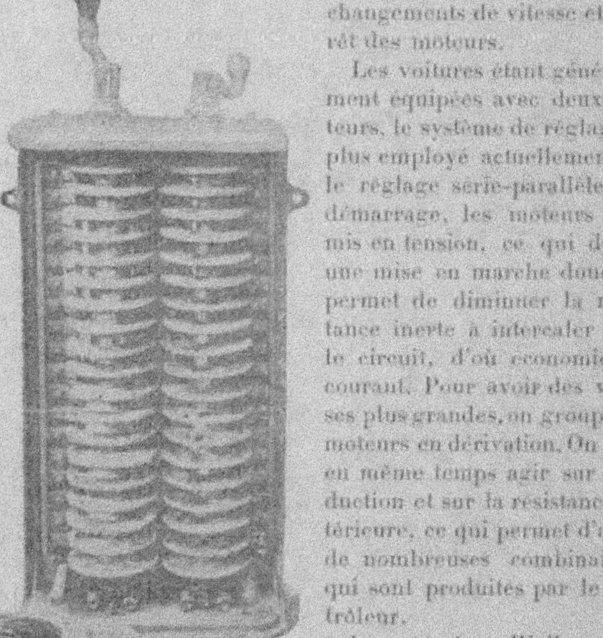

Fig. 1. — Contrôleur Walker.

Les voitures étant généralement équipées avec deux moteurs, le système de réglage le plus employé actuellement est le réglage série-parallèle. Au démarrage, les moteurs sont mis en tension, ce qui donne une mise en marche douce et permet de diminuer la résistance inerte à intercaler dans le circuit, d'où économie de courant. Pour avoir des vitesses plus grandes, on groupe les moteurs en dérivation. On peut en même temps agir sur l'induction et sur la résistance extérieure, ce qui permet d'avoir de nombreuses combinaisons qui sont produites par le contrôleur.

Le contrôleur Walker type J_2 employé sur les voitures à

accumulateurs des lignes « Madeleine-Gennevilliers » et « Madeleine-Colombes », est représenté fig. 1.

Il comprend deux cylindres actionnés par deux manivelles, dont l'une sert à déterminer le sens de la marche de la voiture, et l'autre à effectuer la mise en marche et à obtenir les différentes vitesses nécessaires.

Sur les cylindres du contrôleur, formés de matière isolante, sont fixés des lames de cuivre qui peuvent venir en contact avec des plots fixes réunis par des conducteurs aux moteurs et au rhéostat.

Le contrôleur Walker permet aussi d'effectuer le freinage électrique.

Les divers groupements opérés sont indiqués sur le schéma fig. 2.

1° Dans le démarrage, les deux moteurs sont couplés en série avec une résistance intercalée de 5 ohms ;

2° Le cran suivant est encore employé dans le démarrage ; les deux moteurs sont en série comme ci-dessus, mais la résistance intercalée est réduite à 2,5 ohms ;

3° Les deux moteurs sont toujours en série, mais toutes les résistances sont enlevées ;

4° La manette, disposée sur ce cran, permet de passer du groupement en série au groupement en parallèle ;

5° Les deux moteurs sont ici en parallèle, avec une résistance de 2,5 ohms ;

6° Ce dernier cran est le cran de marche ; les deux moteurs sont en parallèle, sans aucune résistance.

Pour obtenir la marche en arrière, on dispose la seconde manette sur le cran correspondant ; les différentes vitesses sont obtenues au moyen des mêmes manœuvres que ci-dessus.

Quant au freinage, quatre crans sont disposés sur le secteur de la manette du cylindre de changement de marche pour en régler l'intensité ; dans la position des trois premiers, les deux moteurs débitent sur des résistances successives de 15 ohms, 5 ohms et 2,5 ohms ; quand la manette est placée sur le quatrième cran, les deux moteurs sont en court-circuit.

Lorsque le wattman veut employer le freinage électrique, il doit commencer évidemment par ramener la poignée du cylindre de mise en marche sur le cran O des moteurs, après avoir interrompu le circuit ; on évite ainsi de brûler les moteurs, ce qui aurait lieu si cette opération se faisait en pleine marche.

Fig. 8.

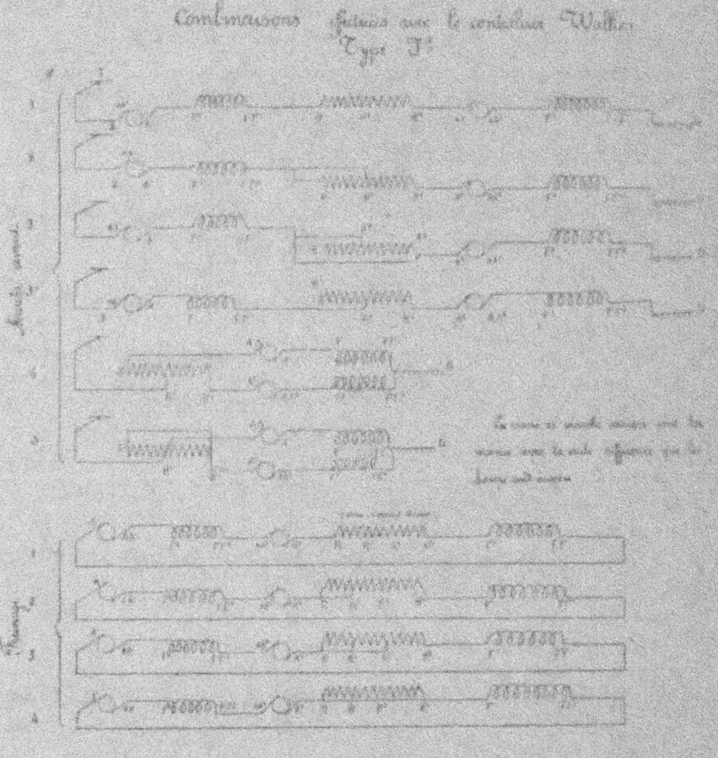

132. Freins. — Les freins à main et à air comprimé employés sur les autres systèmes de tramways à traction mécanique sont également utilisés dans la traction électrique, mais en outre on y fait usage de freins électriques.

Il y a deux principaux types de freins électriques :

1° Les freins qui agissent par adhérence magnétique, comme celle produite entre des sabots aimantés par le courant et les bandages des roues, ou celle qu'on obtient dans des embrayages magnétiques spéciaux ;

2° Ceux qui sont basés sur la réversibilité des moteurs.

Si la voiture descend une pente, par exemple, et que l'on coupe le courant, la voiture continue son mouvement en entraînant le moteur, qui tourne alors comme génératrice ; par conséquent, si l'on ferme le circuit induit du moteur sur une résistance, il y aura un courant développé et par suite une absoption de puissance, d'où ralentissement de la voiture. Si la résistance est réglable, on pourra arrêter rapidement la voiture en diminuant cette résistance, car l'intensité du courant augmentera alors et la puissance absorbée sera plus grande.

Le freinage électrique est de moins en moins employé, surtout sur les lignes urbaines (sauf en cas de secours) ; les ralentissements et les arrêts sont en effet très fréquents sur ces lignes et, lorsque pour les produire on emploie le freinage électrique, l'induit des moteurs s'échauffe rapidement et il peut se brûler dans les démarrages suivants.

Sur les lignes de la Madeleine à Gennevilliers et à Colombes, on fait ainsi usage d'un frein à air comprimé à la place du frein électrique employé au début.

133. Éclairage. — L'éclairage peut être fait :

1° Par des lampes à incandescence avec prise en dérivation sur le circuit des moteurs ;

2° Par des lampes à incandescence alimentées par une petite batterie spéciale d'accumulateurs.

134. Chauffage. — Outre les procédés employés dans les autres systèmes de tramways à traction mécanique, on tend de plus en plus à employer ici le chauffage électrique. Pour cela, une partie du courant des moteurs traverse des résistances placées sous les banquettes ou sous les pieds des voyageurs.

Ce procédé est plus onéreux que le chauffage au charbon, mais il est plus propre, plus facilement réglable suivant la température et ne nécessite pas de manipulations désagréables pour les voyageurs.

On ne l'emploie toutefois que dans les voitures à prise de courant par conducteur, et non dans celles à accumulateurs.

§ I. — SYSTÈMES DE TRAMWAYS ÉLECTRIQUES A ALIMENTATION DIRECTE.

a). Tramways à Conducteurs aériens.

135. Description générale. — Le courant est amené à la voiture par un conducteur en cuivre durci de 8 à 9 mm. de diamètre, suspendu au-dessus de la voie, puis par le trôlet ou l'archet, appareils de prise de courant fixés sur le toit de la voiture et frottant contre le conducteur. Le retour du courant à la dynamo-génératrice se fait par les rails.

Le conducteur aérien peut être suspendu de diverses façons, soit par des fils transversaux en acier de 5 à 6 mm de diamètre fixés aux murs des maisons, soit sur des poteaux en bois ou en fer placés de chaque côté de la rue, soit encore sur des poteaux à console placés le long de la voie.

Fig. 1. — Isolateur.

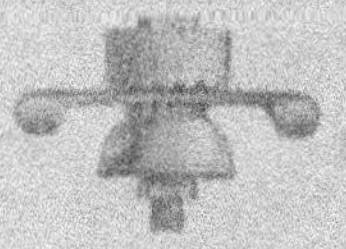

Fig. 2. — Gouttière.

Dans le cas des fils transversaux, le conducteur est suspendu par l'intermédiaire d'une pièce isolante (fig. 1), formée d'une sorte de cloche muni de deux anneaux ou de deux crochets pour la fixation du fil d'acier, et portant à sa partie inférieure une gouttière métallique (fig. 2) placée à angle droit de la ligne des crochets dans laquelle s'engage le fil conducteur. Le fil d'acier est ensuite attaché à un isolateur à boule (fig. 3), puis au poteau. Il y a donc double isolement entre la ligne et ses points d'attache.

Fig. 3 Isolateur à boule.

Le conducteur est, pour certains types de trolley, suspendu dans l'axe de la voie. En courbe, pour éviter de faire dérailler le trolley, il faut que le conducteur soit placé en dedans de la courbe et à une certaine distance, déterminée par le rayon de courbure. Dans la partie en courbe, le conducteur est suspendu de manière à former un contour polygonal inscrit dans la courbe. Les isolateurs employés sont indiqués figure 4.

Pour les croisements et aiguillages, on emploie des plaques suspendues par des isolateurs et présentant à leur partie inférieure des nervures formant le prolongement des conducteurs. La fig. 5 montre une de ces plaques.

Fig. 4. — Isolateur pour partie de voie en courbe.

Le conducteur peut être fixé directement à des poteaux à console, avec interposition d'une pièce isolante. Cette suspension a l'inconvénient d'être trop rigide et d'enlever toute souplesse à la ligne, facilitant alors le déraillement du trolley ; aussi emploie-t-on souvent une suspension plus élastique (figure 6) et formée des mêmes éléments que ceux employés pour la suspension par fils transversaux.

Fig. 5. — Plaque d'aiguillage.

La fig. 7 montre le type des poteaux employés pour les tramways d'Orléans. Ces poteaux sont à simple console ; ils portent deux conducteurs, les voitures sont munies d'un trolley système Dickinson.

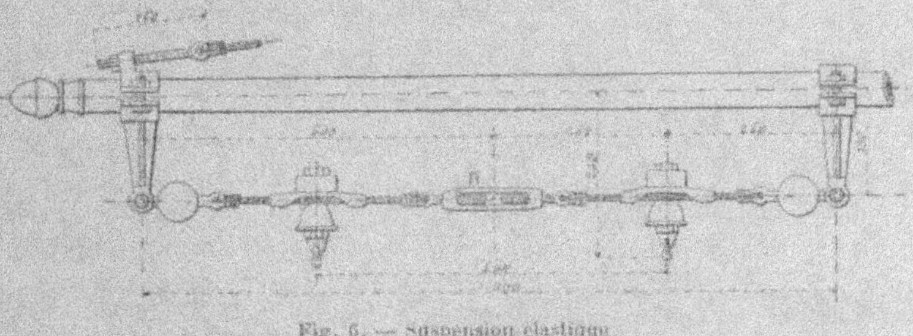

Fig. 6. — Suspension élastique.

Lorsque la voie est double, les poteaux peuvent être à double console, et ils sont alors placés entre les deux voies.

Tous ces poteaux peuvent être en bois ou en tubes d'acier avec ornements en fonte et porter des lampes pour l'éclairage des voies desservies par le tramway.

Lorsqu'il y a des fils télégraphiques ou téléphoniques qui passent au-dessus des conducteurs, on place au-dessus de ces derniers des fils de fer, appelés fils de garde, destinés à empêcher les fils télégraphiques ou téléphoniques rompus de toucher au conducteur et de causer des accidents. On emploie aussi dans ce but des baguettes en bois reposant sur la face supérieure des fils de trolley. Pour éviter des accidents lors de la rupture d'un conducteur et de sa chute sur le sol, on a essayé de sectionner la ligne au moyen de coupe-circuits spéciaux qui interrompent alors le courant : ces dispositifs sont peu employés.

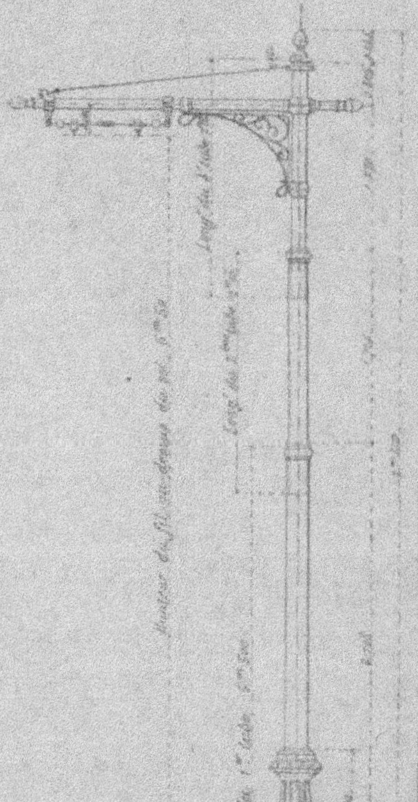

Fig. 7. — Poteau des tramways d'Orléans.

De distance en distance, les poteaux sont munis de parafoudres reliés à la terre par un conducteur spécial.

136. Appareils de prise de courant. — La voiture prend le courant sur le fil aérien, soit au moyen du trolley, ou roulette, adapté à l'extrémité d'une perche fixée sur la voiture, soit au moyen de l'archet.

Les types de trolley les plus employés sont le trolley avec

Fig. 1. — Voiture automotrice à trolley.

fil axial et le trolley latéral de Dickinson. (Voir figure 1).

Dans le premier type, la roulette à gorge en cuivre appuie fortement contre le fil, grâce à des ressorts placés près de l'axe d'oscillation de la perche. On obtient un bon contact avec une poussée verticale de 10 kg. environ. La roulette est munie souvent d'un système de graissage permettant de supprimer le grippement qui transformerait le roulement en un glissement. Une corde attachée à la perche, près de la roulette, a son extrémité libre située à portée du receveur pour les manœuvres qu'il y a à effectuer lors du dérapement de la roulette ou des changements de sens de la marche.

Fig. 2

Trolley Dickinson

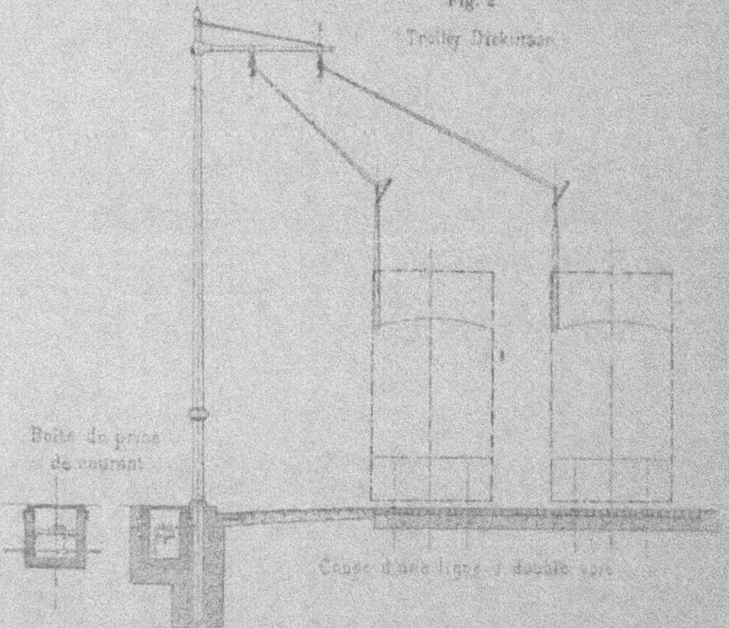

Avec le trolley précédent, le conducteur électrique doit être dans l'axe de la voie ; pour remédier à l'effet disgracieux produit par les fils de suspension, surtout dans les passages en courbe, M. Dickinson a eu l'idée de placer le conducteur sur le côté de la voie, suspendu à des poteaux à console (fig. 2). Lorsque la voie est bordée d'arbres, ils cachent ainsi les conducteurs. La perche est mobile dans tous les sens pour que la roulette ne quitte jamais le conducteur, quelle que soit sa position par rapport à la voie. Parfois, sur le côté de la voiture (fig. 3), se trouve fixée une colonne creuse A, à l'intérieur de laquelle

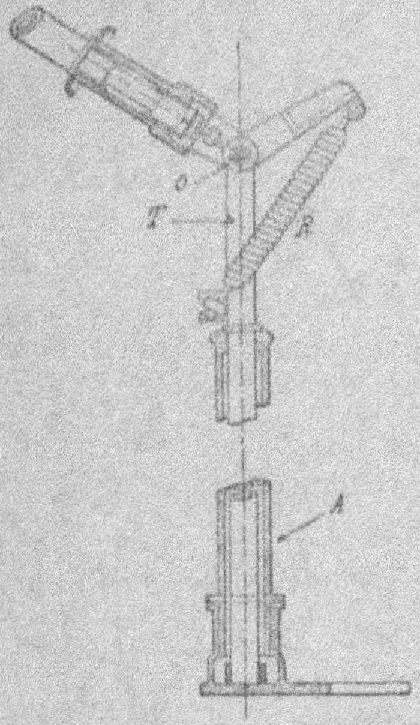

Fig. 3. — Trolley Dickinson. — Fixation de la perche sur la voiture.

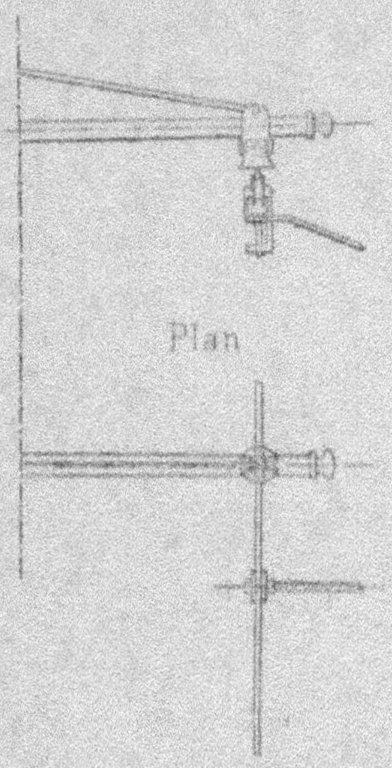

Fig. 4. — Trolley Dickinson. — Position de la roulette.

peut tourner la tige T, portant l'axe O d'articulation de la perche et les points d'attache des ressorts R (il y a un ressort de chaque côté de la tige T) ; mais il est préférable d'adapter la perche au milieu de la voiture, car le fil passe souvent d'un côté à l'autre de la voie. La roulette peut d'ailleurs tourner autour d'un axe vertical (fig. 4).

Des types de prise de courant par trolley, on peut rapprocher le système de l'archet. Celui de la maison Siemens (fig. 5) est formé par une légère charpente métallique articulée sur le toit de la voiture et maintenue en position convenable au moyen de ressorts ; elle porte à la partie supérieure une traverse de 1 m.50

Fig. 5. — Archet Siemens. Montage sur la voiture.

environ, frottant sur le fil. Pour diminuer l'usure, cette traverse est garnie d'un métal tendre, généralement de l'aluminium, muni de rainures remplies de graisse ; de plus, le conducteur est tendu en zigzags, pour éviter que le frottement ne se fasse toujours au même point. Ce système permet de réduire le nombre des supports et de simplifier les aiguillages.

137. Tramways de Rouen. — Pour permettre de comparer la traction électrique par fil aérien aux systèmes à vapeur et à air comprimé précédemment décrits, sous le rapport du service et des dépenses d'établissement et d'exploitation, nous allons donner des renseignements détaillés sur le premier réseau des tramways de Rouen, qui a une importance exceptionnelle et est en exploitation depuis plus de quatre ans déjà.

1° Voies

Nombre de lignes du réseau...	12.
Longueur totale du réseau, longueurs respectives sur accotements et en chaussées......	Voie simple, 23.603 m ; voie double, 14.725 m. En développement 53.053m, plus 6.140m de voies de garages et de communications. Dans ces chiffres sont compris 2.017 mètres de voie simple posée sur accotements.
Plus fortes déclivités et leurs longueurs..................	89 mèt. à 76mm par mètre.
Plus petits rayons des courbes.	14 mèt., gorge du rail élargie.

Type des voies, écartement....	Voie Broca à 1445^{mm}.
Poids du rail au mètre courant.	44 k. 400 et 47 k. 500.
Pose sur traverses, sable ou béton....................	Sur sable, sauf 3 kil. en mauvais sol, où la pose est faite sur traverses.
Prix de revient du kilomètre courant de la voie roulante (par kilomètre simple)...... (Voie Broca de 44 kg. posée sur sable)	Voie dans le macadam, 27.350 fr. Voie dans le pavage, non compris la fourniture de pavés, 28.050 fr. Voie, compris la fourniture de pavés neufs, 57.000 fr. (Dans ces prix sont comprises les connexions électriques).

2° Ligne aérienne

Diamètre du fil de trolley.....	8^{mm} 25.
Suspensions.................	Sur fils transversaux et sur consoles. — Sur consoles, les suspensions ont été rendues élastiques par l'emploi d'une petite longueur de fil d'acier fixé sur deux supports attenant au tube.
Emploi de feeders...........	8 Feeders souterrains d'alimentation de 200 et 300^{mm} carrés de section partent de l'usine et aboutissent sur 8 points du réseau ; deux de ces feeders sont prolongés sur 8000 mèt. par des feeders aériens de 150^{mm} carrés de section.
Mode de retour du courant....	Par les rails, chaque joint comporte deux connexions en cuivre, les deux rails sont reliés entre eux tous les 30 mètres.
Système de connexion des rails.	Chicago rail bond de 16^{mm}.

3° Usine d'électricité

Système de chaudières, nombre.	Multitubulaires. Système Babcock et Wilcox. (5 chaud. en service et 2 autres en montage).
Surfaces de grille et de chauffe.	Grille : 3^{m2}25 ; chauffe : 170^{m2}.
Timbre des chaudières........	10 kilogs.
	Économiseur Green élevant la température de l'eau d'alimentation à 60 degrés.
Eau vaporisée par kilogramme de charbon net............	9 kil. 252.
Equivalent de vaporisation....	11 kil. 221 sous pression atmosphérique et à 100° C.
Prix du combustible à l'usine..	25 fr. 50 par tonne.
Prix de l'eau d'alimentation des chaudières................	0 fr. 07 le mètre cube.
Nombre total de machines à vapeur....................	3 machines de 350 chev. et une de 1000 chev. ; (une autre de 1000 chev. est en montage).
Nombre de machines à vapeur en service moyen..........	1 mach. de 350 chev. et 1 de 1000 chevaux.

Nombre de machines à vapeur en service maximum	3 mach. de 350 chev. et 1 de 1000 chevaux.
Types des machines..........	3 machines Corliss-Farcot, 1 machine Mac Intosh-Seymour, Compound-tandem.
Puissance développée sur les pistons — Moyenne.	350 chev. indiqués, machines Farcot; 800 chev. indiqués, machine Mac Intosh.
Puissance développée sur les pistons — Maxima .	480 chev. indiqués, machines Farcot; 1000 chev. indiqués, machine Mac Intosh.
Nombre de tours correspondant.	80 tours machines Farcot, 103 tours machine Mac Intosh.
Pression de marche..........	7 kil. mach. Farcot, 10 kil. mach. Mac Intosh.
Consommation de vapeur par cheval indiqué..............	6k,500 à 7k,950, suiv. le degré d'introduction.
Enveloppes de vapeur	Emploi sur les machines Farcot.
Système de génératrices.......	Multipolaires hypercompoundées.
Puissance (volts et ampères) aux alhures .... — Moyenne.	530 volts, 1000 ampères.
Puissance (volts et ampères) aux alhures .... — Maxima .	550 volts, 2000 ampères.
Mode de commande et d'excitat.	3 machines commandées par courroies, 1 à commande directe. Excitation hypercompound.
Rendement aux alhures .... — Moyenne.	85 0/0.
Rendement aux alhures .... — Maxima..	90 0/0.
Prix de revient de l'usine par kilomètre de ligne	39.253 fr. (La transformation de l'usine qui se fait actuellement et qui entraînera une dépense de 652.000 fr. n'est pas comprise dans ce chiffre).

4° Voitures

Nombre total de voitures...... — automotrices.	87 sans impériale.
Nombre total de voitures...... — de remorque.	34 dont 25 sans impériale et 9 à impériale non couverte.
Contenance des voitures...... — automotrices.	40 places (20 d'intérieur et 20 de plateformes).
Contenance des voitures...... — de remorque.	32 et 46.
Poids des voitures — à vide — automotrices.	7.000 kg.
Poids des voitures — à vide — de remorque.	2.000 et 2.500 kg. pour les voitures sans impériale; 3.000 kg. pour les voit. à impériale.
Poids des voitures — en charge..........	Suivant la surcharge, qui atteint parfois 15 voyageurs et fréquemment 5.
Prix des voitures — automotrices.	22.000 fr. et 19.000 fr.
Prix des voitures — de remorque.	3.000 fr. (voitures sans impériale).
Prix de revient des voitures par kilomètre de ligne (les parcours communs étant comptés comme lignes distinctes)....	44.976 fr.
Nombre et puissance des moteurs des voitures...............	75 voitures ont deux moteurs de 25 chev., et 12 voitures des moteurs de 35 chevaux.

5° Exploitation

Nombre de voitures en service. — en semaine.	68 automotrices.
Nombre de voitures en service. — le dimanche.	Variable, généralement 84 automotrices et 25 voitures de remorque.
Nombre moyen de kilomètres effectués journellement en 1899.	Automot. 9059 km.; voit. de remorque 253 km.
Vitesse commerciale moyenne.	9 km, 100 à l'heure.
Vitesse maxima autorisée......	20 km à l'heure.
Stationnement aux terminus...	3 à 6 minutes.
Salaire journalier des Wattmen.	4 fr., 4 fr. 25, et 4 fr. 50. De petites primes sont distribuées tous les trimestres aux wattmen qui n'ont pas eu d'accidents. (L'habillement est fourni gratuitement par la Compagnie, qui verse encore une somme de 6.000 fr. par an pour la caisse de secours en cas de maladie).
Journées de repos payées......	Une tous les 20 jours.
Durée de l'apprent. des Wattmen	8 à 12 jours.
Nombre de détresses par 100.000 kilomètres de parcours......	Une, environ.
Causes principales auxquelles sont dues les détresses......	Courts-circuits dans les moteurs. Contacts défectueux dans les touches des contrôleurs. Trolleys détériorés par suite de dérapages.
Arrêts d'un peu de durée dûs à une avarie à l'usine et ayant amené l'immobilisation de toutes les voitures sur le réseau (depuis le commencement de l'exploitation).....	Un arrêt de 45 minutes occasionné par la rupture d'un tuyau de vapeur; un arrêt de 2 heures occasionné par la destruction d'un disjoncteur. (Pour éviter les avaries dans le fonctionnement de la partie électrique, il faut un bon isolement des câbles, un fonctionnement parfait des disjoncteurs, fusibles et parafoudres, et un état de propreté et d'entretien parfait de tout l'ensemble).
Avarie à la ligne électr. sur une section du réseau ayant immobilisé pendant quelque temps les voitures de tout le réseau.	6 arrêts de 10 à 40 minutes occasionnés par des ruptures de fils de trolley. (Depuis quelques mois le réseau est sectionné en 8 zones alimentées chacune par un feeder spécial, ce qui localisera ces sortes d'accidents).

6° Dépenses de traction

Dépense de combustible par kilomèt. de voiture automotrice.	2,244 kg. pour l'ensemble de l'année 1899 (Tous les services access. de l'usine compris).	
Prix de revient de la traction par kilomètre-voiture (Ensemble les automotrices et des voitures de remorque).	Combustible, eau et huile.........	0,0320 fr.
	Entretien de l'usine...............	0.0224 —
	Entretien des voitures.............	0.0536 —
	Entretien de la ligne aérienne	0.0052 —
	Salaire et primes des Wattmen....	0.0754 —
	Ensemble...................	0.1886 fr.

b). Systèmes à caniveau souterrain

138. Considérations générales. — Dans certaines grandes villes, l'emploi de systèmes électriques à trolley ou à archet ayant été interdit pour des raisons d'esthétique, il a fallu chercher d'autres solutions du problème de la traction électrique par alimentation directe des voitures. L'une des solutions proposées a été de placer le conducteur dans un caniveau souterrain, la voiture étant munie d'un système de prise de courant pénétrant dans ce caniveau.

Suivant la position du caniveau, on peut distinguer deux types de ce système :

1° Type à caniveau central ;

2° Type à caniveau latéral.

Quel que soit le type auquel il appartient, un caniveau doit satisfaire aux conditions essentielles suivantes :

1° Son prix d'établissement doit être aussi réduit que possible ;

2° La largeur de la rainure doit rester constante, malgré le passage répété des voitures et l'action des agents atmosphériques ;

3° Les réparations doivent pouvoir se faire sans bouleverser la chaussée. A cet effet, des regards sont ménagés de distance en distance, généralement au-dessus des isolateurs servant à fixer les conducteurs ;

4° Il doit pouvoir se nettoyer facilement, et, pour l'évacuation des eaux, le caniveau doit, de distance en distance, communiquer avec les égouts. Les conducteurs doivent être bien protégés de la boue, des détritus de toutes sortes, des pièces métalliques, etc., qui tombent dans le caniveau et pourraient diminuer l'isolement.

Nous ne décrirons dans ce qui suit qu'un type de chaque caniveau.

139. Caniveau central. — Nous prendrons le type déjà employé en Amérique, et récemment appliqué à Paris sur la ligne « Bastille-Charenton » (fig. 1).

La rainure centrale est formée par deux fers de forme spéciale, fixés de distance en distance sur des chaises formant

Fig. 1. — Caniveau central.

l'ossature du caniveau. Ces chaises supportent également les rails de roulement et maintiennent en outre la partie supérieure des fers de la rainure au moyen de tirants en fer. Les chaises sont distantes de 1 m. 40 ; entre elles, le caniveau est formé par une paroi continue en béton. La profondeur du caniveau est de 0 m. 630, sa largeur maximum de 0 m. 460 ; la rainure a 28 mm. de largeur. Les conducteurs pour l'arrivée et le retour du courant sont en acier et ont la forme d'un T ; ils sont supportés tous les 4 m. 20 par des isolateurs en porcelaine, ayant la forme de cloche, et fixés eux-mêmes à la partie inférieure des fers de la

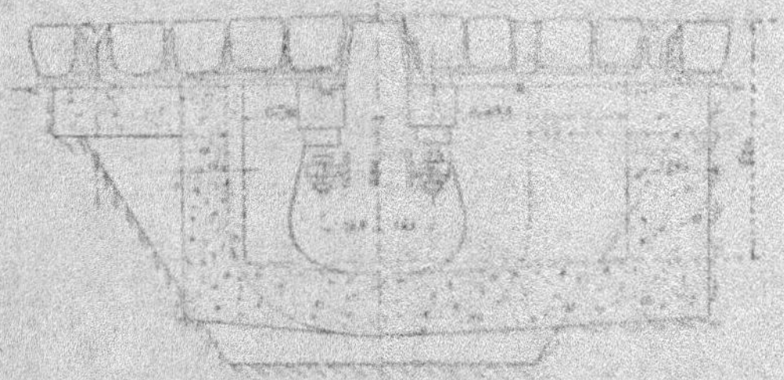

Fig. 2. — Caniveau central.

rainure centrale. Des regards placés au droit de ces isolateurs permettent de se rendre compte de leur état d'entretien.

La fig. 2 est la coupe suivant l'axe de l'un de ces regards ; ils sont fermés par une trappe en fonte que l'on peut enlever facilement. De distance en distance, il a été ménagé des ouvertures dans l'axe de la voie pour le passage des rails conducteurs.

La prise de courant est constituée par un frotteur double, porté par la voiture et appliqué sur les deux conducteurs électriques du caniveau par des ressorts de flexion horizontaux. On peut abaisser ce frotteur dans le caniveau ou le relever sous la voiture au moyen d'une manivelle placée sur le côté de la caisse.

140. Caniveau latéral. — Dans ce système, le caniveau est placé sous l'un des rails de roulement, la gorge de ce rail étant remplacée par la rainure de passage de la prise de courant (fig. 1, 2, 3).

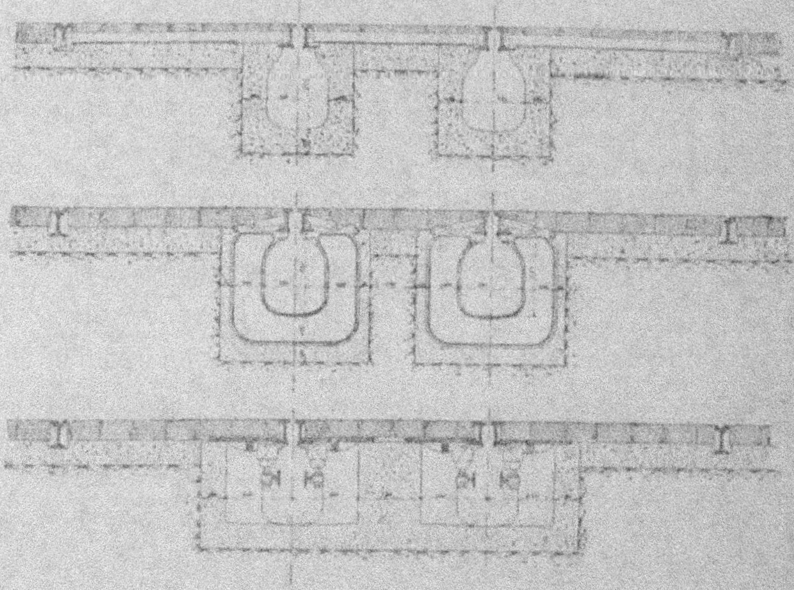

Fig. 1, 2, 3. — Caniveau latéral.

Le caniveau latéral vient d'être appliqué à Paris sur les lignes « St-Ouen-Champ-de-Mars », « Place de l'Étoile-Gare Montparnasse », « Gare Montparnasse-Place de la Bastille ». Les

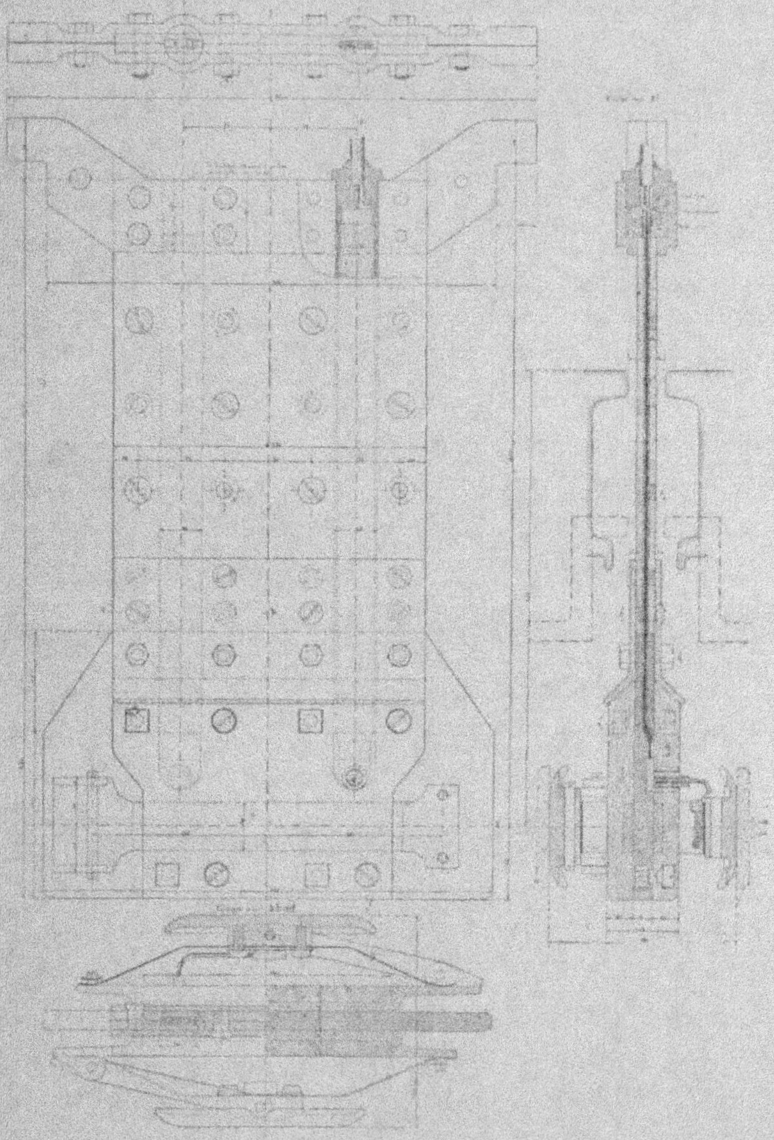

Fig. 4. — Prise de courant pour caniveau souterrain de la Compagnie Thomson-Houston.

lignes sont à double voie, les deux caniveaux sont placés du côté de l'entrevoie et portés par des chaises distantes de 1 m. 05 ; les rails de roulement et les rails de rainure sont réunis par des entretoises disposées entre les chaises tous les 2 m. 10.

Les rails de rainure sont en plus fixés sur les chaises au moyen de tirants en fer plat (fig. 2). Entre les chaises, on place des moules en tôle présentant la forme du caniveau et permettant de couler rapidement le béton ; ces tôles sont ensuite retirées par la rainure. La fig. 1 donne la coupe du caniveau entre deux chaises ; la largeur de la rainure est de 30 mm.

Les isolateurs et les rails conducteurs sont semblables à ceux du caniveau central ; des regards sont ménagés au droit des isolateurs. La prise de courant (fig. 4) est formée de deux frotteurs glissant sur les conducteurs et pressés sur ceux-ci par des ressorts horizontaux.

Sur les mêmes lignes il a fallu au passage de points difficiles diminuer la hauteur du caniveau, qui est alors établi complètement en fonte.

Fig. 5. — Passage du caniveau latéral au caniveau axial.

Le caniveau latéral présentant des difficultés de montage aux points de croisements et aux aiguillages, le caniveau central a été adopté dans ces portions comme étant plus solide. Le passage du caniveau latéral au caniveau central (fig. 5) se fait facilement, la prise de courant pouvant se déplacer perpendiculairement à la voie.

Le caniveau est réuni aux égouts, et des regards sont placés devant ces raccordements pour éviter de les laisser s'obstruer.

c). Systèmes à contacts superficiels

141. Considérations générales. — Les tramways à caniveau nécessitant des travaux longs et coûteux, on a cherché une autre solution au problème de la traction électrique dans les villes où l'emploi du fil aérien n'est pas toléré. Cette solution consiste dans l'installation le long de la voie d'un conducteur isolé et enfoui dans le sol ; ce conducteur amène le courant à des pavés placés dans l'axe de chaque file de rails ; des interrupteurs ou des commutateurs automatiques isolent les pavés du conducteur lorsque la voiture les a franchis.

Ces systèmes de traction par contacts superficiels peuvent être classés suivant deux groupes :

1° Systèmes employant un commutateur par groupe de pavés ;
2° Systèmes employant un interrupteur par pavé.

Parmi les nombreux systèmes proposés pour la solution du problème nous n'en décrirons que deux :

1° Le système *Claret et Vuilleumier*, qui peut servir de type au premier groupe ;
2° Le système *Diatto*, qui rentre dans le second groupe.

142. Système Claret et Vuilleumier. — Le conducteur isolé est placé sous les trottoirs ; des dérivations envoient ensuite le courant dans des commutateurs spéciaux, d'où il est réparti dans les pavés.

Les pavés sont en fonte et en saillie de 3 mm., avec arêtes en biseau ; ils sont isolés par un mélange de brai et d'asphalte. Placés dans l'axe de la voie, tous les 2 m. 50, ils sont réunis électriquement deux par deux ; la longueur du frotteur fixé sous la voiture étant de 3 m. 30, le contact se fait toujours sans interruption. Nous allons voir comment le pavé reçoit le courant au moment du passage de la voiture, puis la façon dont il est ramené à l'état neutre après son passage.

Le commutateur (fig. 1) est circulaire et commande 20 groupes de deux pavés ; trois frotteurs sont montés sur le bras du

Fig. 1. — Commutateur Vailleumier.

commutateur et isolés les uns des autres : l'un A communique avec la ligne K d'arrivée de courant ; les deux autres, B, C, sont reliés chacun à un électro-aimant dont l'autre extrémité de l'enroulement est reliée à la terre. L'armature de chaque électro-aimant, dans ses mouvements de déplacement, actionne une roue à rochet montée sur l'axe E du commutateur.

Supposons la voiture sur les pavés 16, et allant vers 20. A un moment donné, le frotteur passe de F_1 en F_2 et réunit par le balai A, puis par les pavés 16 et 17, le balai C avec l'arrivée du courant K ; l'électro-aimant actionnera donc son armature et par suite la roue à rochet qui, en tournant, amènera A sur le plot 17 correspondant aux pavés 17. Le courant sera donc coupé sur 16 et mis sur 17.

Les pavés 20 sont réunis à la fois au plot 20 du commutateur précédent et au plot 1 du suivant, de façon que lorsque le commutateur est arrivé en 20, c'est le suivant qui fonctionne.

Si l'appareil ne fonctionnait pas, le courant restant sur le pavé quitté par la voiture (à cause de la vitesse acquise), pourrait occasionner des accidents. Pour éviter que cela puisse se produire, un frotteur additionnel réunit le pavé à la terre et produit un court-circuit qui fait *sauter* le plomb placé sur l'alimentation du commutateur.

Dans ce système, deux voitures ne peuvent fonctionner sur la même section commandée par un seul manipulateur, ce qui est un inconvénient pour les lignes à grand trafic. De plus, lorsqu'un commutateur s'arrête, toute une section est insensibilisée, et le service est arrêté à moins que les voitures ne puissent franchir cette section par élan, ce qui ne peut être la règle dans les grandes villes.

143. Système Diatto (1). — Dans ce système, chaque pavé a un interrupteur spécial, formant corps avec lui, ce qui sim-

Fig. 1. — Pavé de contact système Diatto.

plifie le travail de pose.

(1) Les deux figures de cet article sont empruntées au *Bulletin des transports en commun*.

Le pavé est formé par une pièce moulée A (fig. 1), à évidement central, portant à la partie inférieure une couronne en bronze B; sur cette couronne est fixée, au moyen de trois boulons, une galette T, en métal antimagnétique, entourant une pièce D en fer doux. L'interrupteur est placé dans l'évidement central. Deux pièces en fonte de grande perméabilité magnétique F sont emprisonnées dans la pièce A et supportent une douille en fonte livrant passage à l'interrupteur. Cet interrupteur est formé d'une cuvette en ébonite E, remplie de mercure dans lequel plonge un clou en fer C, dont la tête, taillée en forme de cône, est en charbon dur de grande conductibilité.

Cette tête peut s'appliquer exactement dans une partie femelle c', également en charbon, et fixée sur le support J vissé dans la pièce D. La pièce J sert aussi à assujettir une cloche L_1, en laiton, réunie au godet en ébonite par trois boulons H pour former joint étanche.

L'arrivée du courant se fait par un câble de dérivation K, sur lequel est vissé un godet métallique O, rempli de mercure, et dans lequel plonge l'extrémité inférieure d'une tige en cuivre I, vissée au fond de la cuvette en ébonite E. Les pièces O et I sont protégées par une cloche en ébonite E', vissée à l'extrémité de la cuvette E.

Fig. 2. — Frotteur des voitures.

La partie inférieure de cet ensemble est renfermée dans un tuyau en grès G.

Le frotteur fixé sous chaque voiture est une armature aimantée, formée par trois barres de fer parallèles à la voie (fig. 2); entre ces barres de fer sont placés des électro-aimants horizontaux, donnant la polarité nord à la barre médiane et la polarité sud aux 2 barres latérales. La barre médiane frotte seule sur les pavés.

Les électro-aimants ont deux enroulements distincts : l'un, à gros fil, doit être parcouru par le courant allant aux moteurs ; l'autre, à fil fin, doit être alimenté par une petite batterie d'accumulateurs, disposée dans chaque voiture.

Fonctionnement. — Au début, le courant de la batterie ci-dessus agit seul ; il aimante le frotteur, lequel attire le clou en fer C et l'applique sur *c'*. Le courant de K peut alors passer par O, I, C, *c*, *c'*, J, D puis le frotteur, et de là gagner les moteurs après avoir traversé l'enroulement à gros fil des électro-aimants ; le courant de la petite batterie pourra alors être supprimé, le frotteur se trouvant aimanté par le courant principal.

Arrivé au pavé suivant, le frotteur, qui se trouve assez long pour ne pas abandonner le pavé précédent, restera toujours aimanté par le courant principal ; il pourra par suite faire fonctionner l'interrupteur de ce deuxième pavé.

Il est bon d'insister sur un point particulier du fonctionnement du système. Le frotteur a ses extrémités légèrement recourbées, de sorte que dès que le contact du frotteur sur le pavé ne se fait plus, par suite de l'avancement de la voiture, la partie recourbée est encore au-dessus du pavé et maintient le contact entre le clou C et *c'* ; l'étincelle de rupture se produit donc entre le frotteur et le plot, et non entre le clou et *c'*, le clou retombant lorsqu'il n'y a plus de courant. De plus, l'étincelle est singulièrement réduite par le fait qu'elle éclate entre deux conducteurs restant presque identiquement au même potentiel. On évite ainsi la détérioration des pièces de contact.

Si un interrupteur venait à être détérioré pour une cause quelconque, il pourrait être remplacé très rapidement, en enlevant les boulons *b* qui maintiennent la pièce T.

Le système Diatto est actuellement employé à Tours, où il semble donner de bons résultats. Sa simplicité de construction et de fonctionnement l'a fait choisir pour plusieurs lignes nouvelles, d'une longueur totalisée de 120 km. environ, en construction à Paris.

Les voitures seront à deux bogies à adhérence maxima, sans impériale ; leur contenance sera de 46 places, dont 24 d'intérieur et 22 de plate-forme. Leur poids à vide sera de 12 tonnes.

On ne sera véritablement fixé sur la valeur de ce système de traction que quelque temps après la mise en service des plus chargées de ces lignes.

§ 2. — TRAMWAYS A ALIMENTATION INDIRECTE

144. Tramways à accumulateurs. — Dans ce système, au lieu de disposer des conducteurs le long des voies pour relier constamment la voiture à la source d'énergie, on fait emporter aux voitures la provision d'énergie nécessaire à leur marche, au moyen d'accumulateurs.

Les accumulateurs peuvent se placer de deux façons :

1° Sous les banquettes ;

2° Sous la voiture.

Les accumulateurs logés sous les banquettes peuvent être assez facilement visités et retirés au moyen de trappes placées sur les côtés de la voiture, mais ce dispositif a l'inconvénient de dégager à l'intérieur des gaz qui incommodent les voyageurs, et à la longue d'imprégner les banquettes elles-mêmes d'acide.

Lorsqu'ils sont disposés sous la voiture, les accumulateurs sont contenus dans des caisses suspendues entre les essieux ou bien à l'avant ou à l'arrière de ces essieux. Le déplacement des batteries pour la visite ou la réparation des plaques est facilité par cette disposition.

Le réglage de la vitesse se fait dans ces voitures comme pour les autres systèmes de traction électrique ; il faut toutefois ajouter la méthode qui permet, la batterie étant divisée en plusieurs portions, de coupler ces différentes parties en série ou en parallèle pour augmenter ou diminuer le voltage aux bornes des moteurs.

L'arrivée du courant aux moteurs se faisant d'une façon régulière, sans interruption comme dans les systèmes à prise de courant extérieure, les moteurs peuvent être excités en dérivation, disposition qui offre l'avantage de permettre de récupérer, aux descentes, une fraction plus ou moins grande de l'énergie dépensée dans les autres parties du parcours. Cette récupération ne se fait que dans les descentes un peu longues et rapides ; dans ce but, le circuit induit du moteur est fermé sur les accumulateurs, et l'excitation est augmentée afin que la vitesse du moteur soit suffisante pour donner la force électromotrice nécessaire au chargement de la batterie. La récupération ne peut évidemment être totale. Sur la ligne de « Madeleine-St-Denis », il faut dépenser pour gravir la plus forte rampe 980 watts-heure ; à la descente, il est restitué au maximum 380 watts-heure aux accumulateurs.

Les systèmes de traction par accumulateurs peuvent se diviser en deux groupes :

1° Ceux qui utilisent la charge à courant constant.

2° Ceux qui utilisent la charge rapide.

Dans la charge à courant constant, il faut plusieurs heures pour opérer la remise en état des batteries ; aussi, afin de ne pas immobiliser les voitures, préfère-t-on remplacer les accumulateurs épuisés par des batteries qui ont été chargées préalablement ; cette manière d'opérer nécessite un assez grand nombre de batteries de rechange et des manipulations exigeant un nombreux personnel, lorsque les accumulateurs sont placés dans les voitures.

Lorsque l'on emploie la charge rapide ou à potentiel constant, les batteries restent sur les voitures et se chargent en 20 minutes environ pendant les stationnements à la tête de ligne, d'où économie de main-d'œuvre, diminution du capital immobilisé par les batteries de rechange, mais moins bon rendement des accumulateurs ; de plus ces accumulateurs ne doivent pas être déchargés aussi complètement que ceux à charge à courant constant, ce qui, pour un parcours donné, force à augmenter le poids de la batterie.

Les accumulateurs doivent être robustes et pouvoir supporter des courants de décharge très variables et très intenses. Les plus employés sont les accumulateurs *Tudor* et *Blot*, puis ceux de la Société pour le travail électrique des métaux.

L'inconvénient de la traction par accumulateurs est le poids élevé de la batterie (jusqu'à 5.000 kilogrammes), son entretien coûteux et son faible rendement. Les voitures sont lourdes et fatiguent les voies, qu'il faut établir d'une façon très coûteuse. Ses principaux avantages sont les suivants : en cours de route, les voitures sont indépendantes de l'usine ; les moteurs de l'usine travaillant seulement pour charger les batteries, ne subissent pas d'à-coups, et on peut les faire fonctionner à pleine charge pour avoir le maximum de rendement ; le capital immobilisé dans l'usine est moins grand que dans les systèmes à conducteurs, puisque cette usine n'a pas besoin d'avoir la puissance maximum exigée par ces systèmes, où les voitures peuvent toutes démarrer ou se trouver en rampe à la fois ; la perspective n'est altérée par aucun poteau ou fil, la voie ne nécessite pas d'installation spéciale et tout danger d'électrolyse des conduites d'eau et de gaz est supprimé.

La dépense de combustible des divers sytèmes de traction par accumulateurs est d'environ 3 kg. 5 par kilomètre de voiture de 50 places. La traction par accumulateurs coûte sensiblement plus cher que la traction par conducteur (1 fois 1/2 environ), en raison de l'entretien des accumulateurs, qui coûte de 5 à 10 centimes par kilomètre-voiture, — du faible rendement en énergie des accumulateurs qui n'est pas supérieur à 0,70, — enfin du poids beaucoup plus élevé des automotrices.

Les voitures de 40 places à trolley ne pèsent en effet que 10 t. en charge, soit 250 kg. par place, tandis que celles à accumulateurs pèsent environ 350 kg. par place, soit 40 0/0 en plus. La dépense d'énergie est évidemment augmentée dans cette proportion, et l'usine doit avoir elle-même une puissance calculée d'après cette dépense.

§ 3. — SYSTÈMES MIXTES

145. — Ces systèmes mixtes sont employés pour les tramways ayant leur point de départ dans des banlieues denses et pénétrant dans des villes dont les municipalités ne tolèrent pas l'usage du trolley. A l'intérieur des villes, on utilise le système par accumulateurs ou par caniveaux ou contacts superficiels, et à l'extérieur le système par trolley, qui est le plus économique.

Le système mixte participe donc à la fois des avantages et des inconvénients des sytèmes dont il est formé ; il est employé à Paris :

1° Sur les lignes de la place de la République à Pantin et à Aubervilliers, qui utilisent les accumulateurs dans Paris et le trolley à l'extérieur ;

2° Sur la ligne de Saint-Ouen au Champ-de-Mars, qui emploie le trolley en dehors des fortifications et le caniveau latéral (central aux croisements et aiguillages) dans Paris ;

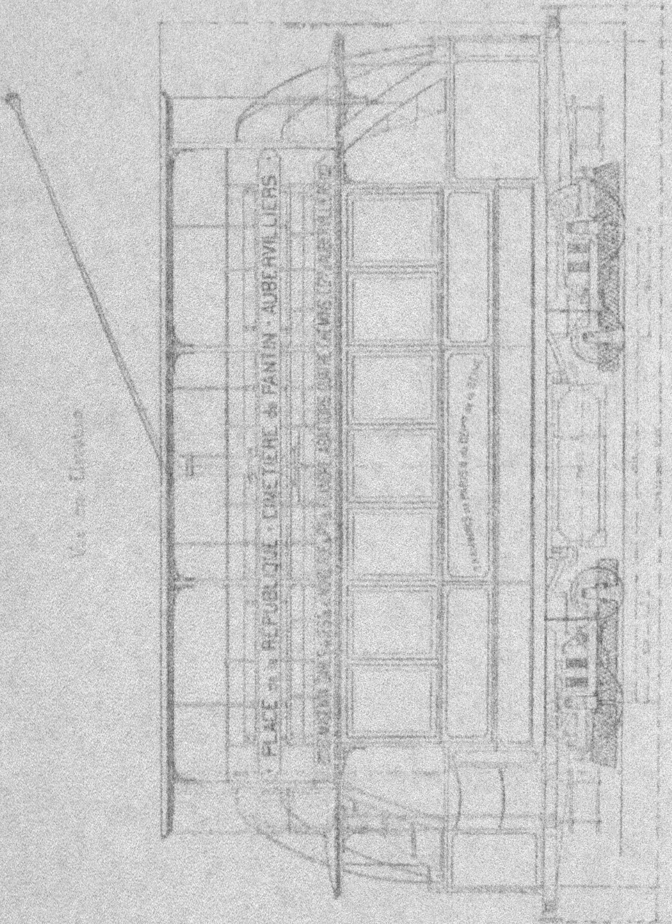

Fig. 1. — Voiture à trolley et à accumulateurs.

3° Sur la ligne « Bastille Charenton », où le caniveau central est employé à la traversée de la rue de Lyon et de la place Daumesnil, et le trolley sur toutes les autres parties du parcours ;

4° Sur les nouvelles lignes de pénétration, avec le trolley dans la banlieue et le système Diatto dans Paris.

Fig. 2. — Voiture à trolley et à caniveau.

§ 4. — USINES DE PRODUCTION DU COURANT

148. Généralités. — Nous ne dirons que peu de mots sur ce sujet qui demanderait un volume pour être traité complètement.

Actuellement, on a tendance à établir des usines à fortes unités pour desservir plusieurs lignes qu'on groupe aussi bien que possible ; l'économie qui en résulte est assez élevée, non seulement comme prix de revient par cheval, mais aussi comme exploitation.

Ces usines sont placées au point le plus favorable pour l'alimentation en combustibles et en eau ; par exemple près d'une rivière, d'un canal ou d'un chemin de fer, ou près d'une chute d'eau dans le cas d'une usine hydraulique.

Dans le cas de très grandes installations, les machines motrices de l'usine sont toujours des machines à vapeur compound ou triplex, à moins qu'on ne puisse disposer dans un périmètre peu étendu d'une importante chute d'eau d'un débit régulier.

Pour de petites installations, on peut employer des moteurs à gaz pauvre ; il existe à Orléans et à Zurich des installations semblables qui donnent des résultats très économiques.

Les dynamos génératrices sont habituellement à excitation hypercompound ou shunt, surtout dans le cas d'emploi de batteries-tampon. Les tableaux de distribution présentent tous les appareils usuels de protection, avec, en plus, des disjoncteurs automatiques qui entrent en fonctionnement lorsque la surcharge devient dangereuse pour les machines.

Du plus ou moins grand éloignement de l'usine du réseau à alimenter dépend le système de distribution à adopter. Si l'usine est à proximité des lignes, on emploie l'alimentation directe ; si elle en est éloignée, le courant est produit à haut voltage et subit diverses transformations avant son utilisation par les voitures.

Le courant généralement employé pour l'alimentation des voitures est du courant continu à 500 volts. L'alimentation directe comporte d'ailleurs, pour peu que le réseau ait de développement, l'emploi de feeders reliant l'usine à divers points des fils de trolley.

Dans le second cas, le courant à haut voltage (alternatif simple ou polyphasé) est conduit à des sous-stations placées en différents points du réseau, puis ce voltage est réduit par des transformateurs statiques avant d'être transformé en courant continu.

Cette transformation se fait soit à l'aide d'un moteur à courant alternatif attelé à une génératrice à courant continu, soit avec une commutatrice.

Depuis quelques temps, les commutatrices étant mieux connues sont de plus en plus employées (surtout en Amérique), leur rendement étant plus élevé que celui d'un groupe composé d'un moteur et d'une génératrice.

Comme exemple de ce dernier mode de distribution, on peut citer le réseau de tramway de Nice et du littoral. L'usine est située à la Mescla et est actionnée par une chute d'eau. Le courant triphasé produit est à 10.000 volts ; ce courant est envoyé à Nice, à la station de Sainte-Agathe, par des câbles aériens. Une partie du courant y est abaissée à 340 volts au moyen de transformateurs statiques, puis transformée par des convertisseurs rotatifs en courant continu à 500 volts ; l'autre partie passe dans des transformateurs statiques qui abaissent le voltage à 5.000 volts. Ce courant à 5.000 volts est envoyé à deux sous-stations distantes de 8 et 10 kilomètres (la Californie et Beaulieu), qui alimentent d'autres portions du réseau ; il y est transformé, d'abord en courant triphasé à 340 volts par des transformateurs statiques, puis en courant continu à 500 volts par des convertisseurs rotatifs.

147. Emploi de batteries-tampon. — Dans les systèmes de traction électrique à alimentation directe, les voitures sont constamment reliées à l'usine, et il peut arriver, ainsi que nous l'avons déjà fait remarquer, qu'elles démarrent ou gravissent de fortes rampes toutes ensemble, ce qui peut nécessiter la mise en marche d'autres unités, ou obliger les machines en fonctionnement à travailler dans des conditions peu économiques. Il y a peu de temps encore, il fallait ainsi avoir une usine pouvant produire une puissance sensiblement plus élevée que la puissance moyenne. Pour y remédier, on emploie aujourd'hui ce que l'on appelle une « batterie-tampon ». L'usine est établie avec les machines nécessaires pour produire le débit moyen, puis une batterie d'accumulateurs est mise en dérivation sur la ligne, avec les machines ; on voit ainsi que :

1° Si le réseau nécessite peu de force, le surplus de la production des machines s'emmagasine dans la batterie ;

2° Si la consommation de courant est élevée, la batterie vient en aide aux génératrices.

On réalise ainsi une grande économie par suite de la meilleure utilisation des machines, qui travaillent toujours à charge à peu près constante.

La batterie-tampon a en outre l'avantage de pouvoir servir de secours dans le cas d'un accident affectant l'ensemble des chaudières ou des machines, et elle peut être utilisée également la nuit, après l'arrêt des machines, pour effectuer les manœuvres nécessaires dans le dépôt.

Enfin elle peut être employée dans la traction par accumulateurs à charge rapide comme dans celle à alimentation directe.

A Leipzig et à Fontainebleau, l'économie obtenue par l'emploi de batteries-tampon ne serait pas inférieure à 30 p. 100.

§ 5. — CHOIX ENTRE LES DIVERS SYSTÈMES DE TRACTION ÉLECTRIQUE

148. Aperçu général. — Il est assez difficile d'indiquer exactement le système électrique qu'il convient d'employer dans les divers cas qui peuvent se présenter dans la pratique, sans avoir étudié minutieusement toutes les circonstances qui peuvent influer sur le fonctionnement particulier de chacun d'eux, ainsi que sur le prix d'établissement et d'exploitation ; exigences des services publics, intensité du trafic, étendue du réseau et profil des lignes, etc.

Les prix d'établissement et d'exploitation des différents systèmes sont très variables avec les localités ; cependant, on peut les classer ainsi qu'il suit, en partant des systèmes les plus économiques :

Trolley ; Diatto ; Claret ; Accumulateurs ; Caniveau.

D'une façon générale, on peut encore donner les indications suivantes au sujet du choix à faire entre ces systèmes :

1° Le trolley aérien sera toujours préféré lorsque les municipalités en autoriseront l'emploi ; on devra décider après une étude sérieuse si l'on doit faire usage de batteries-tampon, dont l'économie peut être considérable dans le cas d'un service très irrégulier ;

2° Lorsque le trolley ne sera pas toléré, on emploiera le Diatto, sous la réserve que son fonctionnement ne laissera rien à désirer (ce dont on ne pourra se rendre compte qu'à la fin de 1901, d'après les résultats d'exploitation des nouvelles lignes de pénétration de Paris). A défaut du Diatto, on pourra employer les autres systèmes à contacts superficiels qui auront fait leurs preuves : Claret-Vuilleumier, Petter ou Westhinghouse ;

3° Le caniveau pourra être choisi dans le cas d'un très gros trafic, permettant un bénéfice suffisant, malgré le coût élevé de l'installation ;

4° La traction par accumulateurs ne sera adoptée que comme pis-aller, lorsque les autres systèmes ne pourront être employés, par exemple si l'on n'autorise pas la construction d'un caniveau qui bouleverserait les chaussées de quartiers aristocratiques très fréquentés, et aussi dans quelques cas particuliers, comme sur des lignes où l'emploi du trolley est toléré sur la presque totalité du parcours et n'est prohibé qu'au passage de places ou avenues de peu de longueur.

149. Prix d'établissement des divers systèmes électriques. — Le prix de revient des lignes à trolley aérien établies en France et desservies par des voitures de 30 à 40 places est en moyenne de 200.000 francs le kilomètre, tout compris : voie simple sur la plus grande partie du parcours, ligne électrique, voitures, usine, etc.

Celui des lignes à prise de courant au niveau du sol est plus élevé de 25.000 francs environ.

Les systèmes à caniveau et à accumulateurs ne sont employés qu'à Paris ; leur prix d'établissement est très élevé : 500.000 à 600.000 francs, et peut-être plus, par kilomètre de voie double.

Quant au coût de la traction, il s'abaisse jusqu'à 15 centimes dans certaines villes ; à Paris, il varie, suivant le système employé, le poids et la contenance des voitures, la longueur et le profil des lignes, l'intensité du service, l'élévation des salaires, de 0,30 fr. à 0,55 fr. La consommation de charbon par kilomètre atteint 2.250 kg. à 3,750 kg.

Disons en terminant que le bon fonctionnement de la partie électrique des usines de production de force dépend surtout du soin apporté dans le choix, la fabrication et le montage du matériel ; puis dans l'entretien courant, lequel doit être tenu constamment à jour.

Pour les voitures, il faut en outre que le personnel de conduite soit parfaitement exercé ; en l'intéressant dans les économies qu'il peut réaliser dans la dépense de courant, on réduit la dépense d'énergie et on évite les avaries aux moteurs, circuits de distribution, accumulateurs, contrôleurs, etc., ainsi que les pannes qui peuvent en être la conséquence.

CONCLUSIONS GÉNÉRALES

Tous les systèmes de traction décrits dans cette étude peuvent donner d'excellents résultats au point de vue de la régularité de fonctionnement, sous les réserves déjà faites relativement aux systèmes électriques par contacts superficiels et à caniveau, dont les applications sont encore trop récentes pour qu'on puisse se prononcer à leur sujet.

Sous le rapport de la douceur des voitures au roulement et de l'absence de bruit et d'odeurs, les systèmes électriques par conducteur sont ceux qui donnent le plus de satisfaction, avec le système Francq ; viennent ensuite les automotrices à air comprimé, puis celles à gaz et à vapeur, enfin les voitures électriques à accumulateurs. Ces dernières émettent des odeurs très désagréables, en même temps qu'elles détériorent beaucoup la voie et donnent lieu à des cahots continuels qui sont fatigants pour les voyageurs d'impériale. Pour cette dernière raison, les automotrices sans impériale seront à préférer, surtout dans les grandes villes où, en raison de points d'arrêt fort rapprochés, la montée et la descente des voyageurs doivent s'effectuer rapidement pour que la vitesse commerciale réalisée atteigne 10 km. à l'heure.

Les impériales occasionnent la même perte de temps dans les voitures de remorque, mais, en raison de la légèreté relative de ces dernières, elles n'y présentent pas les mêmes inconvénients sous le rapport des cahots.

Au point de vue des dépenses d'installation, la traction à vapeur est la plus économique, puis viennent les systèmes :

à gaz,

électriques par conducteur aérien ou au niveau du sol,

à air comprimé,

à accumulateurs électriques,

enfin à caniveau.

L'amortissement de ces dépenses d'installation peut grever beaucoup l'exploitation, surtout si la durée de la concession est courte.

Pour les dépenses d'exploitation proprement dites, qu'on rapporte toujours au kilomètre-voiture, les systèmes électriques par conducteur sont les plus économiques pour un service intensif, surtout pour les lignes accidentées, en raison de leur légèreté et de la centralisation de la production de force motrice ; viennent ensuite la traction par locomotives à vapeur, quand les trains sont composés de trois à cinq voitures, la traction par voitures automotrices à vapeur, puis celle par accumulateurs électriques, enfin la traction à air comprimé. — Le degré d'économie de fonctionnement du système à gaz est essentiellement variable d'après le prix du gaz ; dans certaines villes d'Allemagne et d'Angleterre, la traction par le gaz est aussi économique que la traction électrique par trolley ; à Paris, au contraire, elle serait des plus onéreuses.

En tenant encore compte du profil et de la disposition des lignes à exploiter, de l'intensité du trafic, des localités ou quartiers desservis, etc., on peut formuler les conclusions suivantes sur le choix du système de traction à faire dans la généralité des cas :

Pour une ligne à faible trafic, il convient d'adopter la traction à vapeur : par voitures automotrices, si les départs sont relativement rapprochés et la ligne courte (ex : tramways de Tours à Vouvray, de Boulogne à Auteuil, etc.), et par locomotives, si la ligne est plus longue et les départs espacés (ex : lignes de Lyon à Neuville, de Paris à Courbevoie, de Poissy à St-Germain, etc.).

La traction à vapeur convient encore pour un service intensif dans les villes, lorsque l'on ne dispose pas d'un capital important ou que la durée de la concession est courte (ex. : lignes « St-Ouen-Bastille » et « Bastille-Porte Rapp », à Paris).

Quand cette durée atteint une vingtaine d'années et que les lignes à desservir sont bien groupées, de manière à pouvoir être alimentées par une seule usine, on doit faire usage de la traction électrique par fil aérien, en établissant d'autant plus largement la ligne électrique et l'usine que le service est plus important (réseaux de Rouen, le Havre, etc.).

Si l'emploi du fil aérien n'est pas toléré par les municipalités, on pourra faire usage des systèmes électriques à contacts superficiels, quand ils seront devenus absolument pratiques ; mais si leur fonctionnement devait laisser à désirer, on aurait recours, pour les lignes urbaines à grand trafic, à la traction à air comprimé sous la forme où elle est employée en Amérique : voitures légères à deux essieux attaqués par l'intermédiaire d'engrenages, avec emploi d'une pression d'air suffisante pour leur permettre d'effectuer le trajet aller et retour avec un seul chargement au départ, — ou voitures à bogie, moteur genre Rowan, dans le cas de lignes de grande longueur (12 à 15 kilomètres).

Pour des lignes urbaines à très grand trafic, concédées pour une durée minimum de 30 années, on pourra avoir recours à la traction électrique par caniveau (lignes « Bastille-Montparnasse » et « Bastille-Etoile », à Paris). »

Enfin, comme solution de pis-aller, on emploiera la traction par accumulateurs disposés sous le plancher de la voiture. Les accumulateurs pourront être utilisées aussi pour aider à franchir des places ou avenues de peu de longueur où l'emploi du fil aérien ou du caniveau (employés pour le reste du parcours) ne serait pas autorisé.

ANNEXES

NOTE A

Exemple de modèle de cahier des charges pour la construction de locomotives-tenders (1).

Provenance, nature et qualité des matériaux. — Les matières et pièces nécessaires pour la construction des locomotives ne pourront provenir que des usines spécialement agréées par l'ingénieur en chef du matériel et de la traction de la Compagnie, à la suite des propositions qui lui seront soumises par les constructeurs.

Elles seront strictement conformes, en ce qui concerne leurs dimensions, leur nature et leurs qualités, aux indications de chaque note technique spéciale, et satisferont en outre aux prescriptions suivantes :

Proportion des essais des tôles pour chaudières. — Chacune des feuilles de tôle entrant dans la construction des chaudières sera essayée séparément par les soins des agents de la Compagnie.

Bronze. — La composition du bronze employé pour les coussinets, tiroirs, bagues et pièces soumises au frottement sera celle qui figure sous le numéro 1 au tableau suivant. Pour la robinetterie, on emploiera celle qui figure sous le numéro 2.

	N° 1	N° 2
Cuivre rouge	84	90
Étain..................................	16	10
Totaux.........	100	100

(1) Extrait du cahier des charges de la Compagnie des chemins de fer de l'Est pour la construction des locomotives-tenders série 600 à cylindres intérieurs.

Laiton. — La composition du laiton sera la suivante :

Cuivre rouge	68
Zinc	32
	100

Fontes. — Les fontes seront grises, d'un grain serré et régulier, faciles à travailler au burin et à la lime. Elles devront satisfaire aux essais définis ci-après :

1° *Pièces soumises à la pression.* — Les pièces soumises à la pression (cylindres, cuvettes du régulateur, etc., les segments de pistons exceptés) donneront lieu à des essais de traction, de flexion et de choc.

Les éprouvettes destinées aux essais de traction seront terminées par des appendices disposés pour s'opposer au retrait. Elles auront une section carrée de 20 mm. de côté dans la région de rupture.

Les barreaux prismatiques destinés à servir aux essais de flexion et de choc auront une section carrée de 40 mm. de côté. Toutes ces éprouvettes seront essayées à l'état brut de fonte.

En ce qui concerne les cylindres, les éprouvettes seront coulées avec chacun d'eux et resteront adhérentes à la pièce fondue pour être détachées par l'agent délégué de la Compagnie de l'Est.

Pour les autres pièces soumises à la pression, il sera coulé à chaque fusion deux éprouvettes pour chaque genre d'essai. L'agent de la Compagnie présent à la fusion déterminera le moment où les prises d'essai devront être coulées. La résistance à la rupture par traction devra être comprise entre 16 et 18 kg. par millimètre carré de la section essayée. Les barreaux de flexion seront essayés à l'appareil Monge. Ils devront supporter sans se rompre l'action d'un poids de 300 kg., agissant sur un levier à distance de 1 m. du point d'appui le plus voisin de l'application de la charge. Les poids du levier, du plateau et des accessoires ramenés à la distance de 1 m. seront compris dans le poids de 300 kg. indiqué ci-dessus.

Dans l'essai au choc, le barreau, placé horizontalement sur des couteaux espacés de 16 cm., devra supporter sans se rompre le choc d'un mouton de 10 kg., tombant librement de 50 cm. de hauteur, au milieu de l'intervalle des points d'appui.

La chabotte supportant les couteaux aura un poids d'au moins 800 kg.

2° *Segments de pistons et pièces diverses.* — La fonte destinée à la confection des pièces diverses sera essayée à la traction et au choc, à raison de deux éprouvettes pour chaque essai et pour chaque coulée.

Pour les tambours destinés à la confection des segments de pistons, la résistance à la traction devra être comprise entre 12 et 14 kg. par mm.², et la hauteur de chute du mouton ne devra pas être inférieure à 400 mm., toutes les autres conditions restant les mêmes que celles indiquées plus haut.

Pour les autres pièces, la résistance à la traction sera comprise entre 14 et 17 kg. par mm.², et la hauteur de chute minima du mouton sera de 450 mm.

Acier forgé. — D'une façon générale, toutes les pièces d'acier devront être recuites avec soin après forgeage.

Les manivelles d'accouplement et les glissières des têtes de pistons devront répondre aux conditions suivantes :

La résistance à la traction ne devra pas être moindre de 50 kg. par mm.² et l'allongement inférieur à 20 0/0.

Les éprouvettes destinées à cet essai seront prélevées dans les pièces elles-mêmes.

Elles seront découpées entièrement à froid sans aucun travail de forgeage, trempe ou recuit ultérieur.

La partie calibrée aura un diamètre de 20 mm. et une longueur de 200 mm.

Métal antifriction. — La composition du métal antifriction est de quatre sortes, suivant son emploi.

	N° 1	N° 2	N° 3	N° 4
Cuivre	»	10	»	5.556
Étain	10	»	12	83.333
Zinc	»	»	»	»
Plomb	70	65	80	»
Antimoine	20	25	8	11.111
Total	100	100	100	100.000

L'alliage n° 1 s'emploie pour les colliers d'excentriques et les tiroirs.

L'alliage n° 2 s'emploie pour les coulisseaux de têtes de pistons.

L'alliage n° 3 s'emploie pour les garnitures métalliques dites « Kubler ».

L'alliage n° 4 s'emploie pour les coussinets des boîtes à graisse de roues motrices, accouplées et porteuses, pour les coussinets en bronze des bielles, et pour les coussinets en acier moulé des grosses têtes de bielles motrices.

Conditions d'exécution. Chaudière. — *Perçage des trous.* — Le poinçonnage des trous est formellement interdit. Tous les trous des tôles de chaudière et ceux des tôles de cuivre du foyer seront, sans exception, percés au foret, en laissant 3 millimètres pour l'alésage, afin d'obtenir une concordance parfaite lors du montage ; l'emploi de broches pour l'agrandissement des trous est rigoureusement interdit.

Confection des tôles embouties. — Les tôles d'acier pour chaudières, travaillées à chaud, seront découpées à des dimensions supérieures de 1 à 2 centimètres à la cote définitive, toutes les fois que le travail sera fait au poinçon ou à la cisaille.

Confection des tôles d'enveloppe de la boîte à feu et du corps cylindrique. — Les tôles d'acier composant la boîte à feu extérieure du corps cylindrique et du dôme de prise de vapeur seront soumises pour leur confection aux opérations suivantes :

Étirage à chaud des pinces et des viroles ;

Perçage préalable au foret de quelques trous d'assemblage, en laissant 2 millimètres pour l'alésage ;

Chanfreinage de toutes les tôles à la machine à chanfreiner ou au tour ;

Cintrage à la machine, après avoir chauffé les tôles très légèrement au four ;

Assemblage du corps cylindrique et de la boîte à fumée sans employer de broches pour rapprocher les tôles, et en évitant autant que possible de frapper les tôles à coups de marteau ;

Perçage au foret de tous les trous restant à percer, en laissant 2 millimètres pour l'alésage ;

L'intérieur des autres ouvertures pratiquées dans la chaudière devra être parfaitement raccordé à la lime et leur contour ne devra présenter aucune partie anguleuse ;

Toutes les arêtes de tôle, telles que : armature, collerette sous l'embase du dôme, contrefort, etc., ne devront pas présenter d'angles vifs ; ces arêtes devront être parfaitement arrondies.

Assemblage provisoire des différentes parties de la chaudière. — On procèdera alors au montage provisoire de la chaudière, corps cylindrique, boîte à feu extérieure, armatures diverses, etc., puis on vérifiera le parallélisme de la chaudière.

Recuit des tôles. — Enfin, on effectuera le recuit de toutes les tôles composant la chaudière, en une ou plusieurs opérations, suivant la disposition du four à recuire.

Afin d'éviter autant que possible toute déformation sous l'action de la chaleur, les différentes parties de la chaudière (boîte à feu, viroles, pièces de dôme de prise de vapeur) seront placées verticalement dans le four.

Les flancs de la boîte à feu seront maintenus par des entretoises en fer rond, taraudées à leurs extrémités et réglées par des écrous montés à l'intérieur et à l'extérieur de ces flancs.

Le recuit des chaudières devra être toujours fait en présence d'un agent délégué par la Compagnie.

Rivetage. — D'une façon générale, après le rivetage, les têtes des rivets devront serrer parfaitement la surface des tôles, se trouver dans l'axe de la tige et avoir les dimensions indiquées par les plans, sans criques ni manque de matières. Tout rivet qui ne remplira pas ces conditions sera remplacé.

Matage. — Les têtes des rivets et les bords des clouures seront matés à l'intérieur comme à l'extérieur de la chaudière. Ce travail devra être exécuté avec le plus grand soin, par refoulement du métal de la partie matée, sans incrustation sensible de la tôle sur laquelle cette partie repose.

Vérification de la chaudière. — Dès que le rivetage sera terminé, la chaudière sera nivelée et vérifiée au point de vue de la concordance des axes et de l'observation des cotes des dessins.

Cette vérification sera faite en présence de l'agent de la Compagnie.

Épreuves de la chaudière. — L'épreuve réglementaire à la presse hydraulique, faite à froid à une pression de 16 kilogrammes, supérieure de 6 kilogrammes au chiffre du timbre, sera suivie d'un essai à chaud fait à la pression même du timbre, soit 10 kilogrammes.

Ces épreuves seront faites en présence d'un agent de la Compagnie.

Châssis. — Les longerons et les longeronnets seront en acier doux, parfaitement planés ; leur tranche sera bien dressée, tous leurs évidements seront exactement mortaisés ou fraisés, tous leurs trous seront percés au foret ainsi que ceux des pièces qui s'assemblent avec eux. Les trous qui se correspondent seront alésés ensemble, de façon à présenter une coïncidence parfaite.

Toutes ces prescriptions se rapportent également aux autres pièces qui entrent dans la construction des châssis.

Tous les boulons devront être exactement de même diamètre que leurs trous et être emmanchés à force, au moyen de la masse pour les assemblages importants, et au marteau à main pour les autres. Tous les rivets devront être bouterollés et rempliront parfaitement les trous.

Le nivelage des longerons, l'équerrage des plaques de garde, le parallélisme des essieux, des cylindres et des organes du mouvement devront être rigoureusement obtenus.

Toutes les pièces entrant dans la construction du châssis et susceptibles d'être démontées plus ou moins fréquemment seront assemblées au moyen de boulons ; au contraire, toutes les pièces qui peuvent sans inconvénient être fixées à demeure, telles que les entretoises des longerons, les tôles d'attelage et les supports des soutes, seront fixées par des rivets.

Essieux, roues et manivelles d'accouplement. — Les essieux seront exactement tournés et les moyeux seront rigoureusement alésés, de manière que tous les essieux similaires puissent être emmanchés dans l'un quelconque des moyeux de roues correspondants, à une pression comprise entre 40.000 et 60.000 kilogrammes.

Les corps de roues seront exactement tournés à la jante et les bandages alésés de façon que chaque bandage puisse être placé sur l'un quelconque des corps de roues de même diamètre, sans distinction.

Le diamètre d'alésage des bandages est déterminé par la formule :

$$d = D - Ds,$$

dans laquelle :

d, représente le diamètre d'alésage, en mètres,

D, le diamètre de la jante de la roue à embattre, en mètres,

s, le serrage proportionnel fixé à 0,0009 $\left(\frac{9}{10.000}\right)$ pour l'acier fondu.

Après tournage, les bandages devront avoir les épaisseurs indiquées.

Les deux roues d'un même essieu et les roues accouplées d'une même locomotive devront avoir exactement le même diamètre à l'extérieur des bandages, au contact du rail.

Les manivelles extérieures seront, s'il y a lieu, calées soit à froid, soit à chaud, sur l'essieu, dans les conditions suivantes :

A froid, les manivelles seront calées sur l'essieu à la presse hydraulique, à une pression comprise entre 35.000 et 50.000 kilogrammes.

Les surfaces de calage, aussi bien pour les corps de roues que pour les manivelles, devront être propres, sans bavures, sans défauts et soigneusement enduites de suif.

A chaud, le serrage à donner sera exprimé par la formule :

$$D - d = 0{,}001\, D.$$

Dans le cas de calage à froid ou de calage à chaud, le calage des manivelles sera réglé d'une manière rigoureuse.

Le clavetage des corps de roues et des manivelles sera fait avec soin.

Cylindres, mouvement, distribution. — Les conduits des lumières, ainsi que les tubulures d'échappement, ne devront présenter aucun étranglement ; la surface des uns et des autres sera aussi lisse que possible.

Les cylindres seront parfaitement alésés.

Les tables des tiroirs devront être d'une dureté très régulière; elles seront exactement dressées et devront présenter un poli parfait sans grains durs ni soufflures.

Les cylindres seront essayés sous une pression hydraulique effective de 15 kilogrammes par centimètre carré. Un essai à chaud à la pression de 12 kilogrammes suivra l'essai à la presse. Dans ces essais, il ne devra se révéler aucun défaut.

Les surfaces par lesquelles les cylindres s'assemblent sur les longerons seront parfaitement rabotées.

Pour permettre de vérifier à chaque instant la position du piston par rapport au plateau, on tracera d'une manière très apparente, sur l'une des faces verticales de la glissière, deux traits indiquant la position qu'occupe le piston lorsque, la bielle étant démontée, il est poussé au contact avec les plateaux ; en second lieu, deux autres traits répondant au fond de course du piston quand la bielle est montée.

Les deux premiers traits seront gravés à un demi-millimètre de profondeur et accompagnés de la lettre F.

Avant la mise en place de la chaudière sur son châssis, on devra remplir, s'il y a lieu, les cavités qui se trouvent à la partie supérieure des cylindres et recouvrir en même temps les conduits de vapeur de ces cylindres d'une couche de brai mélangé de terre réfractaire et de sable dans les proportions suivantes :

Brai	70	
Terre réfractaire . .	20	100
Sable	10	

Le réglage de la distribution sera fait de façon que les avances linéaires soient égales entre elles pour le cran d'admission de 20 0/0 de la marche avant.

Cémentation et trempe. — Seront cémentées et trempées, en tout ou en partie, les pièces de fer suivantes : les corps de boîtes à graisse, les têtes de bielles motrices et d'accouplement, l'écrou de la vis et les articulations de la barre de changement de marche, le mouvement complet de distribution, ainsi que les bielles de suspension du mouvement et des douilles des arbres de relevage, les chapes, les articulations du levier du régulateur, les articulations des tiges de pression des ressorts et leurs guides, les supports de suspension, les clavettes de serrage des coussinets des bielles motrices et d'accouplement, toutes les articulations des mouvements des purgeurs, de l'échappement, du frein, des pignons et engrenages du cric de commande, en un mot toutes les pièces soumises à un frottement.

NOTE B

Nettoyage des voies de tramways.

Le nettoyage des voies de tramways placées en chaussée influe beaucoup sur la résistance des véhicules et par suite sur la dépense d'énergie des moteurs ; ce nettoyage doit être particulièrement soigné sur les lignes desservies par des locomotives ou voitures automotrices à énergie emmagasinée : eau chaude, air comprimé ou électricité par accumulateurs.

Les voies présentent le minimum de résistance à la marche lorsque la pluie tombe d'une façon suffisante pour bien *laver* les rails ; la boue habituellement tassée dans l'ornière ou séchée sur la table se liquéfie presque complètement alors et elle n'offre qu'une résistance très faible à l'avancement des véhicules.

Il est inutile de nettoyer la voie courante par un temps semblable, mais les aiguilles doivent être en retour l'objet d'une attention particulière pour éviter les déraillements.

Le nettoyage des rails se fait habituellement à l'aide de raclettes plates munies d'une languette de 30 à 40 mm. de hauteur et de la largeur de l'ornière, ou mieux de raclettes à godets qui permettent de rejeter dans le ruisseau la boue enlevée de l'ornière. Il importe beaucoup en effet que cette boue ne reste pas sur la table de roulement, où elle serait plus nuisible à la marche que dans l'ornière.

Par temps sec, il est nécessaire, pour obtenir un bon nettoyage, que les nettoyeurs de rails opèrent par deux, l'un avec la raclette, le second avec un balai, pour bien dégager la surface du rail de la poussière et du sable que la raclette y projette.

En principe, il est inutile, sur les lignes ou sections à double voie, de nettoyer les parties qui se trouvent en *pente* égale ou supérieure à 18 ou 20 millimètres, excepté par temps de neige et de verglas, où l'on doit répandre du sel sur la voie. Lorsqu'il gèle, la boue durcit aussi dans l'ornière et sur la table et elle oppose une très grande résistance à la marche ; il peut être alors nécessaire de nettoyer les parties de voie en pente de 20 jusqu'à 25 mm. Mais les raclettes ne suffisent pas à enlever cette boue ; il faut faire usage de pioches pour dégager l'ornière, ou mieux employer le procédé suivant, beaucoup plus rapide et plus efficace.

On charge au dépôt, sur des lorrys, brouettes, voitures à bras ou tombereaux, des barils ou tonneaux munis de clefs un peu fortes et remplis d'eau très chaude, saturée de sel marin (à raison de 350 à 400 grammes par litre d'eau); au moyen d'arrosoirs dont on a enlevé la pomme, on verse cette eau dans l'ornière du rail, et on fait suivre presque immédiatement par plusieurs nettoyeurs munis de raclettes plates et de brosses ou balais. Avec un personnel de 6 à 8 hommes, on peut nettoyer de cette façon 2 à 3 kilomètres de voie simple par heure, et, en commençant ce travail 1 heure avant le départ de la première voiture et en plusieurs points à la fois, on peut arriver à livrer une voie très propre avant le commencement du service.

Sans ce nettoyage, les voitures à énergie emmagasinée pourraient rester en détresse et compromettre la marche du service ; les usines elles-mêmes deviendraient insuffisantes par suite de la consommation élevée des voitures.

Le nettoyage à la main des voies de tramways s'effectue difficilement dans certaines rues à circulation intense de Paris et de quelques autres grandes villes ; un nettoyage mécanique au moyen de raclettes portées par les voitures offre l'avantage d'effectuer ce travail très régulièrement et avec toute l'intensité que l'on désire, en munissant un plus ou moins grand nombre de véhicules d'appareils *ad hoc*.

Un pareil nettoyage peut aussi commencer le matin avec la première voiture et se continuer régulièrement, à intervalles suffisamment rapprochés, jusqu'à la fin du service. Si celui-ci ne cesse qu'après minuit, la voie se trouvera propre à la prise même du service, et il sera très facile de la maintenir telle toute la journée.

Les raclettes mécaniques opèrent avec d'autant plus de force que la vitesse des véhicules est plus grande ; elles divisent la boue et la poussière enlevées de l'ornière et les rejettent assez loin des rails, en nettoyant aussi la table de roulement. Pour rendre ce dernier nettoyage encore plus complet, on peut d'ailleurs disposer derrière les raclettes des brosses métalliques ou des balayettes en piassava.

Lorsqu'il pleut, on relève les raclettes et les brosses d'un plus ou moins grand nombre de véhicules, de manière à supprimer la résistance (très faible, cependant) que ces appareils occasionnent, et surtout pour réduire leur usure.

Le nettoyage des voies de la ligne « Saint-Augustin-Cours de Vincennes », à Paris, a été effectué pendant plusieurs années au moyen de raclettes montées sur les voitures d'attelage, entre les essieux (fig. 1, 2) ; chaque voiture ne portait qu'une raclette, soit à droite, soit à gauche, et la sortie, le matin, était effectuée de façon qu'une voiture pourvue d'une raclette à droite fût suivie d'une autre avec raclette à gauche.

Chaque appareil comporte une feuille d'acier de 60 mm. de

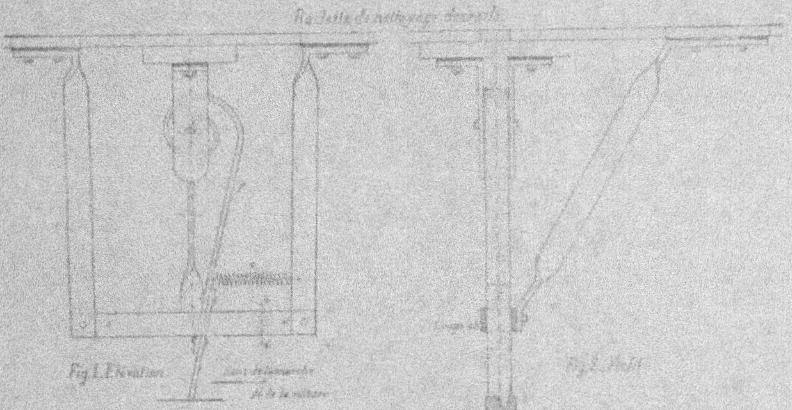

largeur et de 10 mm. d'épaisseur, enroulée en spirale à sa partie supérieure et fixée, par le centre de cette spirale, à un support relié au châssis de la voiture ; à sa partie inférieure, cette feuille est guidée par une sorte de cadre *cd* formé de fers plats fixés au châssis. Une palette en acier très dur, terminée par une languette de la largeur de l'ornière et de 30 à 35 mm. de hauteur, est fixée au moyen de boulons pouvant coulisser dans une rainure à la partie inférieure de la bande *f*. Le montage est effectué de façon que cette palette prenne une certaine inclinaison, de manière à appuyer fortement sur la table de roulement.

La partie en spirale de la raclette donne à celle-ci une élasticité suffisante pour lui permettre de se soulever au passage des aiguilles. Il est bon aussi de disposer, entre le support maintenant le guide à l'avant de l'appareil et la palette, un ressort spiral *r* dans le but de mieux l'appuyer contre le rail et aussi pour l'empêcher de *battre* en marche. Des bandes de caoutchouc épais sont enfin disposées entre les attaches des palettes et guides et le châssis des voitures, de manière à atténuer le plus possible les grincements de la raclette sur le rail.

NOTE C

Appareil mixte de changement de marche à levier et à vis pour voitures automotrices de tramways à vapeur et à air comprimé et pour locomotives de chemins de fer d'intérêt local (1).

Le changement de marche à vis est d'une manœuvre plus douce que celui à levier ; il permet aussi plus facilement de renverser la marche quand on veut faire usage de la contre-vapeur sans fermer le régulateur ; enfin il donne la possibilité d'employer tous les degrés d'admission et par conséquent d'utiliser la détente dans les meilleures conditions, ce que ne permet pas le changement de marche à levier, malgré les nombreux crans dont peut être muni le secteur.

Cependant, pour les machines de gare et pour celles de banlieue, où il faut mettre le changement de marche à fond de course à tout moment et le relever l'instant d'après, la manœuvre par le volant est longue et devient assez rapidement fatigante pour le mécanicien.

Il en est de même dans les locomotives et voitures de tramways, où les embarras des rues et des points d'arrêt rapprochés obligent à tout instant à fermer le régulateur.

La manœuvre par levier présenterait dans ces cas particuliers de grands avantages ; mais si l'on veut limiter à 4 ou 6 le nombre des crans du secteur du changement de marche, pour chacune des marches avant et arrière, les périodes d'admission que l'on peut obtenir se trouvent assez espacées, et il n'est pas possible d'utiliser la détente dans de bonnes conditions.

Un appareil qui présenterait les avantages du levier pour la rapidité de la manœuvre, et ceux de la vis pour l'obtention des

(1) Extrait de la *Revue générale des chemins de fer*, décembre 1898.

divers degrés de détente, aurait ainsi sa raison d'être pour les cas particuliers que nous venons d'énumérer.

La Compagnie générale des Omnibus de Paris a appliqué un appareil semblable aux voitures automotrices à air comprimé de sa ligne « Cours de Vincennes-Saint-Augustin », lesquelles possédaient auparavant un changement de marche à levier ne s'enclenchant que dans quatre crans, de chaque côté du point mort, et ne permettant d'employer ainsi que les admissions suivantes :

27 0/0, 44, 64 et 82 0/0.

La marche à 27 0/0 d'admission convient généralement pour les parcours effectués en rampe de 25 à 30 mm. avec une pression à l'admission de 12 kg. et sans voiture d'attelage.

Mais, en palier ou en faible rampe, le travail nécessaire est bien moins considérable, pour une même vitesse, et si l'on conserve l'admission ci-dessus il faut abaisser la pression à l'admission à 6 ou 8 kg. ; l'air des réservoirs est alors moins bien utilisé qu'il le serait avec une pression plus forte et une admission moindre.

D'un autre côté, lorsque les automotrices remorquent une voiture d'attelage sur les rampes ci-dessus, l'admission de 27 0/0 avec pression à l'introduction de 12 kg. devient à son tour insuffisante ; si l'on doit employer le cran de marche suivant, on a une admission de 44 0/0 qui donne un travail trop élevé avec la pression de 12 kg. : de nouveau, il faut abaisser la pression à 8 ou 10 kg., et le rendement n'est pas encore maximum.

Dans l'application d'une distribution à grande détente aux dernières voitures à air comprimé de la Compagnie générale des Omnibus, M. Bonnefond a modifié le changement de marche par l'addition d'une vis et d'un volant rendant possible, pour la marche avant, l'emploi de toutes les admissions intermédiaires entre le point mort et l'admission de 44 0/0, cette dernière correspondant au deuxième cran du secteur primitif.

Les figures 1 et 2 représentent ce dispositif.

On y voit que la vis additionnelle est portée par deux supports fixés au chevalet ; elle est fixe, comme d'habitude, et actionne un écrou en bronze, auquel est reliée une pièce en fer ou coulisseau qui, lorsqu'on manœuvre le volant de la vis, vient se déplacer tangentiellement au secteur denté du changement de marche. Cette pièce porte elle-même un cran, dans lequel s'enclenche le verrou du levier.

Ce dernier étant au point mort et enclenché dans le coulisseau, si l'on manœuvre le volant dans le sens du mouvement

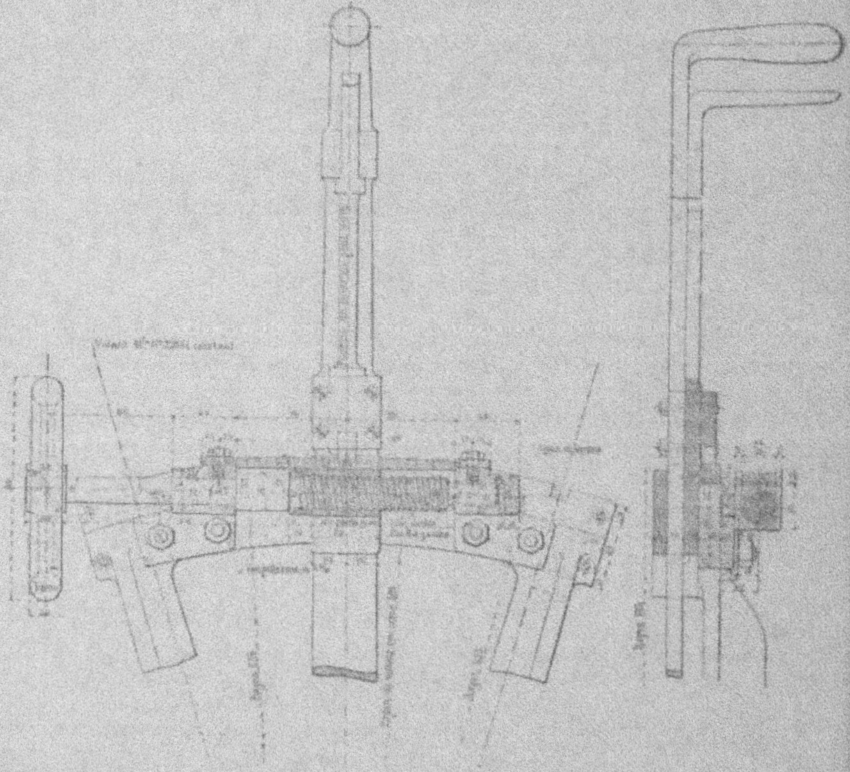

Fig. 1, 2. — Changement de marche à levier et à vis.

des aiguilles d'une montre, on déplace l'écrou et, avec lui, le levier de changement de marche vers l'avant ; on peut obtenir ainsi tous les degrés d'admission jusqu'à celui de 44 0/0 ; au delà, il faut déplacer directement le levier et l'enclencher dans les troisième et quatrième crans primitifs du secteur denté ; on passe ainsi d'un coup à l'admission de 64 0/0, puis à celle de 82 0/0, mais on n'a jamais besoin, en dehors des démarrages, d'employer une admission supérieure à 45 0/0, de sorte que ce petit appareil remplit parfaitement le but indiqué au début de cette note.

NOTE D

Economie à réaliser, dans les freins à air comprimé, par l'emploi d'une pompe de compression commandée par un essieu du véhicule automoteur et actionnée seulement dans la marche sans action de fluide moteur.

Les voitures de tramways à traction mécanique ont besoin d'être munies d'un frein rapide et puissant pour éviter les accidents de voitures et de personnes toujours à craindre dès que la vitesse de marche est un peu élevée ; un frein à main ou au pied sur la locomotive (ou sur la voiture automotrice seule, dans le cas de plusieurs voitures attelées) ne peut donner satisfaction sur ce point, et il est nécessaire que tous les véhicules composant le train soient munis d'un frein continu.

Le système actuellement le plus employé, même pour les véhicules électriques et à vapeur, est le frein à air comprimé système Soulerin, avec compresseur actionné par un essieu.

En raison des nombreux ralentissements ou arrêts nécessités par l'intensité de la circulation ou la présence d'aiguilles et de courbes de petit rayon sur le parcours, la dépense d'air pour le freinage est relativement grande et le compresseur doit être établi en conséquence ; il absorbe alors un travail égal au dixième environ du travail effectif nécessité pour la remorque du train.

Ce travail est relativement élevé ; nous avons imaginé un moyen de le supprimer presque totalement, en tant qu'effort demandé au moteur ; voici comment :

Par suite d'embarras de voitures, de points d'arrêts rapprochés et de pentes supérieures à 12 ou 15 mm. existant sur le parcours de la plupart des lignes, près de la moitié de ce parcours doit être effectuée sans action motrice de la machine, et il est même nécessaire d'y faire usage du frein. En ne faisant agir le compresseur que dans ce parcours, on conçoit qu'il ne néces-

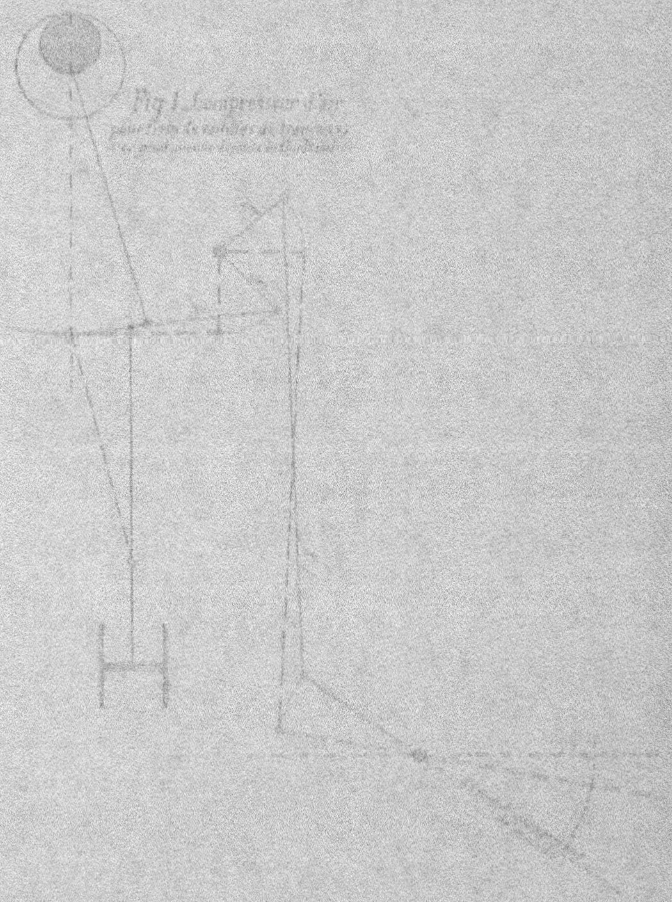

sitera aucune dépense d'énergie.

A cet effet, on peut faire attaquer le piston du compresseur par l'intermédiaire d'un coulisseau *c* (fig. 1) pouvant se déplacer dans une coulisse qui pivote autour de son centre ; ce coulisseau est suspendu à une bielle *b*, articulée à l'une des branches *l* d'un levier à sonnette *ll'*, l'autre branche *l'* étant reliée par une tringle *t* à un axe monté sur le levier du changement de marche (ou à un levier fixé sur l'axe prolongé de la poignée du wattman).

Le montage de ces bielles et leviers est établi de façon que le coulisseau *c* se trouve vers le centre de la coulisse lorsque le levier du changement de marche est disposé pour l'admission de 30 0/0, habituellement employée dans les paliers ou les rampes ; le coulisseau reste alors immobile ainsi que le piston du compresseur, et celui-ci n'absorbe par conséquent aucune force.

Le coulisseau vient au contraire à l'extrémité de la coulisse, de manière à faire produire au compresseur son maximum de travail, quand le mécanicien laisse marcher la voiture par la vitesse acquise ou lorsqu'il veut serrer le frein, — après avoir, dans les deux cas, supprimé l'action du fluide moteur et mis le levier de changement de marche à fond de course.

Avec cette disposition, le compresseur ne travaillera que pendant le tiers en moyenne du parcours, et il aura besoin d'être établi deux fois aussi puissant que dans les installations habituelles ; en plein fonctionnement et à l'allure de 12 à 15 kilomètres, il absorbera une force appréciable qui pourra empêcher l'accélération de la voiture au-delà de la vitesse permise, sur les pentes de 15 à 20 ou 22 mm. Ces pentes seront alors parcourues à une vitesse très régulière et sans serrage des sabots ni dépense d'air pour le frein.

Etabli avec des organes en proportion avec sa puissance, et travaillant seulement pendant le tiers ou le quart du parcours, le compresseur s'usera très peu ; immobile pendant la marche avec action motrice des machines, il évitera d'autre part une dépense de fluide moteur pouvant atteindre largement 5 0/0. Enfin, la résistance occasionnée par ce compresseur dans les pentes et les arrêts évitera de faire autant usage du frein, ce qui diminuera l'usure des sabots et des bandages, ainsi que le bruit parfois désagréable produit par le serrage du frein.

En résumé, ce mode économique de production de l'air comprimé équivaut sensiblement à la récupération obtenue dans les tramways électriques, et il a l'avantage de pouvoir être employé sur les véhicules de tous les systèmes.

Il peut aussi, dans les locomotives de chemins de fer affectées au service de lignes accidentées, remplacer économiquement la pompe de compression habituelle du frein à air.

Sur le réseau des chemins de fer à voie étroite du canton de Genève, la dépense de combustible pour le frein continu (qui est un frein à vide non automatique) est de 1 kg. par kilomètre. Pour un frein à air comprimé actionné par une pompe à vapeur, cette dépense ne serait pas sensiblement moindre ; l'économie à réaliser par notre dispositif sur les lignes à profil accidenté, comme le sont généralement celles de chemins de fer et de tramways établies sur routes et pour lesquelles un frein continu est exigé, ne serait donc pas insignifiante.

Pour éviter l'échauffement de la pompe à air, on pourrait munir le cylindre d'ailettes, comme dans les voitures automobiles à pétrole.

NOTE E

Patins de frein à ressort système Lachaud pour véhicules de tramways et de chemins de fer.

Lorsque, dans un train composé de plusieurs véhicules et muni d'un système de frein continu, le mécanicien commence à effectuer le serrage, il ne produit pas le calage des roues, malgré une forte pression sur les pistons, si la vitesse du train est élevée, car le coefficient de frottement est faible aux grandes vitesses, — à moins cependant que le rail ne soit gras, l'adhérence diminuant beaucoup alors.

Mais, si le mécanicien conserve cette pression élevée sur les sabots jusqu'à l'arrêt, le coefficient de frottement augmentant à mesure que la vitesse diminue, il arrive un moment, variable suivant cette pression et l'état des rails, où le frottement devient supérieur à l'adhérence des roues, et ces dernières se calent et glissent.

Pour éviter ce calage, le mécanicien doit diminuer la pression sur les pistons de frein à mesure que la vitesse diminue elle-même, de façon à proportionner le serrage à l'adhérence, ou plutôt à rendre l'intensité du serrage constante, comme l'adhérence même.

Si cette intensité est voisine de l'adhérence (un peu plus faible), le serrage sera toujours maximum, et l'arrêt du train s'obtiendra dans un temps minimum.

Lorsque l'action du frein produit le calage des roues, l'arrêt a lieu moins rapidement ; il se produit en outre des plats aux bandages, et les rails s'usent plus aussi : il y a donc tout intérêt à éviter ces calages.

Quand le mécanicien applique le frein à faible vitesse, le calage se produit toujours si le serrage est énergique, et quel que soit l'état des rails.

Dans les tramways, le rail est souvent gras, et, d'autre part, il est nécessaire de faire usage du frein à son maximum d'intensité à toutes les vitesses, pour éviter les accidents de personnes et de voitures. Le calage des roues doit donc se produire fréquemment, si le mécanicien n'a pas le soin de sabler la voie lors de chaque serrage un peu énergique.

Les roues étant calées, la voiture glisse, et sa vitesse diminue très peu, notamment si le rail est gras et si l'on est en pente sensible (20 mm. et plus). Pour arrêter plus rapidement, le mécanicien est obligé de desserrer le frein presque totalement et d'effectuer ensuite un serrage plus modéré.

Mais, dans ce desserrage momentané, la voiture reprend de la vitesse, et elle parcourt parfois plusieurs mètres avant l'arrêt obtenu par un nouveau serrage, malgré la promptitude du mécanicien à effectuer ces opérations.

Dans les voitures de tramways à traction mécanique, qui sont en général très lourdes, le calage des roues produit des plats beaucoup plus rapidement que dans les voitures de chemins de fer, et, dès que ces plats existent, le calage à son tour se produit très facilement, même avec un serrage modéré, car il y a une diminution du diamètre des bandages à l'endroit des plats, et lorsque ceux-ci se présentent en regards des sabots, le calage a lieu.

Au bout de peu de temps d'une semblable marche, les bandages acquièrent de nombreux plats, qui rendent les voitures fatigantes pour les voyageurs, en raison des cahots continuels auxquels ces plats donnent lieu, de même qu'ils sont, aussi, préjudiciables à la conservation du mécanisme et surtout du châssis. Le patin à ressort système Lachaud remédie à cet inconvénient.

Comme l'indiquent les dessins (fig. 1 et 2), le ressort qui caractérise cette disposition se trouve interposé entre le patin et la bielle de serrage.

Fig 1. Dispositions du patin

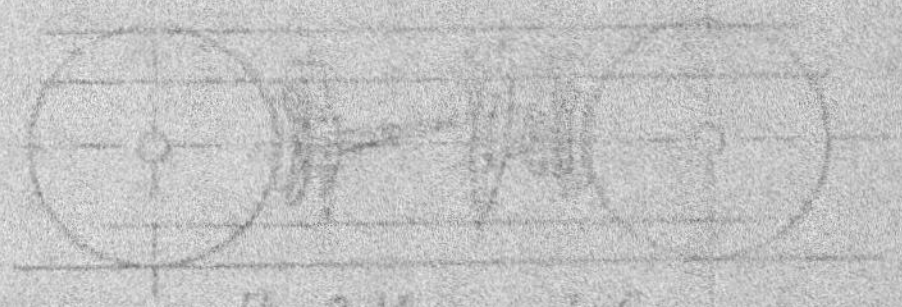

Fig 2. Montage du frein

Le serrage s'effectue dès le début avec beaucoup de douceur, et il en est ainsi jusqu'à l'arrêt, malgré une rapidité d'action presque aussi grande pour une même pression employée ; en augmentant cette dernière, on peut obtenir un arrêt aussi prompt qu'avec les patins ordinaires, en conservant à peu près la même douceur de fonctionnement que ci-dessus, et sans avoir généralement à craindre le calage des roues.

Ce système a été employé d'abord par la Compagnie des chemins de fer du Périgord, qui a constaté une économie d'environ 30 0/0 dans la dépense des patins, comparativement aux résultats précédemment obtenus avec les patins ordinaires.

Voici le rapport fait sur ce patin par le directeur de l'exploitation des chemins de fer du Périgord.

« La première application de ce système a été faite sur la voiture de 1re classe n° 28 à la date du 13 juin 1896. Les sabots ont été remplacés le 3 décembre de la même année.

» Sur quelques observations faites à l'inventeur, celui-ci proposa un second modèle qui fut placé le 14 janvier 1897 sur la voiture de 1re classe n° 27. Les essais ayant été satisfaisants, l'application du patin fut décidée pour les voitures de première classe, et aujourd'hui elles en sont toutes munies.

» D'une manière générale, les résultats obtenus montrent que le système offre de sérieux avantages, notamment la régularité du serrage et l'économie dans le remplacement.

» Il est bon d'ajouter que la mise en place, lorsqu'il s'agit de remplacer les sabots ordinaires par les patins Lachaud, nécessite quelques frais et que l'ensemble du patin coûte plus cher que le sabot ordinaire.

» Nous croyons que les avantages signalés plus haut peuvent compenser cette dépense et l'amortir assez rapidement.

» Parmi les autres qualités du système, on doit noter le peu de fréquence de l'enrayage des roues, la suppression presque complète des trépidations produites par un réglage souvent défectueux des bielles de poussée, et qui occasionnent un bruit et des secousses fort désagréables pour les voyageurs. Ici, grâce au ressort, cet inconvénient est en grande partie évité.

» Enfin, la disposition de la semelle et de son attache, qui permet l'usure de la matière jusqu'à sa dernière limite (de telle sorte qu'à poids égal le nouveau système durera environ un tiers en plus), nous paraît devoir être particulièrement mentionnée ».

Sur les locomotives de cette Compagnie, qui marchent autant dans un sens que dans l'autre (ce sont des machines-tenders qu'on ne retourne pas aux extrémités de ligne), l'usure des patins est tout à fait égale sur toute leur hauteur. Quand les véhicules munis de ces patins circulent toujours dans le même sens, la partie inférieure de ceux des roues d'avant et la partie supérieure de ceux des roues d'arrière, qui sont toujours attaquées par ces roues dans la marche avant, s'usent un peu plus que les autres parties. Pour réduire cette différence, on donne un peu plus de hauteur, par rapport à l'axe transversal des patins, à la partie attaquée par les roues ; l'expérience indique exactement quelle doit être cette différence pour arriver à une épaisseur uniforme lors de la mise au rebut des patins. Avec cette disposition, on a pu, sur des voitures automotrices de la ligne de la Madeleine à Courbevoie, de la Compagnie des Tramways-Nord de Paris, utiliser jusqu'au poids de 6 kg. 800 un patin qui, à la mise en place, pesait 7 kg., ce qui donne un rapport d'utilisation de 87,5 0/0. La hauteur du patin était de 41 cent. ; son épaisseur a été réduite très régulièrement ainsi jusqu'à 6 mm. Il est évident que cette diminution d'usure produit une réduction correspondante de la main-d'œuvre pour le réglage ou le remplacement des sabots. Dans le même ordre d'idées, on peut aussi donner un peu plus d'épaisseur à la partie des patins attaquée par les roues ; on remarquera, dans l'un comme dans l'autre cas, qu'il suffit d'un seul modèle pour les patins d'un même côté des roues.

Enfin on peut encore appliquer à des patins de ce système un autre mode de réglage que nous avons imaginé, et consistant en des coulisses pratiquées dans les pièces fixées aux ressorts de rappel ; ces coulisses permettent de faire varier l'inclinaison des patins et par suite de régulariser leur usure.

Ce système de patin est depuis quelque temps aussi en essai sur un tender et sur quelques voitures de la Compagnie des chemins de fer du Nord. Dans un train un peu long d'une composition toujours semblable et marchant toujours dans le même sens — comme cela se présente sur les lignes de Ceinture, par exemple, — il serait rationnel d'appliquer ces patins à ressort aux véhicules placés vers la tête du train et dont les roues, en cas de serrage brusque ou de rails gras, se calent très souvent, ainsi qu'on peut le remarquer sur le chemin de fer de Ceinture de Paris.

C'est que les patins de frein des véhicules de tête se serrent plus énergiquement que ceux des véhicules de queue, en raison d'une dépression d'air d'autant plus forte dans les divers points de la conduite que ces points sont plus rapprochés du robinet du mécanicien.

Les ressorts Lachaud, appliqués aux trois ou quatre véhicules de tête du train avec des ressorts de force décroissante, tendraient à égaliser ce serrage, et ils permettraient d'utiliser la presque totalité de la puissance du frein sans craindre le calage des roues et en réalisant par conséquent le maximum d'efficacité.

Une remarque importante à faire dans l'application de ce frein, c'est qu'en raison de la résistance apportée par le ressort lors des serrages il faut exercer un plus grand effort sur la manivelle pour obtenir la même intensité d'action que dans les freins ordinaires ; les divers leviers doivent être établis en conséquence.

NOTE F

Appareils à employer pour l'alimentation des réservoirs d'eau des gares, pour le lavage et le remplissage à chaud des chaudières, etc.

Pour la prise d'eau principale d'une ligne de chemin de fer d'intérêt local, on doit faire usage, de préférence, d'une pompe commandée par une machine à vapeur (petit-cheval mural ou Worthington compound) ; mais pour les prises d'eau secondaires ou de secours, il sera souvent plus économique de faire commander la pompe par un moteur à pétrole, que le chauffeur peut mettre en marche dès son arrivée à la station et laisser fonctionner jusqu'au moment de son départ ; le temps gagné ainsi sur celui que nécessiterait une installation à vapeur, dont la chaudière demande environ une heure pour sa mise en pression et exige aussi des soins après l'arrêt, peut compenser largement le surcroît de dépense de combustible dû au moteur à pétrole.

Le fonctionnement des moteurs à gazoline ou à pétrole, même de faible puissance, est d'ailleurs assez économique. Voici, en effet, les résultats obtenus sur un moteur Otto de 15 chevaux, actionnant par courroie une pompe triple de 175 mm. de diamètre de cylindres et de 203 mm. de course de pistons (1).

(1) Extrait du *Bulletin de mai 1899 de la Société des Ingénieurs civils*, Chronique de M. Mallet.

Nombre de tours du moteur par minute	252
— — de la pompe	38,7
Hauteur totale d'élévation de l'eau	80,21 m.
Quantité d'eau refoulée par minute	547,3 l.
Travail en chevaux en eau montée	10,74 ch.
— — sur l'arbre du moteur (rendement de la pompe 70 0/0)	15,3
Gazoline dépensée par cheval-heure sur l'arbre du moteur	0,433 l.
— — en eau montée	0,620 l.
Rendement du moteur dans un essai au frein	80 0/0

La dépense de gazoline indiquée ci-dessus est la moyenne obtenue pendant une année de marche. En estimant son prix à 0 fr. 60 le litre, le cheval-heure en eau montée revient à 0 fr. 372 ; avec un moteur à vapeur, il serait moindre (0 fr. 20 environ), mais si l'on fait entrer en ligne de compte la dépense d'installation, la rapidité de mise en marche et la facilité de conduite du moteur à benzine, celui-ci peut être finalement plus économique qu'un moteur à vapeur, surtout pour un fonctionnement de quelques heures seulement.

On peut aussi employer pour le remplissage des cuves des gares, et surtout pour l'alimentation directe des caisses à eau des machines, des pulsomètres et des éjecteurs, appareils qui consomment une assez grande quantité de vapeur, mais qui sont d'une installation très facile. S'ils fonctionnent avec la vapeur des locomotives de passage, leur marche peut encore être aussi économique, tous frais compris, que celle d'une pompe mue par une machine à vapeur.

Le principe des éjecteurs est le même que celui des injecteurs employés à l'alimentation des chaudières, mais au lieu d'échauffer fortement l'eau et de la refouler à une pression élevée, ils sont construits pour élever une grande quantité d'eau à une hauteur modérée, 25 mètres environ, en l'échauffant seulement de 15 à 18 degrés.

Les fig. 1 et 2 représentent un éjecteur construit par M. Bohler et qu'il désigne sous le nom de *type-tender* ; il est plus spécialement employé en effet à l'emplissage des caisses à eau des locomotives (à l'aide de vapeur fournie par ces dernières), soit dans les gares ou dépôts munis d'un puits, soit sur les lignes mêmes, au passage de cours d'eau.

Cet éjecteur doit être entièrement noyé dans l'eau à élever ; on le raccorde au moyen de flexibles métalliques d'une part avec la prise de vapeur sur la locomotive, d'autre part avec les caisses à eau ; en ouvrant le robinet de prise de vapeur, on met l'appareil en marche.

Ejecteur, système Bohler.

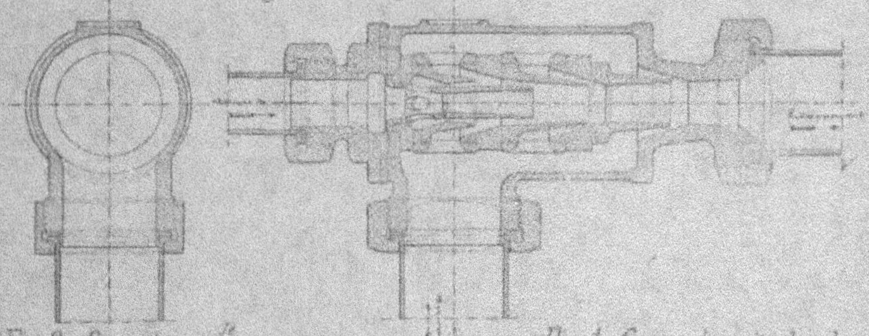

Fig. 2. — Coupe transv^le   *Fig. 1. — Coupe longitudinale.*

Huit appareils semblables viennent d'être installés sur les Tramways de la Vendée, construits et exploités par les Chemins de fer de l'Etat.

L'eau peut être prise à une profondeur de 6 à 7 mètres ; le débit, pour une aspiration de 5 mètres, atteint avec les petits appareils 1.000 litres à l'heure, pour une pression de 4 kg. à la chaudière et un diamètre de refoulement de 25 mm.

Un éjecteur de 25 mm. de divergent peut, avec une pression de vapeur de 8 kg., refouler 50 m³ d'eau à l'heure à une hauteur de 10 mètres ; l'élévation de température de l'eau est seulement de 9 degrés, et la dépense de vapeur est elle-même la soixante-dixième partie environ du poids d'eau élevé.

L'éjecteur représenté fig. 1 et 2 peut être aussi employé au lavage et au remplissage *à chaud* des chaudières, comme on le pratique sur une grand échelle aux Chemins de fer de l'Est. On le raccorde par sa partie inférieure au tuyau d'amenée d'eau des cuves (cette eau peut arriver sous une charge plus ou moins grande et même être aspirée à une profondeur de 1 m.) et par la partie de gauche à un tuyau de vapeur venant, soit d'une chaudière fixe spéciale, soit d'une locomotive en feu, celle de réserve par exemple.

Le mélange d'eau et de vapeur est refoulé par le divergent avec une force et à une température qui dépendent des dimensions de l'appareil, du diamètre de la lance de lavage, de la pression de la vapeur, de la température de l'eau des cuves, enfin de la hauteur des réservoirs d'alimentation.

D'après des expériences faites à la Compagnie de l'Est, lorsque la vapeur est à une pression de 10 kg. et que l'eau arrive dans l'éjecteur avec une hauteur de chute de 15 m., la longueur de projection du jet, sous un angle de 45°, atteint 25 m. environ, et le débit 200 l. par minute, pour un appareil de 16 mm.

Quant à la température de l'eau refoulée, elle peut être supérieure de 30 degrés et même plus à celle des cuves.

Le lavage et le remplissage des chaudières à l'eau chaude présentent de très grands avantages.

On peut d'abord commencer ce lavage presque aussitôt après la vidange ; les dépôts boueux n'ont pas alors le temps de durcir et ils s'enlèvent très facilement sous le jet de l'éjecteur ; les tôles du foyer et les tubes se conservent ainsi plus propres.

Lorsqu'en outre on effectue le remplissage à l'eau chaude, il y a un écart moins grand entre les températures extrêmes que prend la chaudière, laquelle fatigue moins par les contractions et dilatations produites par ces différences de température.

Enfin on peut gagner plusieurs heures sur le temps de lavage, et la mise en pression de la chaudière s'effectue elle-même plus rapidement. Ces circonstances donnent une plus grande facilité pour établir les roulements des mécaniciens et des machines, et permettent aussi de faire effectuer annuellement à ces dernières un nombre de kilomètres plus élevé.

Cet éjecteur a encore son utilité dans le cas où une fuite importante se déclare à un joint autoclave d'une locomotive en roulement, si cette machine a quelques heures de stationnement dans une gare où se trouve une machine de réserve, ou bien encore où une machine de passage séjourne en même temps. Après avoir jeté le feu de la chaudière et fait tomber la pression en envoyant la vapeur au tender et en ouvrant également le régulateur, on refait rapidement le joint qui perdait. On remplit aussitôt après la chaudière avec l'éjecteur ci-dessus, en se servant de l'eau du tender, qui peut être déjà à une température de 40 à 50 degrés ; l'eau refoulée atteint alors 58 à 60 degrés, et dans ces conditions elle ne peut occasionner de contractions nuisibles aux tôles ni aux tubes.

On a d'ailleurs préparé le foyer pendant le remplissage, et on l'allume dès que l'eau paraît au robinet de jauge inférieur. Une heure après, la machine peut être prête à reprendre son service, et l'ensemble de ces opérations, si elles ont été bien conduites, n'a pas demandé plus de deux heures (1).

NOTE G

Attelage automatique système Cloos pour voitures de tramways.

Sur les lignes urbaines de tramways où les voitures automotrices remorquent des voitures d'attelage et où l'exiguïté des points terminus ou bien l'intensité de la circulation ne permettent pas d'installer des boucles ou triangles américains pour le retournement des voitures, ce retournement doit s'effectuer sur des plaques tournantes, et il faut alors, chaque fois, découpler puis réatteler les véhicules entre eux. Par sa fréquence, cette dernière opération peut devenir dangereuse avec les systèmes d'attelage ordinaires, qui obligent le conducteur à se placer entre les voitures, en tenant à la main les barres d'attelage pendant que le machiniste recule.

Pour éviter tout accident de ce fait, la Compagnie des Omnibus et plusieurs compagnies de tramways à Paris ont adopté un système d'attelage automatique qui supprime l'intervention de toute manœuvre pour l'accouplement des véhicules, et qui est exempt ainsi de danger en même temps qu'il est très pratique et très prompt.

(1) *Portefeuille économique des machines*, n° de juin 1898.

Il comprend (1), sur chaque voiture de remorque, une tulipe en acier coulé T (fig. 1 à 3), continuée par un manchon creux G ; celui-ci est terminé lui-même par une chape D, qui se fixe, au moyen d'un boulon, à une barre articulée au châssis de la voiture et pouvant se déplacer transversalement sur une traverse en fer cornière, formant support.

On peut ainsi disposer la tulipe dans la direction voulue pour

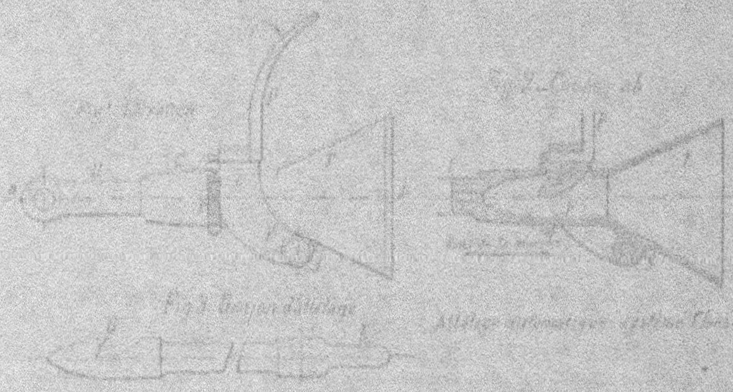

qu'elle se trouve assez exactement en regard du goujon d'attelage de l'automotrice.

Ce goujon est fixé à l'avance sur la barre d'attelage de l'automotrice par son extrémité E (fig. 3), au moyen d'une cheville ; quand le mécanicien « refoule » sur la voiture d'attelage, l'autre extrémité G du goujon pénètre dans la tulipe T et soulève le doigt *e*, faisant partie de la pièce F, laquelle est articulée en *g* à la tulipe.

Dès que l'entaille pratiquée dans l'extrémité G du goujon arrive en regard du doigt *e*, dont elle a la forme, la pièce F, sollicitée par deux ressorts semblables *r*, s'abaisse rapidement et ce doigt vient s'encastrer exactement dans l'entaille du goujon.

En cours de route, lorsque l'automotrice marche avec admission de fluide moteur, l'enclenchement du doigt *e* est assuré par la traction même opérée par le goujon d'attelage sur ce doigt et

(1) *Portefeuille économique des machines*, nº de juin 1896.

par l'action des ressorts r. Ceux-ci assurent seuls cet enclenchement quand le mécanicien serre le frein de l'automotrice sans serrer celui de la voiture d'attelage ; leur tension, d'ailleurs très faible, est réglée de manière qu'un déclenchement ne soit pas à craindre.

Quand on veut découpler les voitures, on appuie sur le levier P dans le sens de la flèche f (fig. 1) ; la pièce F pivote alors autour de l'axe g, et le doigt s'échappe de l'entaille G du goujon.

Cet attelage est d'un fonctionnement très simple ; formé de pièces très résistantes, son fonctionnement est, aussi, absolument sûr et l'usage en est à recommander dans les tramways.

NOTE II

Soupape de sûreté double ou triple, pour pressions élevées.

Une soupape de sûreté chargée à 80 kilogrammes directement par un ressort ne se lève jamais exactement à ce chiffre, ni même à 81 ou 82 kilogrammes, soit sous une différence de charge de $\frac{1}{80}$ ou de $\frac{1}{40}$. L'inertie présentée par tout l'ensemble de la soupape, et principalement par le ressort, fait que cette levée n'a lieu, très souvent, que sous une pression supérieure de $\frac{1}{5}$ à celle de réglage.

C'est pour ce motif que certaines compagnies de chemins de fer prescrivent de décharger de 2 ou 3 kg. les soupapes de sûreté des locomotives en stationnement.

En cours de route, les trépidations du châssis combattent l'inertie du ressort, et les soupapes se lèvent bien dans les environs du chiffre du timbre ; mais sur des locomotives en stationnement, nous avons vu des soupapes chargées à 9 kilogrammes ne se lever qu'à 12 ou 13 kg.

Pour les soupapes chargées à 60 ou 80 kg., on conçoit qu'il puisse falloir parfois une surpression de 10 à 15 kg. pour les faire fonctionner, et ces soupapes n'offrent plus alors aucune sécurité.

Nous avons imaginé une soupape double ou triple, qui a pour but de réduire le diamètre du fil du ressort et par suite son inertie.

Pour une pression de 60 kg. par exemple, nous disposons sur le réservoir à protéger un petit récipient, contenant de l'air à la pression de 30 kg., que nous mettons en communication avec le réservoir par une soupape chargée à 60 kg. : 30 kg. par l'air mentionné ci-dessus et 30 kg. par un ressort.

Nous disposons, sur une tubulure venue de fonte avec le récipient, une seconde soupape chargée à 30 kg. et débouchant à l'air libre.

On voit que cette disposition réduit de moitié la section du fil du ressort chargeant les soupapes.

Pour un réservoir contenant de l'air à 80 kg., on peut employer deux récipients intermédiaires et trois soupapes chargées à 80, 54 et 27 kilogrammes, par l'intermédiaire d'un ressort à 27 kg. et d'air à 53, 27 et 0 kg.

NOTE I

Chauffage des voitures de chemins de fer d'intérêt local et de tramways.

Pour les trains de chemins de fer d'intérêt local et les trains-tramways de banlieue composés de 4 à 6 voitures à voyageurs, le meilleur système de chauffage est celui qui est employé au chemin de fer P.-L.-M., et qui consiste en des bouillottes fixes placées sous les pieds des voyageurs et chauffées par la vapeur vive de la locomotive.

Les voitures du petit chemin de fer d'Anzin à la frontière belge sont chauffées d'une façon très satisfaisante aussi au moyen de la vapeur d'échappement de la machine.

Pour de petites lignes desservies par des trains formés seulement de 2 ou 3 voitures, le système de bouillottes mobiles, remplies à la tête de ligne au moyen de l'injecteur de la locomotive, est celui qui convient le mieux.

En Allemagne, en Belgique et en Suisse, on fait assez fréquemment usage de poêles à coke ou à pétrole; ce mode de chauffage est aussi employé sur quelques lignes en France.

Le chauffage électrique est employé dans les voitures de tramways à conducteur (aérien, souterrain ou à niveau du sol).

Les automotrices système Serpollet et Purrey sont chauffées par la vapeur d'échappement du moteur, qui circule à cet effet dans un tuyau en cuivre de petit diamètre disposé dans une chaufferette placée sous les pieds des voyageurs.

Dans les voitures Rowan, l'eau provenant de la condensation de la vapeur d'échappement passe dans des tuyaux d'assez fort diamètre placés sous les banquettes.

Tous ces modes de chauffage sont très efficaces et facilement réglables.

Pour les voitures autres que celles à vapeur, ou électriques à conducteur, on fait usage, à Paris, de chaufferettes mobiles encastrées, au nombre de 4 à 6, dans une longrine de 30 cm. de largeur placée sur le plancher, dans l'axe de la voiture. Le plancher est percé, à l'endroit de chaque chaufferette, d'une ouverture circulaire pour le passage d'un cendrier de 10 cm. de diamètre, que portent les chaufferettes; on place dans ce cendrier une briquette de charbon de Paris (charbon de bois aggloméré) précédemment allumée et complètement en ignition.

Les cendriers sont percés latéralement de trous, par lesquels s'échappent les gaz de la combustion après avoir circulé dans les chaufferettes : ces gaz ne pénètrent pas ainsi dans la voiture.

On renouvelle les agglomérés deux ou trois fois par jour, suivant la température.

NOTE J

Sécheur à sable.

Le sable destiné à garnir les sablières des automotrices ou locomotives doit être complètement sec, bien tamisé, et non argileux, afin qu'il ne puisse se tasser et venir engorger les tuyaux.

Un puissant sécheur de sable est indispensable dans les dépôts de tramways de quelque importance, car la consommation des voitures peut s'élever, certains jours d'automne ou d'hiver, à 3 m³ pour 30 voitures en service.

Un massif en briques de 3 m. de long, 1 m. 60 de large et 0 m. 80 de haut, avec foyer de 0,75 × 0,60 m. et double parcours de flamme, peut permettre de sécher ces 3 m³ de sable en 12 heures. Deux manœuvres peuvent suffire pour ce travail, et le séchage revient alors moins cher que lorsqu'on l'opère en étalant le sable sur le sol, l'été.

Quand on n'a besoin journellement que d'une petite quantité de sable, le mieux est de le faire sécher de cette dernière façon, lorsque le temps le permet, ou bien sur un simple brasero.

TABLE DES MATIÈRES

APERÇU HISTORIQUE

PREMIÈRE PARTIE

Choix et établissement de la voie.

DEUXIÈME PARTIE

Traction à vapeur.

CHAPITRE PREMIER

Traction par locomotives ordinaires

CHAPITRE II

Voitures à vapeur pour lignes de chemins de fer.

CHAPITRE III

Voitures à vapeur pour tramways.

CHAPITRE V

Traction à vapeur sans feu.

TROISIEME PARTIE

Traction à air comprimé.

QUATRIÈME PARTIE

Traction par le gaz.

CINQUIÈME PARTIE

Tramways électriques.

Exposé général.

ANNEXES

NOTE A

NOTE B

NOTE C

LAVAL. — Imprimerie parisienne, L. BARNEOUD & Cie.

ERRATA

Page 130, Le numéro d'article est 43 *bis*, *au lieu de* 43.
— 166, ligne 8, *au lieu de* : angle d'avance... 300 mm., *lire* : angle d'avance 30°.
— 166, ligne 9, *au lieu de* : course des tiroirs, 40 m., *lire* : 40 mm.
— 196, ligne 6, *lire* : comme nous l'avons vu au piston D par le point F.
— 205, dernière ligne, *lire* : avantageux *au lieu de* : avantageuse.
— 241, lignes 19-20, *au lieu de* : et que d'un côté, *lire* : et que d'un autre côté.
— 304, ligne 21, *lire* : trolley, *au lieu de* : trôlet.
— 320, ligne 6, *lire* : trolley, *au lieu de* : trôlet.

www.ingramcontent.com/pod-product-compliance
Lightning Source LLC
LaVergne TN
LVHW021932060726
842528LV00001B/161